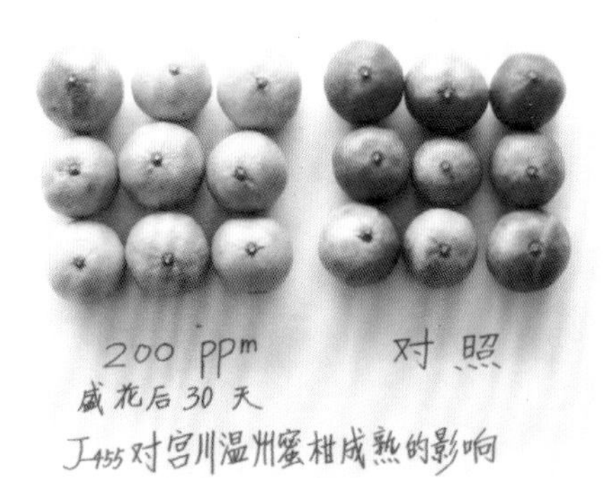

1. J455应用对温州蜜柑提早成熟效果

2. 仓方早生桃使用碧全健生素后果实质量提高（a）

3. 仓方早生桃使用碧全健生素后果实质量提高（b）

4. 草莓应用多肽后生长势增强（a）

5. 草莓应用多肽后生长势增强（b）

6. 草莓应用多肽后生长势增强（c）

7. 草莓应用多肽后生长势增强(d)

8. 春香柑橘应用壳寡糖后结果性能和品质提升(a)

9. 春香柑橘应用壳寡糖后结果性能和品质提升（b）

10. 春香柑橘应用壳寡糖后结果性能和品质提升（c）

11. 春香柑橘应用壳寡糖后结果性能和品质提升（d）

12. 东魁杨梅应用多效唑后树冠矮化(a)

13. 东魁杨梅应用多效唑后树冠矮化(b)

14. 桂冠梨使用碧全健生素后品质提高

15. 红地球葡萄应用甲壳素后品质提升

16. 红玫瑰葡萄应用多肽后品质提升

17. 红玫瑰葡萄应用甲壳素后品质提升

18. 红美人柑橘应用壳寡糖后结果性能和品质提升(a)

19. 红美人柑橘应用壳寡糖后结果性能和品质提升（b）

20. 红美人柑橘应用壳寡糖后结果性能和品质提升（c）

21. 红美人柑橘应用壳寡糖后结果性能和品质提升（d）

22. 温州柑橘花蕾露白期树冠喷布多效唑后达到丰产优质

23. 胡柚应用壳寡糖后品质提升

24. 湖景蜜露桃使用碧全健生素后品质提高

25. 黄花梨使用梨果灵后果实显著增大

26. 黄桃应用甲壳素后品质提升

27. 金手指葡萄应用多肽后品质提升

28. 金手指葡萄应用甲壳素后品质提升

29. 京玉葡萄应用甲壳素后品质提升

30. 巨玫瑰葡萄应用多肽后品质提升

31. 蓝莓应用壳寡糖后结果性能和品质提升(a)

32. 蓝莓应用壳寡糖后结果性能和品质提升（b）

33. 蓝莓应用壳寡糖后结果性能和品质提升（c）

34. 蓝莓应用壳寡糖后结果性能和品质提升（d）

35. 蓝莓应用壳寡糖后结果性能和品质提升（e）

36. 蓝莓应用壳寡糖后结果性能和品质提升（f）

37. 李使用丰果乐后达到丰产优质

38. 利用多效唑控制盆栽杨梅树体生长(a)

39. 利用多效唑控制盆栽杨梅树体生长(b)

40. 利用多效唑控制盆栽杨梅树体生长（c）

41. 利用多效唑控制盆栽杨梅树体生长（d）

42. 美人指葡萄使用S-诱抗素后着色提早

43. 美人指葡萄使用大果乐后达到大果优质

44. 美人指葡萄应用甲壳素后品质提升

45. 脐橙使用碧全健生素后丰产优质

46. 秦姬柑橘应用壳寡糖后结果性能和品质提升

47. 秦姬柑橘应用壳寡糖后品质提升

48. 设施温州蜜柑应用多效唑后树冠矮化

49. 设施温州蜜柑应用多效唑后树冠矮化1

50. 柿使用S-诱抗素后熟加快

51. 水晶杨梅应用壳寡糖后品质提升

52. 西子绿梨使用碧全健生素后品质提高

53. 西子无核王使用大果乐后达到大果优质(a)

54. 西子无核王使用大果乐后达到大果优质（b）

55. 西子无核王使用大果乐后达到大果优质（c）

56. 夏黑葡萄应用甲壳素后品质提升

57. 象山红柑橘花蕾露白期树冠喷布多效唑后达到丰产优质

58. 象山红柑橘使用碧全健生素后丰产优质（钱皆兵）

59. 新川中岛使用碧全健生素后达到丰产优质

60. 樱桃应用甲壳素后结果性能和品质提升

61. 迎庆桃使用多唑后树势得到显著控制

62. 早红提葡萄应用甲壳素后品质提升

63. 早香柚柑橘应用壳寡糖后结果性能和品质提升

64. 醉金葡萄使用九二零与大乐果后达到无核大果、优质丰产

植物生长调节剂在果树上的应用

ZHIWU SHENGZHANG TIAOJIEJI
ZAI GUOSHU SHANG DE YINGYONG

叶明儿 主编

第三版
The Third Edition

化学工业出版社
·北京·

本书在第二版的基础上，首先详细介绍了当前果树生产中常用植物生长调节剂的种类、生理特性、配制、使用方法、注意事项，重点介绍了植物生长调节剂在柑橘、杨梅、枇杷、荔枝、龙眼、香蕉、菠萝、芒果、番木瓜、苹果、梨、桃、梅、李、杏、樱桃、柿、枣、板栗、核桃、银杏、葡萄、猕猴桃、草莓等果树生产中促进花芽分化、保花保果、控制营养生长过旺、促进果实发育、提高果品质量、贮藏保鲜以及苗木繁育等方面的应用。文前附有高清彩色插图，便于读者对照和比较。

本书适合作为基层农技人员，蔬菜、果树种植管理人员，以及农业院校农学、种植、植保、蔬菜、果树等相关专业师生的参考书。

图书在版编目（CIP）数据

植物生长调节剂在果树上的应用/叶明儿主编．—3版．北京：化学工业出版社，2016.9（2024.9重印）
ISBN 978-7-122-27745-9

Ⅰ．①植…　Ⅱ．①叶…　Ⅲ．①植物生长调节剂-应用-果树园艺　Ⅳ．①S66

中国版本图书馆CIP数据核字（2016）第180478号

责任编辑：刘　军　　文字编辑：陈　雨
责任校对：王素芹　　装帧设计：刘丽华

出版发行：化学工业出版社（北京市东城区青年湖南街13号　邮政编码100011）
印　　装：河北延风印务有限公司
710mm×1000mm　1/16　印张15　彩插4　字数305千字　2024年9月北京第3版第6次印刷

购书咨询：010-64518888　　售后服务：010-64518899
网　　址：http://www.cip.com.cn
凡购买本书，如有缺损质量问题，本社销售中心负责调换。

定　　价：48.00元

本书编写人员名单

主　　编　叶明儿

副 主 编　董朝霞　陈杰忠

编写人员（按姓氏笔画排序）

万继锋（华南农业大学园艺学院）

王松标（中国热带农业科学院南亚热带作物研究所）

王国海（浙江省农业厅）

叶明儿（浙江大学）

刘传和（广东省农业科学院果树研究所）

李　娟（仲恺农业工程学院农业与园林学院）

李三玉（浙江大学）

陈杰忠（华南农业大学园艺学院）

范　之（浙江省湖州市农业局）

周碧燕（华南农业大学园艺学院）

柏德玟（浙江省农业厅）

赵国军（浙江省农业厅）

徐春香（华南农业大学园艺学院）

徐佩娟（浙江省宁波市鄞州区农业科学研究所）

黄战威（广西百色市发展水果生产办公室）

黄永敬（广东省农业科学院果树研究所）

董朝霞（浙江省围垦造地开发公司）

前言

由于植物生长调节剂具有成本低、收效快、效益高、省工省力的特点，同时对促进果树花芽分化、保花保果、控制营养生长过旺、促进果实发育、提高果品质量、贮藏保鲜以及苗木繁育等方面又具有显著的效果，在现代果树生产中发挥了巨大的经济效益和社会效益。因此，植物生长调节剂在果树应用方面日趋广泛。根据“全球植物生长调节剂（PGR）市场报告”显示，到2020年，全球植物生长调节剂市场销售额将达到18亿美元。

但是，近年来，由于植物生长调节剂使用不当引起的食品安全问题逐渐增多。为此，2014年国家卫计委已将植物生长调节剂残留量的检测纳入到“食品安全风险监测计划”中。国际上对植物生长调节剂的残留问题日益关注，国际食品法典委员会（Codex Alimentarius Commission，CAC）、欧盟、美国、日本等组织和发达国家相继制定严格的最大残留限量标准（maximum residue limit，MRL），并作为各国之间农产品贸易的限制条件。因此，为确保我国果品的安全，进一步增强我国果品的国际竞争力，规避发达国家和地区对我国果品中植物生长调节剂限量标准的贸易技术壁垒，广大果农在果树生产上应用植物生长调节剂时，不要随意增加施用次数或浓度，在保证达到调节植物生长发育的前提下，以最少的用量获得最大的调节效果，实现既经济用药，又减少残留量，从而减少对环境的污染，保证人类的安全。

当前，甲壳素类、多肽类等新型、天然、安全的植物生长调节剂在果树生产中的应用已引起了广泛关注。其中，从自然界的虾、蟹等甲壳动物的甲壳，鞘翅目、双翅目昆虫的表皮内甲壳中提取的壳寡糖植物生长调节剂，它是300～2500个葡萄糖乙酰残基以β-1,4-糖苷键连接而成的低聚糖，也是自然界中唯一带正电荷的阳离子碱性氨基低聚糖，因其分子结构中带有不饱和的阳离子基团，故对带负电荷的各类有害物质具有强大的吸附作用，从而对降解土壤有毒物质、改变土壤菌群、促进有益微生物的生长、提高肥料吸收利用率等方面，具有其他植物生长调节剂无法比拟的效果。同时，壳寡糖又具有无臭、无味、纯天然、安全无毒性、水溶性好、生物活性高、易被生物体吸收等优点，在果树生产中应用前景广阔。

本书归纳整理了我国柑橘、杨梅、枇杷、荔枝、龙眼、香蕉、菠萝、芒果、番木瓜、苹果、梨、桃、梅、李、杏、樱桃、柿、枣、板栗、核桃、银杏、葡萄、猕猴桃、草莓24种果树生产中不同生长发育阶段应用植物生长调节剂的最新技术成果，以供广大果树科技工作者和果农朋友们借鉴和参考，希望给你们带来较大收获和效益。由于编者水平有限，书中疏漏之处难免，望读者指正。

编者

2016年10月

第二版前言

我国是世界水果生产大国，其产量和种植面积均居世界首位。果树生产已成为我国农民增加收入、实现脱贫致富奔小康、推进新农村建设的重要支柱产业。近几年，浙江嘉兴、湖州等地区进行产业结构调整，发展设施葡萄栽培，对提高农民收入发挥了积极作用。设施葡萄平均亩产值达到1万元以上，高的在3万元以上，是种植水稻产值的5～10倍，仅葡萄一项收入占农民纯收入的50%以上。浙江仙居县横溪镇坎头村农民利用山地种植东魁杨梅，单此一项收入达到全村农民人均纯收入的80%以上。东魁杨梅成了坎头村人的摇钱树、养老树。由此可见，发展果树生产极大地改善了农民的生活条件，而且也改变了他们的生活方式。但是，随着我国经济的进一步快速发展以及人民生活水平的不断提高，劳动力价格也不断提高。果树生产是劳动密集型产业，劳动力价格的提高将使果树生产的成本也增加，从而影响农民的收入。因此，高效、省力的现代果树生产技术在21世纪将发挥积极作用。

植物生长调节剂的使用是高效、省力的现代果树生产技术之一。植物生长调节剂既可促进种子萌发，又可延长种子休眠；既能促进枝梢伸长，又可抑制或延缓枝梢生长；既可保花保果，又可疏花疏果；既可促进果实成熟，又可延迟成熟和贮藏保鲜。而且，用传统的农业措施难以解决的某些技术环节，应用植物生长调节剂均可迎刃而解，故植物生长调节剂深受果农的欢迎和重视。植物生长调节剂以微量的物质促进或控制果树的生长发育。在一定条件下，它对果树休眠、生根、生长、花芽分化、坐果、果实发育、成熟期、果实品质及抗逆性方面都有调节作用。由于植物生长调节剂具有成本低、收效快、效益高、省工省力的特点，在现代果树生产中已发挥出巨大的经济效益和社会效益。它可以减轻因全球气候急剧变化给果树生产造成的经济损失；它可以增强果树的体质，提高抗病性，减少果园农药化肥使用量，保护生态环境；它可以代替人工进行疏花疏果，改善果实品质，提高果品附加值；同时它也可代替人工控制枝梢生长、摘心及采收，节省劳动力，降低生产成本等。因此，植物生长调节剂在21世纪低碳、安全、优质的果品生产中将发挥巨大作用。

本书归纳整理了我国柑橘、杨梅、枇杷、荔枝、龙眼、香蕉、菠萝、芒果、番木瓜、苹果、梨、桃、梅、李、杏、樱桃、柿、枣、板栗、核桃、银杏、葡萄、猕猴桃、草莓24种果树生产中不同生长发育阶段应用植物生长调节剂的最新技术成果。供广大果树科技工作者和果农朋友们借鉴和参考。

由于水平有限，书中疏漏之处难免，望读者指正。

编者

2010年10月

目录

第一章

果树常用植物生长调节剂种类及其生理特性

果树的生长发育，除需要大量的营养物质外，还需要一些对生长起特殊作用，但其量甚微的物质，叫做植物激素，它可以促进或控制果树的生长发育。在一定条件下，它对果树休眠、生根、生长、花芽分化、着果、果实发育、成熟期、果实品质及抗逆性方面都有调节作用。植物激素分内源激素和外源激素两种。内源激素是植物体在新陈代谢过程中自然产生的，具有强烈的生理活性，能从合成部位运输到其他各个部位，以极低浓度发生作用。迄今在植物体内发现的内源激素有 6 大类，即生长素、赤霉素、细胞分裂素、脱落酸、乙烯及油菜素内酯等。外源激素又称生长调节剂，是仿照内源激素化学结构而人工合成的生长物质，其生理作用和内源激素相似。目前在果树生产中应用的生长调节剂很多，主要有以下几种。

第一节　生长促进剂

一、吲哚乙酸（IAA）

化学名称：氮茚基乙酸。

其他名称：异生长素、茁长素。

理化性状：纯品为无色结晶，熔点为 167～169℃。微溶于冷水、苯、氯仿，易溶于热水、乙醇、乙醚、丙酮和醋酸乙酯，其钠盐和钾盐易溶于水。在酸性介质中极不稳定，在无机酸的作用下很快胶化，在 pH 值低于 2 时，室温下也会很快失去活性，但在碱性溶液中比较稳定。吲哚乙酸见光后能迅速被氧化，呈玫瑰色，活性降低，故应放在棕色瓶中贮藏或在瓶外用黑纸遮光。在植物细胞内不仅以游离状态存在，还可以与生物高分子等结合以结合态形式存在。吲哚乙酸在植物体内可与其他物质结合而失去活性。结合态吲哚乙酸常可占植物体内吲哚乙酸的 50%～90%，如吲哚乙酰基天门冬酰胺、吲哚乙酸阿戊糖和吲哚乙酰葡萄糖等。这可能是吲哚乙酸在细胞内的一种贮藏方式，也是解除过剩吲哚乙酸毒害的解毒方式。它们经水解可以产生游离吲哚乙酸。

生理作用：抑制离层的形成；防止植物衰老；维持顶端优势；促进单性结实；促进细胞的伸长和弯曲；引起植物向光性生长。吲哚乙酸能活化质膜上ATP（腺苷三磷酸）酶，刺激氢离子流出细胞，降低介质pH值，从而使有关的酶被活化，水解细胞壁的多糖，改变了细胞壁的弹性，使细胞壁软化而细胞得以扩伸。当吲哚乙酸转移至枝条下侧即产生枝条的向地性，当吲哚乙酸转移至枝条的背光侧即产生枝条的向光性。吲哚乙酸能够改变植物体内的营养物质分配，在分布较丰富的部分，得到的营养物质就多，形成分配中心。

主要用途：促进扦插生根；形成无籽果实；促进营养生长与生殖，防止落花落果，提高产量；促进种子萌发；组织培养中，诱导愈伤组织和根的形成等。

二、吲哚丁酸（IBA）

化学名称：吲哚-3-丁酸。

理化性状：性状与吲哚乙酸相似，但比吲哚乙酸稳定。纯品为白色或微白色晶粉，稍有异臭，熔点123～125℃。不溶于水、氯仿，能溶于醇、酮和丙酮。剂型有92%粉剂。小鼠腹膜注射每千克体重的半致死剂量（LD_{50}）为100mg/kg，对人、畜低毒。吲哚丁酸具有生长素的活性，但是它在被植物吸收后不易在体内运输，往往停留在所施部位。与吲哚乙酸相比，吲哚丁酸不易被光分解，比较稳定。与萘乙酸相比，吲哚丁酸安全，不易伤害枝条。与2,4-D相比，吲哚丁酸不易传导，因此使用较安全。

生理作用：同吲哚乙酸。

主要用途：同吲哚乙酸，但对促进插条生根效果优于吲哚乙酸，诱导的不定根多而细长。吲哚丁酸与萘乙酸混合使用，效果更好。

三、萘乙酸（NAA）

化学名称：1-萘基乙酸。

其他名称：一滴灵、α-萘乙酸。

理化性状：工业品为黄褐色粉末，纯品为无色无味结晶，分α型和β型，α型的活力比β型强。通常所说的萘乙酸即指α型，熔点为134.5～135.5℃，不溶于冷水，微溶于热水，易溶于乙醇、乙醚、丙酮、醋酸和氯仿，在一般有机溶剂中表现稳定。其钠盐能溶于水。遇光变色，故应贮放避光处。对人、畜无毒，大鼠急性经口每千克体重的半致死剂量（LD_{50}）为1000～5900mg/kg，小鼠为670mg/kg。对皮肤和黏膜有刺激作用，可引起角膜浑浊，刺激在7d内能恢复。对水生生物、天敌安全。施药后应洗手洗脸，防止对皮肤造成损伤。

生理作用：与吲哚乙酸有相同的作用特点和生理功能。可经叶片、树枝的嫩表皮以及种子进入到植株体内，随营养流输导到全株起作用的部位。能加强植株的新陈代谢和光合作用，促进细胞分裂与扩大，刺激生长。

主要用途：提高抗逆性；诱导形成不定根，促进插枝生根；促进开花，改变雌雄花比率；防止落花，增加坐果率；疏花疏果；促进早熟和增产等。

四、防落素（PCPA）

化学名称：对氯苯氧乙酸。

其他名称：促生灵、番茄灵。

理化性状：纯品为白色结晶，熔点157～158℃。不溶于冷水，能溶于乙醇、丙酮和酯等有机溶剂及热水。水溶液较稳定。对人、畜低毒。避免与嫩叶、幼芽接触，以免发生药害。

生理作用：与吲哚乙酸有相同的作用特点。喷洒防落素时，要注意避开幼芽和嫩叶，防止药害。

主要用途：防止落花落果；加速幼果发育；形成无籽果实等。

五、2,4-滴（2,4-D）

化学名称：2,4-二氯苯氧乙酸。

理化性状：纯品为白色结晶，无臭味，不吸湿，熔点为141℃。工业产品为白色或浅棕色结晶，稍带有酚气味，熔点为128℃。难溶于水，能溶于乙醇、乙醚、丙酮和苯等有机溶剂。为强酸，对金属有腐蚀作用。与各种碱类作用则生成相应的盐类，成盐后易溶于水。与醇类在硫酸催化下，则生成相应的酯类。2,4-D在苯氧化合物中活性最强，比吲哚乙酸大100倍。大鼠急性经口LD_{50}为373～500mg/kg。2,4-D钠盐溶于水，不能与酸性物质接触，在酸性溶液中转变为不溶于水的2,4-D。

生理作用：随着用量和浓度的不同，对植物可产生多种不同的效应；在较低浓度下（0.5～1.0mg/L），是组织培养基中常用的成分之一；在浓度略高时（1～5mg/L），可以防止果菜类等落花落果和诱导产生无籽果实，特别是当夜温低于15℃，效果尤为显著；更高的浓度（1000mg/L）下，就可以防治多种阔叶杂草，在气温达到20～25℃时使用效果显著。此外，还可促进橡胶树排胶。

主要用途：用作除草剂；防止落花落果；诱导产生无籽果实形成；防止采前裂果；组织培养等。

六、赤霉素类（GA）

其他名称：九二零、奇宝。

理化性状：活性强的赤霉素有GA_1、GA_3、GA_7、GA_{30}、GA_{32}、GA_{38}等。目前生产中应用较多的赤霉素主要是赤霉酸（GA_3），及GA_4、GA_7、GA_{4+7}。纯品为无色结晶，熔点223～237℃，难溶于水，易溶于醇类、丙酮、醋酸乙酯、醋酸丁酯、冰醋酸和pH 6.2的磷酸缓冲液中，不溶于石油醚、苯和氯仿等。在较低温度用5% GA_3的食饵喂鼠5周，既没有营养失调，也没有体重等组织形态上的变化。狗每千克体重喂5g，鼠每千克体重喂10g GA_3，在相当长的时期内没有发现对实验动物有影响。遇碱、热易分解，应贮放于低温干燥处。市售“九二〇”贮藏期仅一年，贮藏期过长会失效。

生理作用：促进细胞分裂和伸长；诱导α-淀粉酶合成；促进蛋白质和核酸合成；促进同化产物运转；促进单性结实；与脱落酸有拮抗作用。赤霉素处理后，在最初几天内，加快生长并不明显，只有在经过一段时期以后，生长速度才呈现出一个明显的高峰。其高峰出现的迟早，因作物种类而异，一般是在处理后的5～15d左右。赤霉素的有效期也因作物种类而不同，一般为两周左右。赤霉素处理以后，生长速度出现高峰的时间和有效期的长短也受环境条件的影响，特别是与气温有密切关系，通常气温低，生长高峰向后推移，有效期也延长；气温较高，生长高峰则提早出现，有效期缩短。

主要用途：打破休眠，促进种子萌发；促进节间伸长和新梢生长；防止落果，提高坐果率；促进无籽果实形成，果实提早成熟；防止裂果；抑制花芽分化等。

七、6-苄基氨基腺嘌呤（6-BA）

化学名称：6-(苄基氨基)-9-(2-四氢吡喃基)-9-*H*-嘌呤。

其他名称：BA、细胞分裂素、6-苄基腺嘌呤、绿丹。

理化性状：纯品为白色结晶，工业品为白色或浅黄色，无臭。纯品熔点235℃，在酸、碱中稳定，光、热不易分解。水中溶解度小，为60mg/L。难溶于水，微溶于乙醇，易溶于碱性或酸性溶液，在酸、碱溶液中较稳定。对人、畜、环境安全，大鼠急性经口LD_{50}为（雄）2125mg/L、（雌）2130mg/L，小鼠急性经口LD_{50}为（雄）1300mg/L、（雌）1300mg/L，对鲤鱼48h半致死极限浓度（TLM值）为12～24mg/L，属低毒植物生长调节剂。在植物体内不易运转，使用时应直接将药液施用到作用部位。

生理作用：促进细胞分裂，诱导组织分化；解除顶端优势，促进侧芽生长；诱导叶绿素形成，增强光合作用；维持细胞膜结构完整性，延缓衰老；加速植物新陈代谢和蛋白质的合成，从而促进有机体迅速增长。

主要用途：促进种子发芽；诱导休眠芽生长；促进花芽的分化和形成；防止早衰及果实脱落；促进果实膨大；提高坐果率；贮藏保鲜；组织培养；提高植物抗病、抗寒的能力等。

八、氯吡脲（forchlorfenuron）

化学名称：1-(2-氯-4-吡啶基)-3-苯基脲。

其他名称：吡效隆、调吡脲、脲动素、施特优、膨果龙、KT-30、CPPU。

理化性状：白色晶体粉末，有微弱吡啶味，熔点171℃。易溶于甲醇、乙醇、丙酮等有机溶剂，难溶于水，在热、酸、碱条件下稳定，易贮存。

生理作用：其活性是6-BA的几十倍，具有加速细胞有丝分裂，对器官的横向生长和纵向生长都有促进作用，从而起到膨大果实的作用；促进叶绿素合成，使叶色加深变绿，提高光合作用；促进蛋白质合成。

主要用途：促进果实膨大；延缓叶片衰老，防止落叶；诱导芽的分化，打破顶端优势，促进侧芽萌发和侧枝生成，增加枝数；防止落花落果；提高含糖量，改善品质，提高商品性等。

九、芸薹素内酯（BR）

化学名称：（22*R*，23*R*，24*R*）-2*α*，3*α*，22，23-四羟基-*β*-高-7-氧杂-5*α*-麦角甾-6-酮，或（22*R*，23*R*，24*R*）-2*α*，3*α*，22，23-四羟基-*β*-均相-7-氧杂-5*α*-麦角甾烷-6-酮。

其他名称：油菜素内酯。

理化性状：白色晶体粉末，熔点274～275℃。原药难溶于水，水中的溶解度为5mg/kg。溶于甲醇、乙醇、氯仿、醋酸乙酯、丙酮、乙醚、异丙醇等有机溶剂。为低毒植物生长调节剂，大鼠急性经口LD_{50}＞2000mg/kg，急性经皮LD_{50}＞2000mg/kg，对人、畜和环境安全。与多种常用杀菌剂、化肥、植物生长调节剂混配应用，具有显著的协同效应和加成效应，提高化肥的肥效和杀菌剂功效，降低农药药害。

生理作用：天然芸薹素内酯的活性是生长素的1000～10000倍，增强植物体内酶的活性；促进细胞分裂和伸长；促进植物营养和生殖生长，提高受精能力；增加光合作用。

主要用途：提高种子发芽率；提高坐果率；促进果实膨大，改善品质；增加产量；提高耐旱、耐寒性；增强抗病性等。

十、吲熟酯（ethychlozate）

化学名称：5-氯-1*H*-3-吲唑乙酸乙酯。

其他名称：疏果唑、丰果乐、J-455。

理化性状：原药为白色结晶，熔点75.7～77.6℃。难溶于水，易溶于甲醇、丙酮、乙醇、异丙醇等。正常贮存条件下稳定，遇碱易分解，因此使用前或使用后1～7d不能施用碱性农药。本品毒性极微，大鼠急性经口LD_{50}为4800～5200mg/kg，小鼠急性经口LD_{50}为1580～2540mg/kg。大鼠急性经皮LD_{50}＞10000mg/kg，对兔皮肤、眼睛无刺激，鲤鱼TLM（48h）为1.8mg/L。

生理作用：吲熟酯主要通过植物茎叶吸收，然后输送到根部，增进植物根系的生理活性。也可以促进释放乙烯使幼果脱落，起到疏果作用。还可以改变果实成分，提高果实品质。吲熟酯适宜在健壮的成年柑橘树上使用，弱树不宜使用。使用吲熟酯的最适温度为20～30℃，温度过高或过低不宜使用此药。施吲熟酯后遇雨不需重喷，以免发生药害。

主要用途：代替人工疏花疏果，节省劳力；增加糖度，提高品质；促进果实提早成熟等。

第二节 生长延缓剂和抑制剂

一、矮壮素（chlormequat chloride）

化学名称：2-氯乙基三甲基氯化铵。

其他名称：三西、稻麦立、西西西、氯化氯代胆碱、CCC。

理化性状：纯品为白色菱状结晶，有鱼腥臭，熔点 238～242℃。易溶于水。吸湿性很强，易潮解，不溶于苯、二甲苯、乙醇和乙醚，微溶于二氯乙烷和异丙醇，性质比较稳定。可用于盐碱土或微酸性土壤。在酸性和中性介质中稳定，遇碱易分解，故不能与碱性农药混用。工业品多为含有 40%或 50%原药的水溶液或含有 97%以上原药的粉剂。雄鼠急性经口 LD_{50} 为 670mg/kg，雌鼠急性经口 LD_{50} 为 1020mg/kg，雌性小白鼠灌胃 LD_{50} 为 810mg/kg，豚鼠急性经口 LD_{50} 为 615mg/kg，家兔经皮下注射 LD_{50} 为 440mg/kg。矮壮素不易被土壤固定或被土壤微生物分解，一般作土壤浇施效果较好。

生理作用：与赤霉素有拮抗作用，阻遏赤霉素的生物合成，抑制植物细胞的伸长；促进细胞分裂素含量增加。

主要用途：使植株矮化，茎秆变粗，防止徒长；使叶色变深，叶片加厚，增强抗病、抗寒、抗盐碱的能力；促进花芽分化；提高坐果率，增加产量等。

二、甲哌鎓（mepiquat chloride）

化学名称：氯化二甲基哌啶。

其他名称：缩节胺、健壮素、BAS、助壮素。

理化性状：纯品为无色结晶，原药为浅灰白色结晶固体，熔点 285℃（分解），制剂为粉红至紫色液体，易溶于水，可与多种杀虫、杀菌剂混用。纯品为大鼠急性经口 $LD_{50}>6900$mg/kg，工业品为雌、雄大鼠急性经口 LD_{50} 为 1400mg/kg，雌、雄大鼠急性经皮下注射 LD_{50} 分别为 7800mg/kg 和 8020mg/kg，雌、雄大鼠吸入毒性 $LD_{50}>3.2$mg/kg（空气）。对人、畜、蜜蜂和鱼均无毒害，对眼睛和皮肤无刺激性。用氯处理的水配制甲哌鎓，其粉红色立即消失，但不影响其效果。

生理作用：甲哌鎓主要通过叶片、亦可通过根吸收，具有内吸传导性，起多种调节生长的效应。如抑制赤霉素生物合成；抑制细胞伸长；增加钙离子吸收；增加叶绿素含量，提高光合作用。甲哌鎓在肥水条件好而徒长严重的田块，抑制作用显著，增产效果明显，而对肥水不足和生长不良的植株不宜施用。

主要用途：防止徒长，使树紧凑；提高坐果率，增加产量；增加糖度，促进成熟等。

三、多效唑（paclobutrazol）

化学名称：(2*RS*,3*RS*)-1-(4-氯苯基)-4,4-二甲基-2-(1*H*-1,2,4-三唑-1-基)-戊烷-3-醇。

理化性状：白色结晶固体，熔点165～166℃，溶于水，50℃时至少6个月内稳定。任何pH值下均稳定，在土壤中残效期可长达3年以上。工业品为15%可湿性粉剂。对哺乳动物低毒。对小白鼠急性经口LD_{50}为1500mg/kg，急性经皮下注射LD_{50}为11000mg/kg。对大白鼠皮肤刺激性轻微，对兔中等，对鸟类、鱼和无脊椎动物属低毒。雌性鸭急性经口LD_{50}＞3000mg/kg，硬头鳟LD_{50} 33.1mg/kg（96h）。据田间小区每年两次施药总有效成分10kg/hm^2情况看，对蚯蚓和小节肢动物无害。

生理作用：能抑制赤霉素的生物合成，减缓植物细胞的分裂和伸长；增加叶绿素含量，提高光合能力；降低蒸腾作用，提高抗旱能力。

主要用途：控制新梢生长；促进花芽分化；提高坐果率，增加产量；提高抗病、抗寒、抗旱力等。

四、烯效唑（uniconazole）

化学名称：(*E*)-1-对氯苯基-2-(1,2,4-三唑-1-基)-4,4-二甲基-1-戊烯-3-醇。

其他名称：特效唑、高效唑、S-3307。

理化性状：纯品为无色结晶体，制剂常温下贮存稳定。烯效唑属于低毒植物生长调节剂。雄大鼠急性经口LD_{50}为2020mg/kg，雌大鼠为1790mg/kg；小鼠急性经口LD_{50}＞600mg/kg，大鼠急性经皮LD_{50}＞2000mg/kg。对眼睛有轻度刺激作用，对皮肤无刺激，对鱼中等毒性。

生理作用：生物活性大约为多效唑的6～10倍，是赤霉酸生物合成的拮抗剂。主要通过叶、茎组织和根部吸收，进入植株后活性成分主要通过木质部向顶部输送，抑制赤霉素的生物合成，使细胞伸长受抑，从而影响植株的形态，其在作物上具有矮化植株、促进分蘖、增加叶绿素、提高作物抗倒性以及增产的效果。用药量过高，生长被抑制过度时，可增施氮肥或用赤霉素解救。浸种会降低发芽势，随用药量增加更明显，浸种后的种子发芽会推迟8～12h，但对发芽率及苗生长无很大影响。大田增施钾、磷肥有助于发挥烯效唑的增产作用。

主要用途：控制营养生长，矮化植株；促进花芽分化，提高产量；增强抗逆性等。

五、丁酰肼（daminozide）

化学名称：*N*-二甲基琥珀酰肼、*N*-二甲氨基琥珀酰胺酸。

其他名称：比久、SADH、B-995、调节剂995、B_9。

理化性状：纯品为微臭白色粉末，不溶于一般的碳氢化合物，易溶于热水。贮藏稳定性好。工业产品为50%可溶性粉剂，具有良好的内吸传导性。属低毒植物生长调节剂，大鼠急性经口 LD_{50} 为8400mg/kg，兔急性经皮 LD_{50} >1600mg/kg。对鸟类、鱼类低毒。药液随配随用，不可久置，变褐色后则不能使用。遇酸和强碱及土壤微生物分解，不能与碱性物质混合使用。避免药剂与皮肤接触，避免用铜器盛装。

生理作用：抑制内源赤霉素的生物合成和内源生长素的合成，从而抑制细胞分裂，控制新梢徒长，缩短节间长度，增加叶片厚度及叶绿素含量。

主要用途：诱导不定根形成；抑制新梢生长；促进花芽分化；提高坐果率；减少裂果；增加果实硬度；提高抗寒力等。

六、诱抗素（abscisic acid）

化学名称：3-甲基-5-(1-羟基-4-氧代-2,6,6-三甲基-2-环己烯-1-羟基)-3-甲基-2,4-戊二烯酸。

其他名称：脱落酸，ABA。

理化性状：熔点160～161℃，极难溶于水和挥发性油，但可溶于碱性溶液(如碳酸氢钠)、三氯甲烷、丙酮、醋酸乙酯、甲醇、乙醇等。强酸能使其失水，产生无活性物质。

生理作用：与GA有拮抗作用。

主要用途：抑制花芽萌动与新梢生长；促进衰老和脱落；促进着色等。

第三节　乙烯类

乙烯利（CEPA）

化学名称：2-氯乙基膦酸。

其他名称：一试灵、乙烯磷、乙烯灵。

理化性状：纯品为长针状无色结晶，工业品为淡黄色黏稠液体或蜡状固体，熔点74～75℃。乙烯利易溶于水、乙醇、乙醚，微溶于苯和二氯乙烷，不溶于石油醚。水溶液在pH 3以下比较稳定，在pH 4以上逐渐分解，放出乙烯，并随着溶液温度和pH值的增加，乙烯释放的速度加快，在碱性沸水浴中40min就全部分解，故不能与碱性农药混用，不能用热水配制。对人、畜低毒、安全，白鼠急性经口 LD_{50} 为4229mg/kg，兔急性经皮下注射 LD_{50} 为5730mg/kg，鹌鹑急性经口 LD_{50} 为1000mg/L。慢性毒性试验表明，在食物中含量低于300mg/L时，未见试验动物发生组织病变，虹鳟鱼等对乙烯利有较高的耐药性，无明显积蓄毒性作用。乙烯利在空气中极易潮解，水溶液呈强酸性，对皮肤和眼睛有刺激作用，施用时最好戴眼镜和手套。使用乙烯利时，温度应在20℃以上，温度过低乙烯利分解缓慢。同时最好随配随用，放置过久会降低效果。乙烯利原液不能用金属容器放置，不然与金属容器发生反应放出氢气，会腐蚀金属容器。

生理作用：乙烯利被植株各器官如茎、叶、花、果实等吸收后，如果植物体内细胞液的pH值在4以上，便分解释放出乙烯气体而发生作用，抑制细胞分裂和伸长，控制顶端优势。然而，不同植物种类及植物不同生长发育阶段的细胞液pH值不尽相同，所以乙烯利进入植物体内发生作用的速度也有很大差异，产生的效果也不尽相同。

主要用途：抑制新梢生长；疏花疏果；松动果梗，便于机械采收；促进成熟等。

第四节　甲壳素类

甲壳素，别名壳多糖、几丁质、甲壳质、明角质、聚乙酰氨基葡萄糖，化学名称：*β*-(1,4)-2-乙酰氨基-2-脱氧-*D*-葡萄糖，是目前除生长素、赤霉素、脱落酸、乙烯利和细胞分裂素五大激素以外的一种新型、天然、安全的植物生长调节物质。甲壳素广泛存在于自然界的动、植物及菌类中。例如甲壳动物的虾、蟹、皮皮虾等的甲壳，含甲壳素15%～20%；鞘翅目、双翅目昆虫的表皮内甲壳，含甲壳素5%～8%；真菌的细胞壁，如酵母菌、多种霉菌以及植物的细胞壁含量也较多。地球上甲壳素的蕴藏量仅次于纤维素，其化学结构和植物纤维素非常相似，是六碳糖的多聚体，分子量都在100万以上。甲壳素的基本单位是乙酰葡萄糖胺，它是由300～2500个乙酰葡萄糖胺残基通过*β*-1,4糖苷链相互连接而成的聚合物。甲壳素的分子结构中带有不饱和的阳离子基团，因而对带负电荷的各类有害物质具有强大的吸附作用。甲壳素外观为类白色无定形物质，无臭、无味。能溶于含8%氯化锂的二甲基乙酰胺或浓酸，不溶于水、稀酸、碱、乙醇或其他有机溶剂。目前，生产中应用的甲壳素类植物生长调节剂主要有以下两种。

一、壳聚糖（chitosan，CTS）

化学名称：*β*-(1,4)-2-氨基-2-脱氧-*D*-葡萄糖，简称聚氨基葡萄糖。

其他名称：甲壳胺。

理化性状：壳聚糖纯品为白色或灰白色无定形片状或粉末，无臭、无味、无毒性，纯壳聚糖略带珍珠光泽。可以溶解于许多稀酸中，如水杨酸、酒石酸、乳酸、琥珀酸、乙二酸、苹果酸、抗坏血酸等，不溶于水。壳聚糖是甲壳素经浓碱处理脱去其中的*N*-乙酰基达55%以上形成的衍生物，它是除蛋白质以外含氮量最大的有机氮源。壳聚糖在果树上应用不会产生任何毒副作用，在土壤中经微生物可被甲壳酶、甲壳胺酶、溶菌酶、蜗牛酶水解，分解后的最终产物氨基葡萄糖及CO_2，可被植物吸收，对土壤微环境不会造成不利影响。同时，壳聚糖是一种正电荷高分子阳离子多聚糖，有良好的抑制微生物、细菌、霉菌的作用，可以应用于食品保鲜。壳聚糖制成溶液喷涂于经清洗或剥除外皮的水果上，干后形成的薄膜食用时不必清除。

主要用途：促进生长，增加产量；改善品质；延长水果的保鲜期；提高抗病性；改良土壤等。

二、壳寡糖（chitosan oligosaccharide，chito-oligosaccharide）

化学名称：β-1,4-寡糖-葡萄糖胺。

其他名称：氨基寡糖素、壳聚寡糖、几丁寡糖、低聚壳聚糖。

理化性状：壳寡糖纯品为土黄色粉末，无臭、无味、无毒性，溶于水，易吸潮。壳寡糖是壳聚糖经生物酶技术进一步降解，获得的2～10个氨基葡萄糖以β-1,4-糖苷键连接而成的低聚糖。壳寡糖是甲壳素、壳聚糖的升级产品，也是自然界中唯一带正电荷阳离子碱性氨基低聚糖，具有水溶性好、生物活性高、易被生物体吸收、纯天然等壳聚糖不可比拟的优点。

主要用途：提高光合作用，促进生长，增加产量；改善果实品质；延长水果的保鲜期，减少腐烂；可诱导植物的抗病性，对多种真菌、细菌和病毒产生免疫和杀灭作用，提高抗病性与抗逆性；改变土壤菌群，促进有益微生物的生长，降解土壤有毒物质，提高肥料吸收利用率等。

第五节　多肽类

一般由2～100肽键相连接的氨基酸称作多肽。多肽也是目前除生长素、赤霉素、脱落酸、乙烯利和细胞分裂素等五大激素以外的又一种新型的植物生长调节物质，它在植物体防御、受精、生长和发育等方面发挥着显著调节作用。施用多肽类物质，能够提高果树坐果率、提高产量、改善品质（严得胜等，2004；周兆禧等，2009；李松刚等，2010；赵家桔等，2011；姜学玲等，2012；姜新等，2014）。目前，在植物中发现的多肽主要有以下6种。

一、系统素（systemin）

植物在受到机械伤害或昆虫侵害时，都会产生系统的伤害反应，激活一系列防御蛋白基因的转录，在叶和茎组织大量积累防御蛋白，这些蛋白在进入昆虫肠道后，能够直接影响到其消化系统的功能，从而抑制昆虫的取食，避免对植物进一步造成侵害，提高对植食性昆虫的抗性。大量研究证明，植物受到机械伤害或昆虫侵害时局部或系统性地激活防御蛋白基因表达是由一种具有信号传导作用的内源多肽物质作用的结果，这种物质命名为系统素。当植物的叶被虫咬伤时，系统素通过质外体（apoplast）运输到达其他细胞，与质膜上的系统素受体蛋白结合，将信号传导到细胞内，其信号搭载亚油酸（linoleicacid）代谢成茉莉酮（jasmone）的途径而传导，激活蛋白酶抑制剂基因，促进防御蛋白质的合成。这与寡半乳糖醛（galacturone）和脱乙酰壳多糖（chitosan）的作用相似。系统素的发现，是继植物甾体类激素——油菜素内酯发现后又一个新的里程碑，是植物激素研究上的重大突破，为植物激素的进一步深入研究开辟了一条崭新的道路。

系统素作为植物中的第一个多肽激素，是由 Pearce 等于 1991 年从受伤的番茄叶片中分离出来的。经过鉴定和纯化，对其进行氨基酸和序列分析后，发现系统素是由 18 个氨基酸组成的多肽。利用系统素的序列合成核酸探针来鉴定 mRNA，发现系统素是从由 200 个氨基酸组成的系统素原前体 c 末端经过系统素前体剪切、产生、组装、加工后变成得来的，这种加工过程在动物和酵母的多肽类激素中是很普遍的。

大量研究表明，系统素是植物感受外界伤害的内源性化学信号分子，是一种创伤诱导信号激素，具有低浓度（10～15mol/L）、高效性和可运输性，是植物抗病性等多种防卫反应中的重要物质。它能诱导植物蛋白酶抑制剂基因、多酚氧化酶基因、信号转导组分基因、蛋白酶基因等相关防卫基因的表达，调节产生防卫蛋白——蛋白酶抑制剂Ⅰ和Ⅱ，并能有效地抑制昆虫和病原菌的蛋白酶活性，干扰昆虫的正常消化及营养吸收，对病原菌产生过敏反应，阻止病害的继续扩展，从而达到防虫、抗病、除菌的作用。

二、植物磺肽素（phytosulfokine，PSK）

1996 年，日本学者 Matsubayashi 和 Sakagami 在用石刁柏的叶肉细胞进行悬浮培养时，发现植物细胞密度对培养细胞的分裂和增殖有很大影响。在低于一定细胞密度时，细胞不能分裂和增殖，但当加入曾被使用过的条件化 CM（conditioned medium）培养基（即曾培养过一定的较高细胞密度的培养基）后，会诱导植物单个细胞增殖。由此推测，CM 培养基中可能存在着某种能够刺激细胞分裂的“活性因子”。他们进一步研究表明，CM 中的“活性因子”是热稳定的，在链霉蛋白酶的作用下易分解，初步判断此“活性因子”为肽类物质；在糖苷酶的作用下很稳定，说明此肽中无糖侧链。在此基础上，采用 DEAE-Sephadex 色谱、高压液相色谱（HPLC）、质谱（MS）等技术从 CM 培养液中分离得到两种“活性因子”，其一由 5 个氨基酸组成，命名为植物磺肽素 α（phytosulfokine-α，PSK-α）；其二由 4 个氨基酸组成，命名为植物磺肽素 β（phytosulfokine-β，PSK-β）。这两种多肽都含有 2 个酪氨酸（tyrosine），且皆被硫酸磺化成-Tyr-SO_3H 结构，形成磺化的酪氨酸残基，其分子结构式分别为磺化的五肽［H-Tyr(SO_3H)-Ile-Tyr(SO_3H)-Thr-Gln-OH］和磺化的四肽［H-Tyr(SO_3H)-Ile-Tyr(SO_3H)-Thr-OH］。在同一实验中，他们用化学方法合成了 PSK-α 和 PSK-β，并把化学合成的 PSK 加入到低密度植物细胞的培养液中，发现植物细胞受到 PSK 的刺激而快速生长和增殖，与石刁柏叶肉细胞 CM 培养基中的 PSK 的生理效应相同，从而进一步证明 PSK 可以促进不同密度植物细胞的生长和增殖。之后，在玉米、胡萝卜、松树、番茄、石刁柏、水稻、烟草、鱼尾菊和日本柳杉等多种植物中发现有 PSK 存在，说明 PSK 广泛存在于不同植物中。

现有研究表明，PSK 作为短肽类的生长调节物质，具有与动物肽激素那样的生理活性，对促进悬浮细胞生长和增殖，促进导管分化和胚性细胞形成并使体细胞胚可以正常地分化出子叶、胚轴、根和幼苗，促进悬浮培养花粉萌发，提高植物的耐热性等方面具有显著作用。

三、快速碱化因子（rapid alkalinization factor，RALF）

Pearce 等（2001）在分离纯化烟草叶片中的系统素时，意外地得到一种多肽，这种多肽能够引起细胞的培养基快速碱化，故被命名为快速碱化因子。快速碱化因子在较低用量就能使烟草悬浮细胞的培养基 pH 值快速升高。RALF 在茄科、禾本科、豆科、十字花科、锦葵科、杨柳科、松科、柏科等植物中广泛存在。其主要生理功能：使植物组织生长的培养基碱化，激活胞间有丝分裂蛋白激酶（mitogen-activated protein kinase，MAPK）活性，抑制胚根生长，调控植物花器官发育等。

四、早期结瘤素（early nodulin 40，ENOD40）

植物早期结瘤素是 Vande Sande 等（1996）从豆科植物中发现，是与豆科植物根瘤形成及维持共生功能有关、由 10～13 个氨基酸组成的活性多肽中的一类多肽，在根瘤菌侵染形成根结瘤原基的早期有重要作用。在根瘤菌与豆科植物共生的起始阶段，ENOD40 在根柱鞘中与结瘤原基相对的部位中表达，调节细胞内生长素的浓度及活性形态，从而促进表皮细胞的分裂及根瘤的形成。

五、CLV3（CLAVATA3）

CLV3 为一个含有 12 个氨基酸的多肽，是 Leyser 和 Fumer 等（1992）在研究拟南芥茎生长点大小相关突变体的过程中发现的。突变体的拟南芥茎端除了生长点的变化以外，花器官数目也有不同程度的增加。其心皮数目从 2 个增加到 5 个左右，从而导致其种荚呈现棒球棍的形状，故将其突变体命名为 CLAVATA。在拟南芥茎端突变体中共获得了 3 个生长点变大的遗传位点，并分别被命名为 CLV1、CLV2 和 CLV3。进一步研究发现，CLV3 直接参与了植物茎端生长点中干细胞数目的控制。与生长点大小相关的另外一个重要基因是 WUSCHEL（WUS），维持干细胞的未分化状态，增加茎生长点中干细胞的数目。CLV3 与 CLV1、CLV2 组成一个复合体，促进干细胞分化的信号，从而限制茎端生长点中干细胞数目。因此，CLV3 生理功能是调控花分生组织细胞分裂和分化之间的平衡。

六、S位点富含半胱氨酸蛋白（S-locus eysteine-rich protein，SCR）

SCR也叫SP11，它是一个由74～77个氨基酸组成、只在花药绒毡层表达、富含8个半胱氨酸的胞外多肽，为碱性分泌蛋白。自然界存在的很多像芸薹属等自交不亲和的植物，在自交授粉后，SCR经过花粉外被与柱头乳突细胞表面形成的附着区转运到柱头表面，通过柱头乳突细胞S-受体激酶（S-receptor kinase，SRK）与胞外域接触，引起柱头乳突细胞内信号级联反应，随即完全抑制花粉管侵入柱头表皮细胞，从而实现自交不亲和。

第六节　其他植物生长调节剂

一、稀土

其他名称：益植素。

理化性状：包括稀有元素钪、钇及镧系元素，属低毒植物生长调节剂。不能与除草剂和强碱性农药混合使用。不可随意改变稀释倍数，且应现配现用。连续喷施应至少间隔15d。

生理作用：可以促进植物新陈代谢，使叶片肥厚，增强光合作用，提高植株的抗逆性，促进根、芽及植株生长，使其健壮。

主要用途：促进受精，提高坐果率；提高果树抗寒性；促进果实膨大，增加果实甜度，改善品质等。

二、促控剂PBO

理化性状：为白色粉状固体，由细胞分裂素、生长素、增糖着色剂、延缓剂、早熟剂、抗旱剂、防裂素、杀菌剂及多种营养元素组成，室温下物理性状稳定。属低毒植物生长调节剂。

生理作用：促进幼果和短枝芽的细胞分裂，活化成花基因，使幼树容易形成花芽；能诱导养分输向花器和果实，提高花器的受精功能，促进果实发育；增加叶绿素含量，提高光合效能。

主要用途：控制新梢旺长，促进花芽形成；提高坐果率，增加产量；提高糖度，增进着色，改善品质；增强抗逆性等。

第二章

果树常用植物生长调节剂配制与使用方法

在果树生产和科研中，生长调节剂的剂型主要有水剂、粉剂、油剂及气态4种。生长调节剂配成水剂使用时，首先应了解不同植物生长调节剂的理化性质，一般工厂生产的生长调节剂能直接溶于水，使用时按使用浓度兑水即可。但是，有些则不能直接溶于水，需先溶于少量的乙醇、碱液等溶剂后，再用水稀释成适当浓度使用。

第一节　植物生长调节剂配制

1. 水剂

由于植物生长调节剂使用的浓度很低，一般都是以mg/L表示。因此，生产上使用时要按下列公式配制：

原液浓度(%或mg/L)×原液用量(mL或g)＝使用浓度(mg/L)×使用液量(mL或g)

例1：要配制20mg/L的2,4-D水溶液50kg，现需含量为80%（即800000mg/kg）的2,4-D粉剂多少克。按上述公式代入得：

$$800000 \times X = 20 \times 50000$$

$$X = 1.25\text{g}$$

则称取1.25g 2,4-D粉剂，先用少量乙醇溶解后，再加水稀释至50kg，混匀后即可使用。

例2：现要配制20mg/L赤霉素500mL，需用1000mg/L的赤霉素原液多少毫升？

$$1000 \times X = 20 \times 500$$

$$X = 10\text{mL}$$

则量取 10mL 赤霉素原液，加水至 500mL 即成。

2. 粉剂

粉剂是果苗扦插生根时常用的一种剂型。使用前，先将粉剂在容易挥发的溶剂（如 95%乙醇）中溶解，搅拌成糊状，然后将该溶剂按比例混入滑石粉、木炭粉、面粉或黏土粉等填料中的任何一种中，充分拌匀，待乙醇挥发干燥后，再研成一定浓度的粉剂，密封备用。

例如：配制 1kg 1000mg/kg 的吲哚丁酸粉剂，可先称 1g 吲哚丁酸，用适量 95%乙醇溶解，然后与 1kg 滑石粉充分混合，乙醇挥发后，即成 1000mg/kg 的吲哚丁酸粉剂。

3. 油剂

配制油剂时，则先把羊毛脂加热溶解，然后按一定比例将植物生长调节剂缓慢加入，同时充分搅拌，冷却后即成油剂，其特点是黏附力强，不易流失，应用效果好。

第二节　使用方法

果树生产中生长调节剂的使用方法主要有浸蘸法、喷布法、土壤浇施法、涂布法、气熏法、注射法及输液法等。

1. 浸蘸法

促进种子萌发和扦插生根常用此法。又因浸蘸时间长短和剂型不同，还可分以下两种方法。

（1）*快浸法*　采用吲哚丁酸或吲哚乙酸 1000～10000mg/L 高浓度溶液，将插条基部 2～3cm 浸入药液中 2～5s 后，取出立即插入培养基或苗床中。此法操作简便，同一溶液可重复使用。

（2）*慢浸法*　将吲哚丁酸配制成 20mg/L（易生根种类）至 200mg/L（不易生根种类）溶液，再将插条基部 2～3cm 浸入药液中 4～24h 后，取出进行扦插。插条对药液的吸收量受当时空气温度影响较大，温暖、干燥比寒冷、湿润时吸收量大。

2. 喷布法

将配成一定浓度的生长调节剂转入喷雾器喷洒或喷粉器中喷撒。前者称喷雾法，后者称喷粉法。喷雾法可加入 0.2%～0.3%的中性皂、洗衣粉、吐温 20 或吐温 80 等农用展着剂中的一种，以提高药效。喷粉法可加入 1%滑石粉等填充剂，以节省药剂。

3. 土壤浇施法

将已配好的一定浓度的植物生长调节剂水溶液，定量地浇入土中，通过根系吸收再运到作用部位起调节作用。在大面积应用时，按一定的土地面积，配入定量药剂（如矮壮素等），随灌溉水施入土中。此法用药量较大，还会受到土壤酸碱度、质地及微生物活动的影响。

4. 涂布法

用毛笔等将生长调节剂涂抹在处理部位，促进枝条萌发。例如用乙烯利涂抹在转色期的柑橘果面，促进成熟。

5. 气熏法

将具有挥发性的乙烯等生长调节剂用塑料泡沫块、砖瓦碎块、泥土等吸饱后，放入贮藏箱或运输箱底部，起催熟作用。

6. 注射法

将配好的生长调节剂药液用注射器直接注射到果树器官中去的方法称为注射法。用浸过药液的木（竹）签，插入果实等软组织中发挥作用的称为木签法。

7. 输液法

有挂瓶法与埋瓶法两种。

（1）挂瓶法　先将树干钻一小孔，孔深入干部直径的1/3～1/2，然后将激素液装入容器内，容器底部连接细胶管，胶管口接上玻管，玻管口先塞入小块泡沫塑料，以调节滴水速度，使药液慢慢滴出，再将玻管插入小孔内由树干吸收激素液。当输液完成后，拔去玻管，在树孔内注入环氧树脂，以防大风吹断树干。

（2）埋瓶法　在树冠下方不同方位的4～6处挖土，每处选直径0.4～0.8cm粗的粗根一条切断，插入装有生长调节剂液的瓶内，瓶口上盖上一张树叶后，上覆泥土任其吸液。

第三节　果树应用植物生长调节剂注意事项

1. 影响生长调节剂应用效果的因素

（1）内在因素

① 种类和品种　许多试验证明，多效唑施用后，桃、樱桃、杏、山楂等在使用当年即表现强烈的效应，而苹果在喷后的第二年才有明显效应。这可能与树种本身含有的激素种类和数量有关。如苹果种子中含赤霉素（GA）有10余种，桃主要含有GA_2，西洋梨含有GA_{1+7}、GA_2、GA_{4+5}等，而砂梨含GA_4和少量的GA_7，无GA_{4+5}。除种类外，品种间的差异也很明显。如宽皮柑橘应用2,4-D保果的常用量为10～12mg/L，此浓度在“本地早橘”上应用就会发生药害。

② 砧穗组合　苹果矮化砧M_9中脱落酸（ABA）含量比其他矮化砧高，赤霉素（GA）含量比其他低，所以外用同一浓度调节剂时其效果不一样，更何况嫁接在不同树种砧木上时，其差异更显著。

③ 树势强弱和发育阶段　生长正常、树势健壮的树，应用植物生长调节剂后效果明显；树势过弱或老树容易造成作用过度或药害。由于果树发育阶段不同，其内源植物激素含量有高低，外用生长调节剂效果也不一样。如生产无籽葡萄，在花前与花后使用 2 次赤霉素，能获得大粒的无籽果。如花前使用 1 次，形成果粒较小的无籽果；若花后使用 1 次，则形成果实较大的有籽果。

④ 器官与部位　当生长素浓度达到促进芽萌发和生长时，就会抑制根的生长；浓度再提高到促进茎伸长时，就会抑制芽的生长。说明同一株树的根、茎、芽对生长素浓度的反应是不同的。又如应用多效唑（paclobutrazol）抑制营养生长，土施由根系吸收比树冠喷洒吸收效果明显；用高浓度乙烯利涂抹温州蜜柑果实，催熟效果明显，若改用树冠喷洒，则落叶严重。

（2）立地环境条件　光、温度、水分、土壤等都能影响植物生长调节剂效果的发挥。

① 光　光能促进叶片的光合作用和蒸腾作用，利于叶内的碳水化合物和生长调节剂的运输。光还能使气孔开放，便于生长调节剂从气孔渗入。但光照过强，叶面药滴容易干燥成固体状附在叶表，不利于药液的吸收。因此，夏季施用生长调节剂时，避免在上午 9 时后至下午 4 时前的强光时间喷洒，而以下午 5 时以后喷洒效果最佳。而春秋两季宜在上午露水干后至 10 时前和下午 4 时后喷洒为宜。

② 温度　喷药时的温度高低与叶表角质层透性关系密切，一般温度高，角质层透性大，药液容易进入植物体内；温度低则透性小，药液进入体内少，则药效低。如柑橘用吲熟酯疏果时，气温 25℃左右，疏果作用正常；气温低，疏果作用少，超过 30℃，则有疏果过度的危险。

③ 相对湿度　果园相对湿度大，使叶表角质层处于水合状态，可延长药滴液态时间，能增加吸收率和发挥药效。相反，则吸收率低，药效也低。

④ 风　果园微风可增加药液吸收和运输，无风或超过 4 级以上大风时喷药，会加速药滴干涸而降低吸收率。

⑤ 土壤　果园土质黏重，土壤吸附多效唑的能力强，施用相同浓度的多效唑时，则抑制生长的作用比砂壤土果园效果明显。

2. 注意事项

（1）先试验后推广　植物生长调节剂的效应，只能在一定的生长发育阶段和一定的环境条件下才起作用。引进试用时，必须先进行小型试验，取得一定经验后再作大面积应用。盲目搬用外地经验，容易造成药害或遭受经济损失。因为外地的试验报告和经验，因果树种类、品种不同，即使同一品种，由于南北各地气候不同，同时土壤条件和管理水平也不相同；此外，同一药剂，因生产厂家、批号及存放时间长短不同，都有可能出现问题，所以千万要注意。

（2）栽培措施　生长调节剂能调节果树根、茎、叶、花及果实的生长和发育，起到增产和改善品质的作用，但不能代替果树生长发育时对温度、光照、水分及土壤等条件的要求，更不能代替肥料和水分，所以只有在加强肥培管理和增强树势的基础上，才能发挥其作用。

（3）使用浓度与时间　施用植物生长调节剂的剂量大小，果树反应截然不同。例如应用吡效隆（KT-30）浓度为5～10mg/L，能明显增大猕猴桃果实，且品质优良，经济效益显著；如将浓度提高到15mg/L以上，则果形虽然很大，但糖度低，品质差，缺乏商品价值。所以使用时切忌随意提高或降低浓度。

施药时期要适时。生长调节剂要在果树特定的生长发育阶段使用，才能收到最佳的效果。过早或过迟施用，都有可能达不到预期的效果，反而会产生药害和副作用。

（4）使用方法　药剂是通过叶片或嫩梢吸收后发挥作用的。果树吸收药液数量的多少，与植株是否健壮、施药时的气候条件、是否加用过渗透剂或展着剂等有关。一般在施药几小时内是药剂进入果树体内的主要时期，尤以喷后几十分钟内的吸收量为最大。因此宜在阳光不太强烈的早晚施药，大风天气和即将降雨时均不宜喷药。药液中加用渗透剂和展着剂的，吸收率更高。同时喷药要求雾点细，喷洒均匀周到，尤其叶背要多喷为佳。

（5）药液存放时间与补喷问题　一般生长调节剂要随配随用，不要将调配好的药液存放一段时间后再喷，这样会降低药效。因为许多生长调节剂水溶性较差，存放时间一长，容易产生沉淀；也有些生长调节剂，有遇光即分解的特性，贮存时间越长，光分解越多，则难以保持原有的药效。为保证药剂的吸收率，喷后须保持8h以上的晴天，如遇喷后数小时下雨，会降低药效。通常喷后3～4h即下雨，就不能再喷，若进行补喷，容易出现喷药过量而发生药害。若喷后1～2h即下雨，可考虑补喷，但需降低浓度。降低的浓度范围，应视果树的物候期和生长调节剂的种类而定，最好根据试验结果进行补喷，不然也易发生问题。

（6）药害　近年果树栽培中常见药害发生的植物生长调节剂有2,4-D、防落素、调节膦、抑芽丹及多效唑等。2,4-D和防落素浓度过大，常致新叶皱缩或叶面凹凸不平呈“柳叶”状，有的嫩梢呈“S”形扭曲、下垂或卷曲呈筒状。当发现药害后用水淋洗也不能奏效的，只有待次年或下季抽发新梢时，枝叶才能恢复正常。柑橘上防落素安全使用临界浓度为40mg/L，为防止防落素引起药害，最高使用浓度不能超过40mg/L，同时在喷药时加用浓度为50mg/L的赤霉素或2000mg/L的维生素B_6，可以明显减轻药害发生或不发生药害。调节膦、多效唑等使用浓度过高时，易引起新梢不能正常萌发，或枝条短小、叶片长不大、果实缩小或不能正常成熟等现象。防治方法除不能随便增加施用浓度外，可在新梢发生期喷洒浓度为50mg/L的赤霉素，具有一定程度的缓解作用，同时停止使用1年，促使及早恢复树势。

（7）毒性　目前果树生产上常用的植物生长调节剂，有的有毒，有的毒性很低，有的尚不清楚，目前国家还无明文规定。已知生长素、赤霉素类、乙烯及脱落酸，在人们食用的果树和蔬菜中大量存在，因此施用这些物质对人体不会有什么影响。乙烯对环境的致癌物反而有对抗保护作用。据试验，丁酰肼（比久、B_9）有十万分之一的致癌率，故1990年已禁止使用。但也有报道，食用100kg使用过丁酰肼的苹果，其毒性不过相当于抽1支烟的毒性，所以不在花果期使用还是可以的。抑芽丹（青鲜素、MH）含有肼，曾被认为是致癌物，但用许多哺乳动物的细胞系进行研究，都得出否定的结论。美国还在试验中。但目前规定在果实采收前12～15d，停止施用浓度超过100mg/kg的抑芽丹。因2,4,5-涕产品中含有致癌物二噁英杂质，因此生产出的2,4,5-涕必须先清除掉二噁英才允许在生产上使用。

当前，农产品质量安全是各级政府和消费者普遍关心的问题，故果树生产中应用生长调节剂时，必须考虑其残留量的高低，把安全性放在首位，禁止使用毒性大、残留高的生长调节剂，并严格按照生长调节剂使用浓度、时期及次数，在取得效果的同时确保果品质量安全。

第三章

柑　橘

第一节　保花保果

1. 落花落果

（1）生理落果　柑橘落花落果大体分为五个阶段：落蕾、落花、第一次生理落果（谢花后10～20d带果梗脱落）、第二次生理落果（谢花后20～70d不带果梗自蜜盘处脱落）、采前落果（6月份稳果后至采收前落果）。经过上述过程后，坐果率一般只有0.3%～5%。坐果率低的原因主要有花器发育不正常或受精不良、树体营养不足、夏梢的大量抽生、病虫害的严重发生、天气恶劣或柑橘树体内激素失调等。

橘树萌芽、春梢生长、开花及幼果的早期发育所需的养分主要为橘树上年的贮藏养分，而每一品种橘树年贮藏养分的多少是相对固定的。因此，如果橘树萌芽展叶后春梢生长过旺，贮藏养分消耗就多，那么开花着果得到的养分就少，开花结果由于得不到充足的养分而造成大量落花落果。柑橘在幼果期中生长素、赤霉素不足，尤其是无核品种，使果柄发生离层而引起落花落果。脐橙属单性结实，主要靠子房产生激素促进幼果膨大。脱落酸抑制生长，促进果实脱落。赤霉素促进细胞伸长，促进果实生长。脐橙幼果脱落与树体脱落酸含量呈极显著的正相关，脱落酸含量越多，落果越多。脐橙幼果脱落与树体赤毒素含量呈显著负相关，赤霉素含量越多，落果越少。赤霉素提高脐橙坐果率的机制，主要是高浓度的含量提高了果实调运营养物质的能力，赤霉素对子房的作用是促进植株的代谢产物向果实运转（谭海玉，2003）。

甜橙类和温州蜜柑在第一次生理落果期幼果脱落量最大，红橘在第二次生理落果期幼果脱落量最大（王大均等，1996）。细胞激动素（BA）防止第一次生理落果效果显著，但不能防止第二次生理落果。赤霉素减少第一次生理落果的作用较弱，却能显著地抑制第二次生理落果。在柑橘生产中，生长素和合成生长素2,4-D被用于减少采前落果和延迟果实采收。对甜橙树施用2,4-D会推迟花和幼果脱落，最终导致成熟果实数目减少。但也有报道表明，对脐橙树施用 2,4-D，果实数目增加。其他的一些化学物质，如芸薹素内酯（BR）、氯吡苯脲（CPPU）［1-(2-氯-4-吡啶基)-3-苯基脲］也对柑橘幼果脱落有抑制作用（王淼等，2009）。

（2）异常落花落果　近几年来，长江流域柑橘产区，在花期和幼果期常遇日平均气温高于 25℃、日最高气温高于 30℃的异常高温天气，往往伴随出现异常的落花落果，使受灾地区柑橘产量大幅度减产。据研究表明，盆栽兴津温州蜜柑结果树，在日平均气温 26.8℃、日最高气温 35℃的异常高温模拟条件下生长 2～5d，春梢平均长度与生长在日平均气温 27.3℃、日最高气温 33℃的自然条件下的对照相比，增加 4.3%～78.2%，同时促进部分橘树隐芽的发生，使春梢发生数增加 5%～15.3%。由于新叶数量增加，则新老叶比例提高，导致春梢营养生长过旺，贮藏养分消耗增多，而花果发育得不到充足的养分，导致大量落花落果。据调查，在异常高温危害时，如果盆栽兴津温州蜜柑的新老叶比例大于 1，则橘树中的花、幼果全部脱落。

2. 保花保果的技术措施

（1）多效唑（paclobutrazol）　据浙江大学园艺系试验结果，于温州蜜柑、椪柑的花蕾期，选择阴天或晴天的傍晚，用 750mg/L 的多效唑喷洒温州蜜柑，或用 1000mg/L 的多效唑喷洒椪柑，喷洒时应重点喷洒春梢幼嫩部分。能控制春梢生长过旺，减少贮藏养分的消耗，同时叶片变绿增厚，制造同化养分的能力增强，保证花果得到充足的养分，坐果率显著提高，其效果优于目前生产中普遍使用的赤霉素等保果剂。但是橘树喷洒多效唑后叶片面积略微减少，这属于正常现象，不会影响次年的生长结果。使用时先用少量的清水将多效唑溶解，然后加足水量，就可对树冠进行均匀喷洒，喷洒程度以叶片滴水为止。由于多效唑的残效期较长，为防止连年使用导致橘树枝梢生长抑制过度，建议使用多效唑 1～2 年后，停用 1～2 年再使用较为理想，同时柑橘开花期、幼果坐果期不宜使用多效唑，否则会影响幼果的生长发育。

（2）丰果乐（为助壮素与多种微量元素混合剂）　浙江大学园艺系研制。在温州蜜柑类等柑橘品系的花蕾期喷洒 150 倍液的“丰果乐”后，叶片增厚，叶面积增大，叶片光合强度明显提高，坐果率由对照的 3.58%提高到 7.48%，产量增加 20%～30%。

（3）赤霉素　在温州蜜柑、椪柑等橘树花谢 2/3 和谢花后 10d 左右，树冠分别喷洒 1 次浓度为 30～50mg/L 的赤霉素，坐果率显著提高，而花量较少的橘树，谢花后幼果涂布 100～200mg/L 浓度的赤霉素 1 次，保果效果十分显著。

无核砂糖橘因缺乏种子发育产生的赤霉素、生长素和细胞分裂素等内源激素，果实发育中内源激素水平低，不能满足生长发育的需要而出现大量落果。谢花后 20～25d 树冠喷布 75%赤霉素（九二〇）粉剂 1g＋水 35～50kg＋0.4%尿素＋0.2%磷酸二氢钾＋0.1%硼酸，隔 15d 再喷第二次，可显著提高无核砂糖橘坐果率。此外，还可加入细胞激动素 100mL＋水 200～300kg 或氨基酸糖磷酯 500mL＋

水 400kg 等进行喷布，如有红蜘蛛、蚜虫、粉虱等为害，也可混入农药一起喷施（叶自行等，2009）。

（4）细胞分裂素　在第一次生理落果期，树冠喷布浓度为 200～400mg/L 的细胞分裂素，每 10d 左右喷 1 次，共 2～3 次，对提高柑橘坐果率有显著作用（胡安生，1996）。

（5）吡效隆　在盛花期及第一次生理落果末期，对温州蜜柑树冠喷施吡效隆 0.1～0.5mg/L 药液，可以明显促进坐果，提高坐果率。

（6）三十烷醇　在开花坐果期喷布浓度为 0.05～0.1mg/L 的三十烷醇，每隔 10d 左右喷 1 次，共 3～4 次，对提高柑橘坐果率有显著作用（胡安生，1996）。

（7）2,4-D　在“奥灵达”夏橙第一次生理落果期将结束时（4 月中下旬）喷 2,4-D 5mg/L 1 次＋环割 1 次，隔 15d 再喷 2,4-D 8mg/L 1 次＋环割 1 次，坐果率和产量均显著高于对照，且对果实品质没有造成实质性影响（吴文等，2010）。

（8）赤霉素＋苄基腺嘌呤　在华盛顿脐橙的幼果期使用赤霉素 250mg/L 加苄基腺嘌呤 200mg/L 涂果，坐果率达 31.78%，比对照 0.85% 显著提高，增产作用显著。柑橘类使用赤霉素与苄基腺嘌呤混合液保花保果，要根据柑橘类别和落花落果特性确定用药次数和施药方法。一般对于第一次生理落果不严重的柑橘，可用赤霉素 50mg/L 掌握在第一次生理落果期喷雾，也可用赤霉素 100～500mg/L 在第二次落果前涂果；对于两次落果均较严重的柑橘，可在第一次生理落果期前用赤霉素 50～100mg/L 加苄基腺嘌呤 200～400mg/L 涂果，再在第二次生理落果前用赤霉素 50～100mg/L 喷雾。试验和生产实践都证明，用 2 种或 2 种以上的物质复合配制或与根外追肥配合使用，效果更明显，具有增效作用，但在复配时必须注意各种物质的溶解条件，产生沉淀、浑浊现象都是无效的。同时还应该注意植物生长调节剂使用的副作用，造成果实质量下降就得不偿失了。其次还应注意，尤其叶面喷布，与根外追肥一样，应在每天的下午 3 时以后进行，要注意对叶背的喷布，每次数量不宜太多（胡安生，1996）。

（9）氨基寡糖素　在 12 年生“贡柑”的春梢萌动期、初花期、盛花期、生理落果期叶面喷施 5% 氨基寡糖素（从海洋甲壳类动物外壳中提取的壳聚糖通过生物酶解工程制备）1000 倍液 4 次，试验结果表明，在贡柑上使用氨基寡糖素，能有效促进贡柑的生长，增强抗病性，并明显增加产量。同时可改善果实品质，提高维生素 C 含量，降低可滴定酸含量，从而增加贡柑的商品价值。本实验说明氨基寡糖素具有促生长、防病、增产、改善品质等作用（陆红霞等，2014）。

（10）壳寡糖　在 5 年生枳砧“塔罗科”血橙新系花蕾期、幼果期、膨大期、转色期叶面喷布 5% 壳寡糖 1000 倍液，具有显著的保花保果作用。与对照喷清水相比，坐果率绝对值提高 1.3 个百分点，产量增加 14.1%。同时，喷布壳寡糖果实品质得到显著改善（刘弘等，2011）。

（11）多肽　试验研究结果表明，于 4 年生“日南一号”特早熟温州蜜柑果实第一次生理落果期后 5d，叶面喷施多肽 600 倍液、800 倍液、1000 倍液、1200 倍液、1400倍液等处理，每株喷施2.5kg溶液，以后隔15～20d喷1次，共喷施3次，能显著提高“日南一号”果实单果重和产量，并达到极显著差异水平，其中1400倍液处理的效果最好（姜新等，2014）。

3. 防止柑橘异常高温引起的异常落花落果的措施

首先，必须控制春梢营养生长过旺，保证花果得到充足养分。在异常高温来临前的柑橘花蕾期，对树冠喷洒浓度为750mg/L（温州蜜柑）或1000mg/L（椪柑）的多效唑药液，一方面使春梢生长提前停止，新叶提早成熟，提高新叶光合能力，增加橘树中同化养分的积累，保证花果发育得到充足养分；另一方面抑制异常高温刺激隐芽发生的数量、减少新梢的发生，降低新梢对贮藏养分的消耗。

其次，在异常高温发生后应及时喷药补救，减轻危害程度。据童昌华等（1993）等在异常高温发生半天后，对树冠喷洒浓度为100mg/L的萘乙酸＋8mg/L的2,4-D或50mg/L的赤霉素＋8mg/L的2,4-D，能显著减轻异常高温引起的异常落花落果的危害；李学柱等（1988）在花期异常高温发生后用125mg/L的赤霉素＋100mg/L浓度的糠氨基嘌呤（激动素）涂果，对提高兴津温州蜜柑、锦橙的坐果率都有显著的作用。

4. 防止柑橘冬季低温落果和采前落果的措施

伏令夏橙等不少品种的果实，需要在树上过冬至翌年3～6月份采收。由于冬季气温比较低，根系吸水能力较弱，树体内的生长素含量也降低，在春节前后会引起大量落果，经济损失惨重。黄定贵（1984）应用20～40mg/L浓度的2,4-D，在11月间低温来临前喷洒，能明显降低因低温引起的落果。若在2,4-D中加入0.1%～0.3%硫酸锰，则效果更佳。原因是加入硫酸锰后能降低纤维素酶的活性。

在落果前或落果始期喷施2,4-D 20～50mg/L，不仅可以防止落果，而且可以减少落叶。其中柑橘中熟品种宜掌握在20mg/L，迟熟品种浓度适当提高。使用浓度过高，反而引起卷叶、落叶。椪柑在秋季（10～11月）易落叶，喷施2,4-D 10mg/L可减少叶片脱落。

第二节　控制夏梢生长

1. 枝梢生长

柑橘芽由几片不发达的肉质的先出叶所遮盖，每片先出叶的叶腋各有一个芽和多个潜伏芽，故在一个节上往往能萌发数条新梢。利用这一特性，人工抹去先萌发的嫩梢，可促进萌发更多的新梢。柑橘新梢伸长停止后几天，嫩梢先端能自行脱落，称顶芽“自剪”现象。故柑橘枝梢无顶芽，只有侧芽。柑橘芽分叶芽和花芽。叶芽只抽生枝梢，花芽不仅能抽生枝梢且能开花结果。

柑橘枝梢依发生时期可分为春、夏、秋、冬梢。春梢一般2～4月抽生，是一年中最重要的枝梢。春梢因性质不同，又分为花枝和营养枝两种。花枝抽生后，在顶端或叶脉处开花、结果。营养枝只有叶片，无花，主要制造养分，发育后可成为翌年的结果母枝。故春梢发育好坏影响着当年产量；夏梢5～7月抽生，因处在高温多雨季节，生长势旺盛，枝条粗长，叶片大而厚。在自然生长下夏梢萌发不整齐。夏梢大量萌发时，常与幼果争夺养分，加剧生理落果，故除幼树利用扩大、填补树冠外，生产上多控制夏梢；秋梢8～10月分批抽生。生长势比春梢强、比夏梢弱，叶片大小介于春夏梢之间。幼龄树及初结果树，秋梢抽发数量较多。生长健壮的秋梢是优良的结果母枝，花质好，坐果可靠。栽培中采用抹除夏芽，促放秋梢的措施，以增加翌年开花结果数量；在冬季温暖的地区和年份，11月前后能抽生冬梢，但数量少，且不易老熟，低温时常受冻害。部分冬梢翌年能开花，但落花落果严重。冬梢生产上无利用价值，修剪时多剪除。

2. 控制夏梢生长的技术措施

（1）调节膦　据李三玉等试验，在初果期温州蜜柑的夏梢发生前3～7d，树冠喷洒浓度为500mg/L的调节膦，抑梢率可达45.8%，长度缩短，节间密，抑梢期1个月左右，坐果率提高1～2倍，产量提高20%，对果实品质无不良影响。若将喷药期提至春梢伸长末期，坐果率进一步提高。据李学柱等试验，使用调节膦抑制新梢生长，品种间反应不一样，温州蜜柑、本地早以500mg/L的浓度，五月红甜橙、暗柳橙及雪柑等以750mg/L为宜。避免应用高浓度或随便增加喷药量，防止药害发生。此外，喷药时切勿与碱性农药混用，或用井水、浑浊泥浆水等配制，以免降低药效。调节膦连用两年后，应停止使用，避免引起抑制过度，影响翌春抽梢与开花。

（2）多效唑　在柑橘夏梢发生期叶面喷洒250～1000mg/L浓度的多效唑，可使夏梢短缩50%～75%，节间缩短，夏梢发生数也略有减少，夏叶增大，坐果率提高2%～4%，产量提高6%～48%，果皮变薄，可食率增加，但存在当年秋梢数略有减少和夏叶变薄的缺点。在生产上应用时，温州蜜柑以浓度为750mg/L、椪柑1000mg/L、本地早500mg/L为宜。童昌华等（1987）将喷药期提早到春梢伸长末期时，抑制夏梢发生和伸长、提高坐果率和产量的作用更加显著。

砂糖橘结果树在第二次生理落果时（夏梢即将抽出时）用500倍液喷一次，隔20d喷第二次，树冠喷施PP_{333}，夏梢萌发量为喷清水对照的35%～37%（林金棠等，2011）。

暗柳橙在夏梢发生前喷洒浓度为250～750mg/L时，可使夏梢缩短11%～26%，抑制效果随施用浓度增加而加强，对果实发育及品质无影响。应用浓度为1000mg/L的多效唑可使盆栽“代代”生长缓慢而粗壮，可抑制根系生长，符合盆栽要求。梅正敏等（2009）建议在生产上用青鲜素500mg/L＋多效唑700mg/L在新梢长2cm左右时用药效果较好，且年用药次数不应超过两次。

（3）矮壮素　在3年生尾张温州蜜柑的夏梢发生期，喷洒浓度为2000～4000mg/L或每株根际浇施500～1000mg/L的矮壮素水溶液，前者夏梢发生数仅为对照的 65.8%～86.9%，枝条短缩，坐果率提高 5.1%～5.6%，增产 40%～50%；后者发梢数减少 1～2 成，坐果率提高 1.4%～3.3%，增产 10%左右。果实品质与对照无异。但根际浇灌 1000mg/L 浓度矮壮素水溶液的果实果色橙红，鲜艳悦目，且富有光泽。

（4）丁酰肼　在幼龄温州蜜柑夏梢发生初期，用 400mg/L 的丁酰肼喷洒树冠，可减少夏梢发生数达 261%，长度缩短 26.6%，长度不到 1cm 的夏梢达到 40%以上，坐果率提高 2.2%，产量增加 5%～10%。

（5）PBO　在柑橘花蕾期、新梢旺长期和果实膨大期，喷施 3 次 100～150 倍的 PBO，能有效地控制新梢旺长，提高坐果率，增进果实品质，增加产量（李雪芬等，2009）。枳砧锦橙于开花前 15d 按树冠投影面积每平方米 5g 的 PBO 粉剂（稀释成 100 倍液）根施，或谢花后 7d，每株 20g 进行树冠喷布，能有效控制夏梢生长、促发秋梢、提高果实品质和增加产量。使用时应注意，根施 PBO 宜在花前进行，宜早不宜迟。对于有机质含量丰富的土壤，PBO 宜喷布不宜根施。施 PBO 后结果多，应注重疏果和加强肥水管理，以提高果实品质和经济效益（张格成等，1998）。

（6）果大多　砂糖橘结果树在春梢长 4～8cm 时用 3g 果大多，谢花 2/3 时用 12g，20d 后用 18g 果大多，分别对水 50kg 喷雾，夏梢萌发量为喷清水对照的 20%，能有效抑制夏梢生长，同时喷第二次药时加些芸薹素或云大-120，效果更理想（林金棠等，2011）。

第三节　疏花疏果

1. 疏花疏果机理

柑橘花果过多，消耗树体营养极大，抑制新梢生长，形成大小年，使树体衰弱，甚至因结果过多而死亡。采用人工疏果，用工量大，成本高。Y. Kamuro 等（1982）发现温州蜜柑喷吲熟酯后，叶片中乙烯含量上升，由此认为在柑橘生理落果期间，喷吲熟酯后能促进乙烯的发生，从而加速离层形成，促进果实脱落。与 NAA、乙烯利相比，吲熟酯产生的乙烯量不如使用 NAA 和乙烯利多，但产生乙烯的持续时间却较长，这与石学根报道喷吲熟酯后，幼果脱落高峰较迟、较长相符（王央杰等，1995）。

2. 化学疏花疏果的技术措施

（1）萘乙酸　温州蜜柑用萘乙酸疏果，一般在盛花后 20～30d 喷洒最有效。春季气温回升快，开花比较早的地区，宜在盛花后 20d 喷洒，相反则在盛花后 30d 喷洒为佳。施用浓度为 200mg/L 最适宜。当坐果量极多，气温又低时，可喷洒浓度为 300mg/L。按上述浓度和时期喷洒，可使温州蜜柑的叶果比维持在（20～25）∶1，达到人工疏果的程度。利用萘乙酸疏果，会增多特大级果实的比例，同时果实品质和经济效益有所降低，故有被吲熟酯取代的趋势。

（2）吲熟酯　吲熟酯常用浓度为100～200mg/L，在盛花后30～50d喷洒最理想，其中本地早和早熟温州蜜柑以盛花后30d、普通温州蜜柑以盛花后40～50d为宜。喷后1周，大量小果变黄脱落，落果高峰期维持5～10d，落果期约2～3周，能使成熟果大小均匀，浮皮减少，提早着色5～9d，糖分增加，还能提高果实中氨基酸含量。温州蜜柑、本地早及椪柑的疏除率可达20%～60%。一般果径越小，越易疏除，随果径增大，疏除率渐降。但生长极度衰弱、花量多、果实多、果形偏小或生长过旺、花量少的橘树，不宜应用。此外，使用时不能随意提高药液浓度，以免过度疏果。

第四节　调控花量

1. 花芽分化

亚热带地区大多数柑橘种类是在冬季果实成熟前后至第二年春季萌芽前进行花芽分化，但同一品种在同一地方也因年份、树龄、营养状态、树势、结果情况等而有差异。另外，在同一植株上以春梢分化较早，秋梢、夏梢次之；短梢比长梢分化得早；长枝基部芽比顶部芽早。如重庆地区，黄辉白等（1991）观察表明，暗柳橙的花诱导期在9月底至10月底；刘仲孝等（1984）报道伏令夏橙花诱导期在9月初至10月中。华中地区，湖北宜昌的温州蜜柑在12月下旬才开始进行花芽分化（陈杰忠，2003）。

柑橘树成花是一个受内外因子影响多且复杂的生理生化过程，不仅有营养物质的积累、激素动态的变化，还受遗传基因控制。柑橘是多年生木本植物，受外在因素影响很大，某些偶然因素可使花芽分化过程中止。低温和干旱促使柑橘树体生理向有利于花芽分化的方向转化。环状剥皮可引起与控水处理相同的生理变化，对促进花芽分化有显著效果。环剥提高宫川温州蜜柑和暗柳橙（黄辉白等，1991）花芽孕育期间梢内RNA含量和RNA/DNA比值，促进花芽发端。而喷布GA_3减少RNA/DNA比值，抑制花芽发端；去叶抑制花芽孕育，对梢尖DNA含量和GA水平无影响，但减少梢尖RNA含量和IAA水平，延缓ABA和CTK的积累（李兴军等，2002）。秋冬季多效唑处理抑制柑橘枝叶GA合成和营养生长，提高碳水化合物水平，促进花芽分化。

柑橘花芽分化与植物激素密切相关，Bangerth认为细胞分裂素（CTK）对花芽孕育起促进作用。在柑橘花芽分化期，柑橘花芽内细胞分裂素的水平逐渐增加，在形态分化初期达到最高水平。赤霉素（GA）是主要的抑花激素（李进学等，2012）。GA是多数果树主要的成花抑制物质，外用GA能抵消环割的促花作用。

温州蜜柑结果过量，其树体营养枝叶片中 GA_1、GA_{19}、GA_{30} 含量也呈现高峰。温州蜜柑花芽分化期间，大枝条内 GA 含量在其整个花芽诱导期间不断下降。Goldschmidt 等分析了柠檬树的混合枝、营养枝、纯花芽枝的内源激素含量水平，结果发现营养枝 GA 水平最高，而纯花芽枝 GA 水平最低。柑橘小年结果较少，通过环割、控水促花处理，都明显促进了柑橘的花芽分化，同时降低了花芽生理分化期枝条 GA 的含量。在花芽分化的不同阶段，脱落酸（ABA）所起的作用可能不同。阮勇凌等在研究温州蜜柑花芽分化时发现，ABA 在花芽诱导期处于较低水平，有抑制花芽分化的作用，而在花原基形成时上升到较高水平，则有促进花芽分化的作用。ABA 可明显造成柑橘树营养生长停止，可能间接影响花芽孕育。Kojema 等认为 ABA 促进温州蜜柑花芽孕育，是由于 ABA 可抵消 GA_3 作用，增加柑橘芽液泡中糖的浓度，增大了库的强度。人们在长期研究柑橘花芽孕育与激素的关系时发现，花芽孕育是各种激素在时间、空间上的相互作用而产生的综合结果（李进学等，2012）。

2. 调控花量的技术措施

能够有效地促进柑橘花芽分化和形成的植物生长调节剂有矮壮素、多效唑、丁酰肼、核苷酸等。生长物质诱导柑橘实生苗开花，幼年树只有通过性阶段发育以后才有可能；成年树要在花芽生理分化期施用效果才显著，在生理分化期以后施用虽有一些影响，但作用不大。

（1）增加花量

① 宽皮柑橘类　9 年生实生温州蜜柑珠心苗，在 9 月中旬喷洒矮壮素 2000mg/L 或丁酰肼 2000～4000mg/L，翌年花量分别增加 118%～242%。始果期的温州蜜柑在 9 月 15 日至 11 月 25 日，每隔 10d 喷 1 次 50mg/L 浓度的核苷酸，都能增加次年的花芽分化数，其中以 11 月中旬喷洒的效果最好，花芽分化量增加近 1 倍。童昌华等（1989）试验证明，在花芽生理分化期前喷洒多效唑能极显著地促进成花，其中温州蜜柑类的适宜浓度为 700mg/L，椪柑为 1000mg/L；在花芽形态分化阶段喷洒 200mg/L 浓度的细胞分裂素也能极显著地促进花器发育和增加次年花量。砂糖橘在 11～12 月份，秋梢老熟后喷 500 倍 15%多效唑 1 次，具有明显的促花作用（毛顺华等，2008）。

② 柠檬类　秦煊南等（1994）于尤力克柠檬花芽分化前的 10 月下旬至 11 月上旬，树冠喷洒 300～400mg/L 浓度的多效唑 2 次，可极显著地促进成花和正常花的比例，对提高次年坐果率、抗寒力及降低冬季不正常落叶率，均有一定的效果。此外，在 8 月中、下旬，连喷两次 BTOA（苯并噻唑氧代乙酸盐），可促使尤力克柠檬开秋花。矮壮素、丁酰肼及 MH-30 也能促进柠檬花芽分化。

③ 金柑　金柑 1 年多次开花，多次结果。其中第 1 次的“早伏花”占全年结果量的 80%左右，且果大质优，经济效益很显著。若在第 1 次梢刚萌发时喷洒浓度为 1000mg/L 多效唑或丁酰肼 3000mg/L，结果使用多效唑后的“早伏花”增加了 10 倍，也明显地减少了第 2 次的“晚伏花”，总花量虽有减少，但经济效益极其

显著。而比久（B_9）恰恰相反，减少了“早伏花”，增加了“晚伏花”，经济效益不显著。

（2）减少花量　试验表明，赤霉素抑制伏令夏橙花芽分化最有效时期是花芽分化临界期，即生理分化期（9月）至形态分化期（11月），提前或延后效果就降低，喷洒适宜浓度为100～200mg/L。而且，抑制翌年花量的效果与当年结果负荷量关系密切，即当年结果多时抑花效果显著，相反则相对减弱。在11月至次年1月间，用浓度为200mg/L赤霉素喷洒沙莫蒂甜橙，每隔两周喷1次，如果喷到12月底以后翌年不开花，若喷到12月初止则翌年仍然开花，但花期推迟。温州蜜柑在1月份喷洒赤霉素100mg/L，抑花效果最显著。克里曼丁红橘在12月份喷洒与温州蜜柑相同浓度，翌年花量减少75%。喷洒赤霉素控花后，翌年春梢和有叶结果枝明显增多，长势亦旺，在有严重倒春寒地区宜慎用。

第五节　调节大小年

1. 大小年结果成因

柑橘树产生大小年结果现象的内因是内源激素与营养失调。大年时由于开花结实过多，养分消耗过大，导致树体养分缺乏。因此，花芽分化时由于得不到充足的养分，花芽形成的数量减少，质量也降低；同时大年橘树内赤霉素积累较多，赤霉素有抑制柑橘花芽分化的作用。树体内赤霉素含量越多，花芽形成越少，则翌年成为小年。小年橘树开花结果少，养分积累充足，同时赤霉素含量积累也较少，则花芽形成增多，第三年又成为大年。这样周而复始，橘树就出现大小年结果的弊病。要调节大小年结果现象，首先应从大年着手。

2. 调节大小年的技术措施

（1）大年疏果与促花　据浙江大学园艺系试验，温州蜜柑、本地早等品种，在大年橘树的盛花后30～40d，树冠喷洒100～200mg/L的吲熟酯，能将树冠内较小幼果疏除，以免当年结果过多，其效果基本与人工疏果相当。同时在11月间，对温州蜜柑树冠喷洒浓度为750mg/L的多效唑1次，或在9月中旬和11月中旬喷洒“碧全”健生素（主要成分为氨基酸）500倍液2次，可促进发芽分化，使翌年小年花量增多，产量大幅度提高，从而缩小橘树大小年结果的幅度。

（2）小年保果与抑花　于小年树的花蕾期，喷洒“丰果乐”150倍液或浓度为750mg/L（温州蜜柑）及1000mg/L（椪柑）的多效唑或谢花末期喷洒“大果乐”（主要成分为细胞分裂素）或50mg/L浓度的赤霉素药液，可明显提高小年橘树的坐果率，增加产量。同时，在小年橘树花芽分化期11月间（甜橙）喷洒100mg/L浓度的赤霉素，可减少花芽数量，避免翌年大年结果过多。施书星等（1997）试验表明，1月中旬宫川温州蜜柑树冠喷布100mg/L GA_3 1次，对宫川温州蜜柑的抑花效果、提高坐果率和产量的效果明显。

第六节 预防裂果

1. 裂果原因

柑橘裂果是由果皮和果肉之间生长速度不均衡所致。一方面，由于夏季的气温高，光照强烈，严重地影响了果皮的生长，使其组织和细胞增大受到损害；另一方面，果肉组织则受到果皮的保护，仍然保持着原来的生长速度，造成了果皮组织和果肉组织之间生长速度的不一致，这样形成的果实，若遇到秋雨，果肉组织就会迅速生长，而受高温强光损害的果皮不能伴随着果肉的生长而增大，两者之间生长的平衡关系被破坏，果皮经不住果肉组织的膨压而导致裂果的产生（李小林等，2000）。

浙江省楚门文旦常年裂果率为30%～40%，严重的年份可高达75%以上；福建仙游的度尾蜜柚，裂果率与楚门文旦相近，严重时高达90%以上。这些柚类的裂果多数在果实顶部开裂，一般先沿囊瓣缝合线处破裂，露出汁泡，然后挤破果顶皮部，部分品种在果实腰部呈不规则状裂开。开裂的果实容易受病菌感染而导致腐烂，给生产者造成极大的经济损失。据研究，楚门文旦裂果严重的原因首先是果实中心柱中空。果实中心柱中空是由于果实种子全部败育或无种子、果实内缺乏内源激素造成的。经试验表明，楚门文旦用当地的酸柚（土栾）异花授粉后，中心柱变实，裂果率由25%降低至3.5%～5.6%。但楚门文旦等柚类异花授粉后，种子数大量增加，少者10多粒，多者近百粒，改变了楚门文旦无籽的优良特性；其次，楚门文旦的裂果率与果顶处果皮的厚度密切相关。即果顶处果皮越薄，裂果率越严重。

2. 预防裂果的技术措施

（1）柚类　经多年反复试验，浙江大学园艺系以赤霉素为主开发出“LY”型文旦防裂素和防裂膏，都能明显降低裂果率，而且保持楚门文旦无籽的优良特性。一般于6月上中旬在楚门文旦的果顶处用毛笔均匀涂布“LY”型防裂素或果柄上涂抹防裂膏后，使楚门文旦的裂果率由常年的30%降低至10%左右。

（2）脐橙　李明潘（1991）分别于第2次生理落果前后的6月上旬和7月下旬，应用浓度为150～250mg/L的赤霉素药液点涂幼果脐部（兼保果），防裂效果比较明显。对已经轻度初裂的果实，脐部涂1次浓度为200mg/L的赤霉素＋硫菌灵（托布津）杀菌剂，可使开裂伤口愈合，且很少复裂；脐橙在第一次生理落果和6月生理落果之后分别用250mg/L GA_3 涂果1次，或者用400g/L的BA涂果或 GA_3＋BA混合液涂果，均可减少裂果的发生（李小林等，2000）。王智课等（2013）研究表明，“朋娜”脐橙用不同浓度的 GA_3 与CPPU处理，有增厚果皮、防止裂果的作用，对可溶性固形物含量影响不大，但对果实外观影响较大，其中，以低浓度 GA_3（100mg/L）与 CPPU（5～10mg/L）的混合液处理对果实品质影响最小。

（3）温州蜜柑　蒋宗发等对广西兴安中熟温州蜜柑于 7 月下旬涂果 200mg/L 的赤霉素药液，防裂效果也很显著。在南丰蜜橘果实膨大期的 7 月中、下旬，叶面喷施 1～2 次 50mg/L 赤霉素（GA）+0.3%尿素或叶面喷施 0.02%芸薹素 3000～4000 倍液，以增加果皮的厚度，减少裂果。南丰蜜橘的优质特点就是皮薄、肉脆、汁多，如果过量使用赤霉素也容易形成粗皮大果，降低南丰蜜橘的特有风味，所以赤霉素的使用全年不应该超过 2 次（朱博等，2008）。

第七节　防止落叶

1. 柑橘落叶

柑橘叶片抽生后，一般为 17～24 个月，长的可达 36 个月，便开始衰老脱落。叶中贮有大量养分，如温州蜜柑冬叶中含有 8%～12%的糖类。当春芽萌动后，除镁、铁外，老叶中的氮、磷、钾、钼及其他营养元素，渐向新叶、枝、花、幼果中转移，在老叶脱落前尤为明显。据测定，约有 56%的氮回流到基枝中。若提早脱落，如 9～10 月龄以内的叶脱落，几乎没有氮的回流。因此，防止柑橘冬季不正常落叶，对柑橘优质丰产意义重大。

2. 防止落叶的技术措施

如在冬季每隔 1 周叶面喷洒浓度为 10～15mg/L 2,4-D 或浙江大学园艺系果树化控室研制的“LSY 防落素”2～3 次，防止冬季不正常落叶效果明显。若在 2,4-D 和“LSY 防落素”溶液中加入 0.15%尿素，则效果更佳。此外，于 9～11 月对尾张温州蜜柑喷洒浓度为 50mg/L 核苷酸，不仅能显著提高夏叶的叶绿素含量，而且在高温、强光的盛夏能维持叶绿素 b 代谢的相对稳定，延长叶片寿命和减少冬季异常落叶的效果极其明显。

第四章

杨　梅

第一节　提早结果

1. 杨梅生长结果特点

杨梅为适应性比较强的果树。树势强盛，枝叶繁茂，四季常绿，树龄可达百年以上，根部有菌根共生，能耐干旱瘠薄，宜作荒山造林树种。杨梅进入结果期的早晚，常因品种、立地条件、苗木繁殖方法的不同而异。一般嫁接苗栽后5～8年左右开始结果，15年左右达盛果期，30～40年产量最高，60～70年逐渐衰退。杨梅一年抽梢2～3次，根据抽生时期分为春梢、夏梢和秋梢。春梢一般于4月下旬从去年的春梢或夏梢上抽生；夏梢于6～7月自当年的春梢和采果后的结果枝抽生，少数在去年生枝上抽生；秋梢大部分自当年的春梢与夏梢抽生。江浙地区，当年生长充实的春、夏梢的腋芽能分化为花芽，可成为结果枝。秋梢发生较迟，花芽分化季节尚未成熟，多数不能成为结果枝。龚洁强（1998）对浙江黄岩江口镇白龙岙村11年生东魁杨梅2年调查结果表明，东魁杨梅结果枝以春夏二次梢为主，其次为一次春梢和夏梢，分别占总结果枝的53.23%、33.87%和12.90%。在春夏二次梢结果枝中，果实着生在夏梢上占84.85%，在春梢上占9.09%。吴振旺等（2000）对温州瑞安市湖岭镊盘龙山村10年生荸荠种杨梅调查结果表明，夏梢结果枝占79.5%，秋梢占12.5%。据叶明儿（2006）调查表明，云南省等我国西南高海拔地区，杨梅成熟采收早，光照期长，秋梢养分积累充足，也能成为良好结果枝。杨梅幼树生长旺盛，应用植物生长调节剂能有效地抑制杨梅枝梢生长，缓和树势，促进花芽分化，提高坐果率，促进杨梅早结丰产，施用后幼龄树结果提早1～2年。

2. 提早结果技术措施

（1）多效唑　王克森等试验表明，分别于7月下旬和9月上旬，在夏梢和秋梢生长旺盛时期，对幼龄杨梅用15%多效唑300～400倍液喷施，以整个树冠全部喷湿为宜，喷药后当年明显地抑制了新梢旺发，控制枝条徒长，叶节缩短，枝条粗壮，有利于形成花芽，对促进提早开花结实和提高产量，效果十分显著。

东魁杨梅嫁接苗定植从第4年开始，对树冠高度1.4m以上、末级枝梢达1000枝以上的树，于7月下旬、8月10日前后各喷一次15%多效唑150～200倍液（4年生树）或200～250倍（5年生树）或250～300倍液（6～7年生树），弱树不喷，可使幼龄杨梅提早结果（徐国技，2006）。杨梅花芽生理分化从7月下旬开始，此时喷布多效唑，一是促进春梢和一次夏梢末级枝梢的花芽分化，二是控制7月下旬至8月上旬抽发的二次夏梢长度，增加中果枝和短果枝，减少长枝和徒长枝的发生。

缪松林等（1994）试验表明，树势中庸的荸荠种杨梅，每年10月间施足基肥，3月间施速效氮钾混合肥和土施适量多效唑，以每棵树按树冠投影面积，每平方米土地面积施0.2g多效唑为最佳，使生长处于半抑制状态，边结果边抽枝，大小年缩小，品质改善；土施适量多效唑多于0.4g时生长受抑，成花着果多，品质下降。土施低用量多效唑能使叶片的游离氨基酸，叶绿素A和B，N、K、Ca等含量增加，生理活性增强。

（2）PBO　王国祥等（2009）试验表明，4年生杨梅幼树生长在5月中旬、6月中旬和7月中下旬的春梢、夏梢和秋梢长度5～10cm时，分别喷150～180倍PBO液，当年就形成较多的花芽，第2年就能结较多的果。

第二节　保花保果

1. 花芽分化与坐果

据李三玉观察，杨梅的花芽分化开始于夏梢停止生长后不久。在杭州，16年生细叶青杨梅和白杨梅花序原基的生理分化开始于7月上中旬，7月底出现花序原基，8月下旬至9月上旬出现花原基，9～10月间雌蕊或雄蕊分别出现，一般于11月底花芽分化完毕。杨梅多在无水灌溉的山地种植，7～8月份的高温干旱，对杨梅夏梢结果枝抽生和花芽分化起到抑制作用。据叶明儿等（1991）分析表明，7～8月份的干旱、干燥度大时，杨梅花芽分化受到抑制，翌年减产。

杨梅花多，但坐果率仅为2%～4%，落花落果现象比较严重。杨梅自开花后2周大量落花，有总花数的60%～70%凋萎脱落，称前期落果高峰。再过2周，又出现一次后期落果高峰。在此以后幼果期至果实成熟期也不断落果，如大荆水梅在采前落果较多。影响杨梅落花落果主要因素：①品种。如乐清水梅坐果率只有5%，而荸荠种达7%～8%，晚稻杨梅、荸荠种、东魁等优良品种在后期落果高峰后至成熟采收，基本上都不会再发生落果，而浙江黄岩、乐清的水梅及湖南种等，后期落果高峰后至成熟仍会继续落果，且采前落果也较多。②花序着生部位。杨梅结果枝上的花序以顶端1～5节的坐果率最高，尤其是第一节占绝对优势，约占总果数的20%～45%。在同一花序上，仅顶端某一花发育成一果，极少数亦有结两果的。③结果枝的新梢抽生状况。杨梅结果枝的顶芽为叶芽，开花以后，只要花枝顶端叶芽不抽春梢，则光合产物集中供给幼果，坐果率很高，在这种情况下，荸荠种的坐果率可达15%～20%。如开花的枝条上抽生春梢，导致新梢与花、果争夺养分，花果得不到充足的养分造成大量落花落果；春梢抽生越多，坐果率越低，低者一般在1%～3%，甚至全部脱落。④根系生长。据缪松林等观察表明，杨梅盛花期适逢春梢和根系生长的高峰期，春梢和根系生长与花争夺养分激烈，致使开花坐果得不到充足的养分，大量落花落果。⑤花期天气状况。杨梅雄花为风媒花，靠风传播花粉，开花期若连续大雾笼罩或遇落黄沙天气，花粉传播就会受到影响，雌株不能正常授粉受精，导致落花落果严重。

2. 保花保果的技术措施

（1）多效唑　多效唑能有效地抑制次年春梢和根系的生长，同时春梢和根系生长的高峰期明显延迟，坐果率显著提高。一般适用于5年生以上生长势旺盛的未投产树、进入结果期的幼年树、生长势偏旺结果数量少的成年树及旺长无产树。施用方法分土壤施用和叶面喷施两种。土壤施用时间为10月至翌年3月，其中以11月施用为最适期。施用时将树冠投影面积内的表土扒开，深度以见细根为度，将定量的多效唑与30倍左右的细土拌和后，均匀地撒在树冠下，然后覆土。施用量视树势和品种而异，东魁杨梅以有效成分每平方米施0.35～0.4g、荸荠种杨梅0.15～0.2g、晚稻杨梅和深红杨梅0.2～0.25g、水梅类0.1g为宜。叶面喷洒时，未结果的旺长树在春梢或夏梢长达5cm左右时喷洒；成年结果树可在春梢或夏梢将停止生长时，即花芽分化前喷洒浓度为1000mg/L的多效唑药液为宜。喷洒时喷至叶片滴水为止。多效唑抑梢促花效果明显，一般5年生以下的幼树不能使用，土施后要隔4～5年才能再施，叶面喷洒1次后的也要隔1～2年再喷。施用多效唑后还需配合人工拉大主枝和副主枝的角度，才能发挥更大的效应。

如果连续土壤施用多效唑2年以上，或喷洒多效唑浓度过高，或喷药量过大，则出现枝叶受抑过重，当年结果多，果形变小，果实不能成熟而腐烂。如发现因多效唑使用过度致新梢过于短缩，则在春梢2～3cm长时，喷洒浓度为40～50mg/L的赤霉素，促使春梢伸长生长；同时，在结果期疏去所有幼果，至次年可以适量挂果。

（2）烯效唑　烯效唑主要通过缩短枝梢的节间长度来抑制枝梢生长，对叶片数几乎没有影响。烯效唑对杨梅当年夏梢、秋梢有极显著的增粗效果。于7月中旬喷2次5%烯效唑超微可湿性粉剂200倍液和喷1次400倍液可显著增加荸荠种杨梅花芽数量，提高花芽质量，明显地提高结果枝的比例（吴振旺等，2001）。

（3）PBO　对已结果杨梅旺强树，在开花前10d（约4月10日）、幼果膨大期（约5月20日）和秋梢旺长期（约7月20日）各喷1次200～250倍液的PBO，可显著提高坐果率（王国祥等，2009）。

（4）胺鲜酯　在花期、坐果后和果实膨大期各喷一次8～15mg/L的胺鲜酯，可提高坐果率，促进果实膨大，提高产量。

3. 防止采前落果的技术措施

杨梅采前落果约占全树果实的15%～40%，落果轻重因品种而异，一般东魁杨梅采前落果较轻，荸荠种杨梅次之，水梅类最重。在采收前约20d，树冠喷洒浙江大学园艺系以萘乙酸为主配制而成的“杨梅采前防落素”，可降低采前落果20%～50%，经济效益极其显著。

第三节　调节大小年

1. 大小年结果成因

进入盛果期后，杨梅是大小年结果现象最严重的树种，小年产量只有大年的1/5～1/3，经济效益较低；大年时树体结果多，产量高，但果实小、色泽浅、味酸、品质差、成熟推迟、价格低。江浙地区当年生长充实的春、夏梢的腋芽能分化为花芽，可成为结果枝。秋梢发生较迟，花芽分化季节尚未成熟，故不能成为结果枝。杨梅多在无水灌溉的山地种植，7～8月份如遇高温干旱，难以抽出足够数量的夏梢结果母枝，而对于大年树来说，挂果负载过多，春梢抽生数量少而短，因而不能抽生足量充实的翌年结果枝，导致翌年小年，产量显著下降，这是形成杨梅大小结果现象的主要原因。据李三玉调查表明，杨梅树冠结果枝与发育枝各占1/2左右时能获得连年丰产，如当年结果枝超过60%以上的树，则易发生大小年。云南等我国西南高原地区，杨梅果实成熟早，采后光照时期长，秋梢也能成为良好的结果母枝，故大小年现象不明显。

同时由于杨梅上半年的开花结果与春梢和根系生长同步进行，下半年的花芽分化与夏梢、秋梢生长同步进行，势必发生激烈的营养竞争，开花结果多的年份，作为次年结果枝的春梢和夏梢抽生就少。大年时结果过多，消耗养分多，导致树体生长衰弱，下半年无力形成花芽，次年结果就少，形成了小年。小年营养积累多，下半年形成较多花芽，次年又形成大年。如此往复，使大小年结果现象愈演愈烈（陈国海等，2012）。

2. 调节大小年的技术措施

（1）大年树

① 疏花疏果　在盛花期，对杨梅结果大年树或结果太多的品种上喷洒“疏5”50倍液或“疏6”100mg/L液（树体开花数量少的部位可不喷），其疏花量达到50%～60%，果形增大34%～45%，成熟期提早4d，新梢发生数量增加133%～155%，优质果率提高47%。但使用时应注意，由于杨梅开花时新鲜的柱头裸露对药剂的抵抗力最弱，如果此时喷洒药剂易导致杀伤柱头，使花器丧失受精能力而引起落花。因此，必须严格掌握喷药浓度和喷药时期，以盛花期喷布效果较好（梁森苗等，1999）。

据沈青山等（2003）研究表明，在杨梅雌株盛花后期用15%多效唑500倍液喷树冠，可杀死杨梅雄花花粉，致使正在开放和尚未开放的雌花不育而脱落，起到疏花作用。用药时要看花定药，花量特别多的树，可在盛花后1～2d喷，一般多花树则在能看到少量“火柴头状”幼果时喷药。喷药时应喷树冠顶部和外部，以喷湿不滴水为度。

此外，在大年树盛花后喷洒浓度为100mg/L的多效唑或100mg/L的吲熟酯，可明显降低当年结果数和促发春梢发生（汪国云等，1998）。

② 抑梢促花　当大量夏梢抽发长达10cm左右时（8月15日～9月15日），喷15%多效唑300倍液，可抑制新梢继续生长，加快夏梢老熟并进入花芽分化（沈青山等，2003）。此外，当杨梅在大年夏梢抽发初期，梢长约1cm左右时，采用土施多效唑进行抑梢促花。土施用量按树冠滴水线开深20cm左右的环树沟，多效唑用量0.2～0.5g/m^2加10倍的干燥细土，均匀撒于沟内，有条件的最好浇水1次，然后覆土（薛美琴，2008）。

大年结果后的7月喷施浓度为500～700mg/L的杨梅促花剂，可促使当年抽生的春、夏梢形成花芽，次年开花结果数量增加（陈国海等，2012）。

（2）小年树

① 保花保果　小年树在开花前喷800mg/L多效唑，抑梢保果；盛花期或谢花期树冠喷洒浓度为15～30mg/L赤霉素1次，或喷洒0.2%硼砂+0.2%蔗糖液1次，均可提高坐果率20%～30%。

花前（开花前2d）喷30mg/L的保花剂，3～4d后（初花期）喷0.4%尿素+0.5%磷酸二氢钾+0.2%硼砂+0.02%钼酸铵混合液，3～4d后再喷前述浓度的保花剂1次，过3～4d再喷0.4%尿素+0.5%磷酸二氢钾+0.2%硼砂1次，这样保花剂与叶面肥交替连喷2次，对杨梅保花保果有较好的促进作用（陈国海等，2012）。

② 抑制花芽分化　据何新华等（2006）研究表明，在采前和采后的杨梅花芽分化期，分别喷施50～150mg/L的赤霉素，对杨梅减花均有效果。但以采前喷100mg/L赤霉素的效果最好，与对照相比，其春、夏梢减花幅度分别为59.7%和53.3%。春梢上的花芽增长0.19cm，增粗0.13cm。春梢抽生数量增加133.3%，平均单果重增加3.7g，可溶性固形物含量增加3.4%，成熟期提早3d。

小年结果树在6～7月份喷施浓度为100mg/L的杨梅减花剂，可阻止杨梅的花芽分化，使次年（即大年）开花总量减少，春、夏梢发生数量增加，果实可溶性固形物含量提高，成熟期提早，单果重增加（陈国海等，2012）。

第四节　采后贮藏保鲜

1. 杨梅果实采后生理

杨梅果实属呼吸强度高的一类果品，由于呼吸消耗使果实糖分损失，乙烯的排放量增加，促使果实衰老和腐烂。杨梅的生理变化与温度高低密切相关，在温度升高的条件下，使 SOD（超氧化物歧化酶：具有维持活性和氧化代谢平衡、保护膜结构的功能，起到保护新鲜果实的作用）下降，MDA（丙二醛：膜脂过氧化的中间产物，影响细胞膜的结构和正常生理代谢，不利于杨梅的保鲜）上升，呼吸强度上升，严重影响果实贮藏期和果实质量（严德卿等，2009）。

乙烯是一种重要的成熟衰老激素，在果实成熟、衰老进程中起着重要的调控作用。席玙芳等（1994）研究表明，在贮藏过程中，杨梅果实采后内源乙烯的释放量呈下降趋势，如果实温度升高则乙烯释放量会随之提高；同时果实呼吸强度呈下降趋势。在21℃和11℃下贮藏，杨梅果实的乙烯释放量与贮藏时间呈极显著负相关，在21℃下贮藏4d和11℃下贮藏9d后的果实均开始霉烂变质，认为杨梅果实后期呼吸强度的回升是由微生物感染造成的。因此，贮藏过程中降低其温度可以抑制乙烯释放量，从而控制呼吸强度的上升，保持较好的果实品质。

2. 贮藏保鲜的技术措施

（1）保鲜防腐剂处理　目前，应用于杨梅保鲜的防腐剂主要有苯甲酸钠、山梨酸钾、植酸、蔗糖酯、水杨酸、尼泊金乙酯等。有关试验表明，苯甲酸钠和山梨酸钾对杨梅的保鲜效果并不明显。高经成等研究了水杨酸对杨梅品质的影响，经 1000×10^{-6} 水杨酸对杨梅进行处理，结果表明贮藏5d后维生素C质量分数为11mg/100g，总酸为0.72%，总糖和还原糖分别为7.8%和7.0%，具有较好的品质。其作用机理为水杨酸能降低水果在贮藏期间的呼吸强度、增强保护酶活性、抑制乙烯的合成、延缓果实的软化及增强植物抗病性（江培燕等，2013）。肖艳等分别用质量分数0.2%、0.5%、1.0%的 $CaCl_2$ 与质量浓度7.5mg/L的萘乙酸混合处理，并用聚乙烯薄膜包装，置于4～8℃下贮藏，研究表明各处理都能提高果实硬度，抑制其呼吸作用，对于提高果实的耐藏性，改善果实的品质和风味都有显著的效果。但是，化学保鲜剂的安全受到人们的关注，天然保鲜剂的研究就显得尤为重要。

（2）壳聚糖、改性壳聚糖涂膜处理　壳聚糖是一种成膜性很好的天然高分子物质，具有无毒、抑菌的优越特性。壳聚糖在应用中受到一些限制，主要是由于其只溶于稀酸。在当前的研究中，为扩大应用范围，寻找性能更良好的溶解物，学者对壳聚糖的研究主要集中在化学改性方面。基于改性壳聚糖具有的保湿、成膜、抗菌性能，由此可为水果、蔬菜提供适宜的气调环境，显著抑制果蔬的呼吸作用、果色转化、水分蒸发、蒸腾作用、物质代谢等生理生化过程，通过延长果蔬贮藏时间而起到保鲜作用。改性壳聚糖涂膜保鲜技术是在果蔬或鲜肉制品表面喷涂改性壳聚糖的低酸溶液，待干燥后即形成一层聚合物保鲜膜（陈国烽，2012）。程度等报道，1%的壳聚糖可降低果肉的硬度，延缓总酸和总糖含量的下降以及还原糖的上升，对于保持杨梅风味、延长保鲜有较好的效果。

赖洁玲等（2015）用12.5mg/L二氧化氯与1.0%壳聚糖混合后处理杨梅，贮藏48h后，能明显抑制失重率和腐烂率，与空白对照相比，失重率下降了0.9%，腐烂率下降了31.5%。将杨梅放入1%浓度的壳聚糖溶液中，浸泡1min，捞出自然晾干，装入0.3mm的保鲜袋中，用封口夹封口，并用细针在每个保鲜袋上扎8个小孔，每袋1000g。之后置于室温下贮藏保存（温度为17～23℃，相对湿度为68%～85%），能有效地抑制杨梅的发霉、失重、维生素C及总酸含量降低等问题，具有较好的保鲜效果（王婕，2014）。

（3）甲基环丙烯与环糊精联合处理　杨梅保鲜处理时，采用1-MCP的α-环糊精（α-CD）包结物（1-MCP-α-CD）和羧甲基β-环糊精（β-CD）溶液，可有效抑制果实的呼吸强度，延缓果实衰老，保留果实的原味（陈国烽，2012）。有研究表明，在密闭体积中用10mg/L 1-MCP-α-CD熏蒸处理杨梅6h，同时喷洒0.5%羧甲基β-环糊精（β-CD）溶液对杨梅果实进行处理，可以有效抑制杨梅果实的呼吸强度，延缓果实的衰老，延长保鲜期，有效减缓杨梅重要生理指标的降低，如水分含量、总糖、花青素、维生素C、总酸等（陈国烽，2012）。

第五章

枇　杷

第一节　控梢促花

1. 枝梢生长与花芽分化

枇杷的芽具有早熟性，一年可多次抽梢生长，有些年份一季中抽 2 次梢，全年抽 4～6 次梢。在北亚热带至暖温带，不发生冬梢，老树仅抽 2 次梢。幼年枇杷树具有明显的顶端优势，仅有顶芽及邻近的几个侧芽萌动生长并形成长枝，且顶芽枝长势更强，直立向上，从而形成树冠层性明显、具有中心干的结构特征。当主枝形成时，主枝上的顶芽生长缓慢，短而粗壮，主枝上的侧芽枝生长较快，细而长，树冠由此扩大并呈现出圆锥形。进入盛果期后，因果实重量使主枝下垂，树形转为圆头形，但部分品种如夹脚等，因枝条粗壮且直立生长，树形变化不大。

枇杷的花芽是在夏秋季较高的温度下孕育形成的，属夏秋花芽分化型。刘宗莉（2007）研究认为，低水平 GA 和低水平 IAA 对枇杷花序原基的形成和花器官的分化起促进作用，在花芽诱导期相对较高的 ZT 水平和 ABA 水平有利于花芽分化，在形态分化期也要求较高的 ZT 水平和 ABA 水平。ABA 含量在枇杷成花过程中的变化特征最明显，在枇杷的成花中扮演主导角色，没有 ABA 的持续升高，就不能导向成花。另一个有可能与之起作用的是 IAA，后者在关键的时候（8 月中旬）有所下降。

枇杷树体高大，枝梢生长迅速，树冠内膛荫蔽，通风透光性差，叶片量占地上部的比重随树龄的增大而降低，致使叶片光合作用下降，产量下降。如果在树势旺盛的情况下，枝梢顶芽不节制地生长，就不会形成花芽。为此，在枇杷高密度栽培中，可使用植物生长调节剂来控制树冠生长，促进花芽分化。如使用多效唑能抑制枇杷营养生长，促进花芽分化，提高产量。

2. 控梢促花的技术措施

（1）*多效唑*　枇杷使用多效唑控制夏梢疯长、促进花芽分化的时间是 6 月下旬至 8 月下旬，并视树冠枝梢生长情况确定使用的时间和次数。一般可在 7 月上旬和

8 月上旬各喷一次 500～700mg/L 的多效唑。同时在 7 月初，夏梢停止生长时将枝梢拉平，结合扭梢、环割（割 3 圈，每圈相距 1cm）或环剥倒贴皮等物理措施，均会取得良好的控促效果。

凌云天（2008）研究表明，对早钟六号枇杷用多效唑 120～150mg/L＋磷酸二氢钾 500 倍液＋硼砂 400 倍液在 7 月中旬均匀喷洒一次，隔 20d 再喷 1 次，总抽花穗率可达到 74.3%～76.0%。刘素君等（2001）研究认为，土施多效唑 0.5g/m^2 树冠投影面积，可使枇杷早花、早果、早丰产。但土施多效唑后有残效期问题，其抑制作用可持续多年。因此，使用时应注意观察，发现土施多效唑对枝梢生长抑制过度时，可采用叶面喷布 GA_3 以逆转多效唑阻碍生长。汪志辉等（2007）研究表明，对大五星枇杷幼树土施多效唑 0.6g/m^2 树冠投影面积（有效含量）结合叶面喷施多效唑 1000mg/L 2 次，能适度控制枝梢生长，保持中庸树势，促使营养枝与花枝比例协调，且有效地克服大小年，保持丰产树形，促进早投产。汤福义等（2003）研究认为，枇杷土施多效唑 0.5g/m^2 树冠投影面积＋叶面喷施多效唑 1000mg/L 2 次，控梢效应明显，而土施多效唑 1g/m^2＋叶面喷施 1000mg/L 2 次对枝梢的抑制作用太强，容易形成大小年。

（2）*矮壮素*　据试验，施用矮壮素 1000～2000mg/L，对控制枇杷枝梢生长、催促开花和改善花穗外形有良好的效果。

（3）PBO　周文英研究认为，6 月中旬（夏梢长到 13～16cm）时喷 200～300 倍 PBO 液，控梢促花效果明显，树势健壮，细胞液浓度提高，抗冻性增强，可避免多效唑施用过量的不良现象；更为可贵的是，PBO 打破和激活了枇杷的遗传基因，大粒的种子数减少了 3～4 粒，可溶性固形物含量增加 2%，早熟 10～15d，提高了商品性。

第二节　保花保果

1. 开花结果特点

枇杷花芽形成后即可抽出花序，抽穗期为 9～11 月。枇杷花序顶生于结果枝上，由 30～260 朵小花组成圆锥状聚伞花序。抽穗后大约 1 个月开始开花，花期在 11 月下旬至次年 1 月上中旬。单花的花期 8～14d。环境温度对开花的影响最大，11～14℃为枇杷开花的最适温度，10℃以下花期延长。在福建，单穗花的开放只需 12～29d，全树花期不超过两个半月；在浙江，同一花穗的花期最长为 2 个月，全树花期 3～4 个月。根据开花的迟早，江浙果农把枇杷花分为三种类型：最早开的（10～11 月间）称为“头花”，“头花”的果实大，品质也较好，但易受冻；“二花”在 11～12 月开放，冻害少于头花，果实大小和品质居中；1～2 月开的花为“三花”，虽然受冻较少，但果小、质差。大多数枇杷可自花结实，果实由子房下位花发育形成，子房和花托共同发育成假果。

枇杷在冬季开花坐果，冬季低温霜冻会造成严重落花落果，降低坐果率，减少产量，必须及时采取有效的技术措施进行保花保果，以减少落花落果，提高坐果率，增加产量。

2. 保花保果的技术措施

（1）赤霉素　在枇杷幼果期用10mg/L赤霉素喷施叶面和果实，可提高坐果率40%。且喷施赤霉素后还能形成一些无核果，提高果实品质。

（2）PBO　周文英研究认为，大五星枇杷在花蕾期和花后10～15d喷1次250倍的PBO液，可明显提高坐果率与抗冻力。平均每穗坐果数比对照多2.4个，冻果率比对照低20.7%。

第三节　诱导无核

1. 诱导枇杷无核研究

枇杷果实种子大、可食率低，如果果实无核，可食率就增加，吃起来也方便，市场销路也好。单用GA_3花前处理诱发枇杷单性结实的无核果率高，果形指数大，果肉厚，可食率高，但无核果较正常果小，并常发生果实变形和裂果，易患日灼等生理障碍，且可溶性固形物含量较有核果低，以及延迟成熟等，从而降低无核果的商品价值。

陈俊伟等（2006）研究认为，GA_3诱导的无核引起枇杷果实的蔗糖代谢、己糖代谢和山梨醇代谢活力下降，从而降低无核果实糖类的代谢能力和无核果实吸收光合产物的能力，最终影响无核枇杷果实的生长与糖分积累，导致果实变小、品质下降。但GA_3对枇杷糖代谢的这种影响可能是间接作用的结果，即GA_3诱导无核，致使果实缺少产生激素的种子，引起果实激素水平下降，从而影响果实发育和糖代谢，最终使果实果形偏小、品质下降。

多数学者认为通过激素诱导形成无核果实后，由于缺少种子激素，不能聚集光合产物，果实不能继续发育容易脱落，必须后期进行激素处理。常用的有GA_3、CPPU或混合使用。对少核单株喷布500mg/L的GA_3进行无核果实的诱导，无核率为100%。但是仅仅用赤霉素诱导无核果实后，不用细胞分裂素进行后期膨大，果实在幼果期就会全部脱落。为了确保无核果实正常生长发育，保持原有果实品质，必须在诱导无核果实后，使用氯吡脲（CPPU）来提高果实激素水平，膨大无核果实（袁玉强，2007）。

邓英毅等（2009）研究结果表明，GA_3处理过的枇杷虽能正常受精形成合子和胚乳游离核，但胚乳游离核之间不能形成细胞壁，胚乳不能正常发育，逐步退化解体，从而引起胚因营养不良而分裂不正常，只发育到原胚阶段，以后就停止分裂生长，并逐步退化解体。因此，枇杷胚乳败育是引起胚败育的因素之一。研究结果还表明了部分珠心退化也引起枇杷胚败育。这些结果证明了花前 GA_3 处理枇杷花穗导致胚败育的原因既有由胚乳败育引起的，也有由珠心退化引起的。

2. 诱导无核的技术措施

(1) *赤霉素* (GA_3)+ CPPU　用 GA_3 1000mg/L 处理大房和田中品种的花蕾，再用 GA_3 1000mg/L＋CPPU 20mg/L 在花后1月下旬、2月下旬、3月下旬分期喷果3次，对增大无核果和防止无核果落果具有显著效果。处理后无核果率达100%，无核果单果重与对照正常果单果重差异不显著，且果肉厚、可食率均极显著高于对照，生理病果也较少。但可溶性固形物含量极显著低于对照，果形指数显著大于对照，成熟较迟（张谷雄等，1999）。

胡章琼（2008）从花蕾期开始，对早钟六号和东湖早枇杷用 GA_3 600mg/L＋CPPU 20mg/L 处理2～4次，研究表明，诱导枇杷单性结实的无核率、果形、可食率与处理次数无关，但一定时期内单果重随处理次数增加而显著变大；可溶性固形物含量比对照有显著提高，处理次数对其影响不大；无核果实成熟期提前，随处理次数增加成熟期提前程度减弱。胡章琼等（2010）研究表明，花蕾期用 GA_3 400mg/L＋CPPU 20mg/L 处理，早钟六号枇杷果实无核率为100%，花后处理和对照为0，花后处理的种子重、幼果种子数、成熟果种子数及种子萌发率与对照均无显著差异，显然，GA_3＋CPPU 诱导枇杷的花蕾能加剧雌雄异熟和雌雄异位，导致授粉受精机会大幅减少或避免，没有形成种胚是导致枇杷单性结实的主要原因，受精前的花蕾期是获得枇杷无核果实的适宜诱导时机。

(2) *赤霉素* (GA_3)+ KT　1994年日本 T. Takagi 等分别用 500mg/L 的 GA_3 和 500mg/L 的 GA_3 外加 20mg/L 的 KT 对枇杷花序进行处理，均得到了无核果实。而且发现加有 KT 处理的比单独用 GA_3 的效果要好，得到的无核果实比正常果略小，但果肉更厚。无核果比正常有核果变黄的时间要早，可溶性固形物含量略低，可滴定酸并没有明显差异。

(3) *抑芽丹钠盐+赤霉素* (GA_3)　在3月下旬幼果开始膨大时用 300mg/L 的抑芽丹钠盐水剂＋150mg/L 的 GA_3 溶液喷洒，可抑制种子发育，使得种子变小，不饱满籽粒和瘪粒增多，果实籽粒重只为未处理的20%，处理后坐果率和单果重增加，产量提高。

(4) NAA　F. H. Goubran（1986）用 20mg/L 的 NAA 在盛花期进行处理可以获得少核果实，使果实种子数目减半。

(5) *注意事项*　用赤霉素等生长调节剂处理诱导单性结实的无核枇杷与正常的有核枇杷相比，除了无核外，还表现为果实变小、果形指数变大（果形变长）、果肉厚度增加、可溶性固形物含量有所下降。因此，在栽培上应采取：①尽可能选用大果形品种；②严格做好疏花疏果工作；③在果实膨大期用吡效隆等处理，促进果实增大；④增施磷、钾肥，提高果实糖度等措施。

第四节　促进果实发育

1. 枇杷果实发育特点

据观察，枇杷果实发育过程可分为4个阶段，即幼果滞长期、细胞迅速分裂期、果实迅速生长期和成熟期。枇杷果实生长为单S形，幼果滞长期很长，可能长达2～3个月，这是幼果最易受冻的时期。在福州，幼果初期（2月上旬）纵径增长较快，到2月底至3月中旬，纵横径增长近于平衡，其后，横径增长加快，4月中旬达到高峰。在浙江黄岩，洛阳青枇杷也有类似的规律，只是各种变化出现的时期推迟约20d。一般枇杷果实发育期在140d以上，随产区的北移，发育期延长，果实成熟期将推迟30～40d。

枇杷授粉后，刺激花柱和子房分泌内源激素，此时幼果中含有较高的生长素和细胞分裂素，并形成营养物质集中的中心，但同时幼果中的脱落酸含量也较高，形成了脱落酸与生长素和细胞分裂素相抗衡的现象，从而使幼果处于滞长状态（丁长奎等，1988）。2月中旬以后，枇杷果实中的生长素和细胞分裂素含量出现第二次高峰，这可能与果实细胞的分裂和膨大有关。Chaudhary等（1990，1993）在幼果"豌豆期"喷布40mg/L NAA，一周后重复喷一次，对提高果实单果重、可食率、可溶性固形物含量、还原糖含量等方面有较好的效果。果实的大小和营养物质积累，可能与生长素和细胞分裂素含量的多少及持续时间长短有关。

2. 促进果实发育的技术措施

（1）提高坐果率

① 赤霉素　在枇杷幼果期用浓度为10mg/L赤霉素喷施叶面和果实，可提高坐果率40%。且喷施赤霉素后还能形成一些无核果，提高果实品质（马成战，1996）。印度果树试验站用浓度为300mg/L的赤霉素分别于9月26日和11月26日处理"汤马骄傲"、"加州先进"两个枇杷品种后，坐果率由对照的8%～10%提高到66%～71.6%，效果十分显著。幼果期同时用赤霉素和吡效隆处理3～4次，不但能促进无核果的膨大，还能极显著地提高坐果率。此外，无核枇杷在果实着色前后容易脱落，在果肉细胞分裂期用赤霉素处理有一定的防落效果，加入吡效隆后防落效果更好。

② CPPU　2月上旬，用浓度为20mg/L的CPPU喷雾白沙枇杷幼果，可增大枇杷果实，对果实形状没有多大影响，但果肉厚度有增加趋势，果实可溶性固形物含量下降，可食率提高（王化坤等，2000）。徐凯等（1998）研究表明，用15～30mg/L的CPPU处理纵径6mm左右的枇杷幼果，可提高单果重和增加果肉厚度。CPPU的作用效果与花期关系不大，但与幼果纵径关系密切，以处理前期花发育而成的幼果（纵径6～10mm），对果实增大、果肉增厚效果显著。

③ PBO　在枇杷果实膨大期喷布300倍液的PBO，可促进果实膨大，皮色嫩

黄光亮，果形指数提高，果形变长，种子数量由4～5个减到只有1～2个。平均单果重51.2g，比对照增重37.16%。可溶性固形物含量提高2.06个百分点，品质明显改善（周文英，2006）。

④ 丙酰芸薹素内酯（爱增美，原液浓度为30mg/kg） 洛阳青枇杷春梢停长后的幼果发育期喷施30mg/kg爱增美3000倍液，枇杷果实的单果重、可食率以及可溶性固形物、总糖、还原糖、糖酸比、维生素C和胡萝卜素含量均较对照明显增加，总酸含量则与对照相当（杨照渠等，2007）。

⑤ 吲熟酯 倪照君等（2010）研究表明，青种枇杷在果实成熟前50d左右喷施200mg/L的吲熟酯，能显著促进果实果糖和葡萄糖的积累，增加果实总糖含量。

⑥ 混合液处理 马济民（2012）研究表明，对在3月上旬疏果、定果后的龙泉大五星枇杷幼果，用吡效隆40mg/L+赤霉素350mg/L+萘乙酸16mg/L的混合溶液浸果处理，可有效促进枇杷果实膨大，提高果实品质。

（2）防止裂果 枇杷裂果在我国各产区普遍存在，尤以福建产区最为严重。据福建省果树研究所试验，在成熟前3～4周（果面由清绿转为淡绿点）时，喷布1500mg/L的乙烯利加3000倍的骨胶，能有效防止枇杷裂果发生，裂果率由对照的19%～36%下降到1.5%～10%，果实着色更好，但果实偏小。

（3）促进早熟 在枇杷自然成熟前15d喷洒500～1000mg/L的乙烯利，可提早成熟5～8d。在成熟前20～30d的果实褪绿期喷洒1500mg/L的乙烯利，则可使成熟期提早10～15d。

第五节 采后贮藏保鲜

1. 枇杷果实采后生理

枇杷为非跃变型果实呼吸模式，呼吸速率和乙烯含量的变化与果实贮藏关系密切。室温贮藏时果实呼吸都有增强，而乙烯产生变化的总趋势与呼吸速率变化近似（郑永华等，1993）。低温对呼吸速率和乙烯含量有明显的抑制作用，如在1℃下果实的呼吸速率约为20℃下的1/3，从而可以延缓果实的后熟衰老（郑永华等，1999）。果实低于1℃下贮藏时，会引起呼吸速率的异常增加。如低温贮藏的果实一旦转入室温货架存放，呼吸速率会突然加快，促进褐变霉烂。

枇杷无后熟过程，在树上基本完熟才可采收，原果胶的降解和果肉的软化过程，在采收前基本完成，在室温下贮藏时果肉硬度下降。但果实在1℃下贮藏时木质素合成的关键酶之一——苯丙氨酸解氨酶（PAL）活性增加，果实硬度逐渐增加，出汁率呈下降趋势，原果胶、木质素和纤维素含量随贮藏期延长而增加，所以低温下果肉易发生木质化，造成果皮难剥，果实硬度增加、粗糙、少汁等（康孟利等，2014）。

枇杷果实采收后，随着贮藏期的延长，由于乙烯和其他衰老因素的作用，膜系统受到破坏，导致离子的泄漏增加，果实的相对电导率随着贮藏时间的延长而逐渐上升。在1～20℃内，温度越低，电导率变化也越小。但低温冷害能引起膜系统受伤害，引起电导率增加。

枇杷果实中含有较多的酚类物质和较高的多酚氧化酶（PPO）活性，它可催化多酚类物质的氧化而导致组织褐变。枇杷果实在一般冷藏过程中PPO活性呈上升趋势，而果实中含有的过氧化物酶（POD）在贮藏中活性也呈升高趋势，从而导致果实的褐变和衰老（黄志明，2003）。

2. 贮藏保鲜的技术措施

（1）1-MCP　白玉枇杷采后用0.10g/kg的1-MCP室温熏蒸处理14h之后，6℃冷藏保存，可以显著降低枇杷果实的失重率，延缓总糖、总酸含量的下降，有利于枇杷品质的保持（乔勇进等，2007）。大红袍枇杷果实用5μL/L的1-MCP处理12h。处理后的果实贮藏于20℃下，可明显抑制果实组织中PAL活性、LOX活性、ACO活性和乙烯释放量，减缓组织木质化作用，可以显著减少贮藏后期的果实腐烂率，减缓果实硬度的增加，维持良好的果实品质（蔡冲，2003）。

（2）GA_3　解放钟枇杷果实采后用50～100mg/L GA_3浸30min，6℃下冷藏，有延缓枇杷果实木质化的作用，延长枇杷的贮藏期，其机理可能与GA_3对枇杷果实苯丙氨酸解氨酶（PAL）、多酚氧化酶（PPO）、肉桂醇脱氢酶（CAD）、4-香豆酸辅酶A连接酶（4-CL）和过氧化物酶（POD）活性的抑制作用有关，其中PAL和POD起主要的调节作用，抑制枇杷果实木质素生成，从而减轻冷藏枇杷果实的木质化程度（吴锦程等，2008）。

（3）2,4-D　枇杷果实用1000mg/L的多菌灵＋200mg/L的2,4-D浸果4min处理后，放在通风场所发汗1～2d，蒸发果实表面多余水分，然后用0.02mm厚的聚乙烯薄膜袋包装后装至竹篓或竹筐，或果实经单果吸水纸包装后装筐，在筐外再套聚乙烯薄膜袋，每个袋上有8个直径1.5cm的圆孔，扎紧袋口贮藏，可延长贮藏期（黄志明，2003）。

（4）采前喷药　吴贤聪等研究表明，枇杷在七成熟时，喷布GA_3＋2,4-D和多菌灵的混合液，能抑制乙烯生成，从而延缓枇杷成熟和推迟呼吸高峰的出现，降低果实对各种贮藏有机物的消耗。用质量浓度40mg/L的NAA处理可提高果实内可溶性固形物、糖和维生素C含量，并降低酶活性，延长枇杷果实的贮藏寿命（康孟利等，2014）。

第六章

荔　枝

第一节　控梢促花

1. 冬梢生长与花芽分化

（1）冬梢生长　冬梢是在入冬以后，荔枝遇到多湿温暖的特殊天气情况下抽生的新梢，抽发于11月至翌年1月。由于天气转凉，冬梢生长缓慢，叶片转绿老熟也慢，多数荔枝品种冬梢不能在花芽分化前老熟，以致妨碍荔枝的正常开花结果，尤其是展叶的冬梢，如不处理，来年便无花穗。一些早冬梢在个别特殊年份的气候条件下，虽可成为结果母枝，但结果能力差，影响产量。因此，在栽培上应尽量控制冬梢的抽发。

荔枝抽生冬梢的主要原因：①末次秋梢过早老熟。在9月底或10月上旬老熟的末次秋梢，因养分积累充足，或遇冬季高温多湿，常引起冬梢的发生。②施肥不合理。末次秋梢抽出后因施氮肥，继续生长而抽发冬梢。③不适时修剪。在秋梢老熟后进行修剪，刺激冬梢的发生。④冬季高温多湿。冬季高温多湿气候，有利于根系的活动，吸取大量的养分、水分，供应地上部分的营养生长，为冬梢的发生创造了有利条件。

（2）花芽分化　荔枝的花芽分化在秋冬季进行，分化的顺序是自下而上进行的，顶端最后完成分化。花芽分化的过程包括圆锥花序的分化和花器官原基分化发育两个阶段。花序原基分化由基部向上，当生长锥由尖变扁平、变圆，形似半球形时，便出现圆锥花序原始体的突起。随着花序原基不断进行细胞分裂，在两端的雏形叶的叶腋内，逐渐形成花序一级分枝原基的球状细胞团凸起，当雏形叶松动，肉眼即可见清晰的白色芽体，俗称“白点”。“白点”包含花序主轴原基（生长锥）、一级侧花序侧枝原基和雏形叶。随着花序主轴原基细胞的进一步分裂和伸长，生长锥两端由下而上分化形成雏形叶，同时叶腋内分化出圆球形的一级分枝原基，肉眼可见清晰的“白点”。在这些分枝原基伸长的同时，侧轴上又分化出二级、三级分枝，直至各分枝的主轴顶端出现花器官原基为止，完成花序原基的分化。花器官分化顺序是从外到内，即由花萼、雄蕊到雌蕊。当主轴顶端继续伸长并分化侧枝时，下端早抽出的花穗已经开始分化花的各个器官。荔枝没有花瓣，两性花器官的分化由外向内依次分化出萼片、雄蕊和雌蕊。荔枝的花包含有雌花和雄花，在小花分化的初期，所有的花都具有两性的原基，到分化的后期才出现花性的歧异。雄花分化最早，雄蕊原基发育迅速，而雌蕊原基发育缓慢并中途停止发育。

荔枝花芽分化的时期与品种、地区、气候及结果母枝老熟的迟早有关。一般年份的气候条件下，早熟品种如三月红、水东、白蜡等，花芽分化从10月份开始，花芽分化期在10～12月中下旬，因此，要求末次秋梢老熟期在10月份最理想；中熟品种如黑叶、妃子笑等花芽分化从11月份开始，花芽分化期在11～12月份，其末次秋梢结果母枝要求10月底至11月初老熟；迟熟品种如糯米糍、桂味、怀枝等花芽分化从11月中下旬开始，要求末次秋梢老熟期在11月上中旬较为理想。

荔枝花芽分化受外界环境条件和内在条件制约。外界环境条件包括温度、湿度、日照等，内在条件包括营养状态、内源激素等。①温度。荔枝花芽分化要求一段时间的低温，不同品种对低温的要求有很大差异。早熟品种如三月红、水东、白蜡等对低温要求不高，一般年份不存在因低温不足而不能形成花芽的现象；中熟品种对低温要求有差异，如妃子笑对低温要求不高，成花容易，而黑叶等则对低温要求比妃子笑稍高，需要经过一段时间的低温才有利于花芽分化；迟熟品种如糯米糍、桂味、怀枝等对低温要求较严格。②水分。秋冬季干旱有利于花芽分化，但用作是间接的。过分干旱伴随着低温同时出现，反而不利于花芽分化，但成花诱导完成后适度的灌水有利于花的发端。③日照。日照时间的长短对花芽分化影响不大，但冬季有晴朗的天气，充足的阳光，昼夜温差大，有利于糖类积累，对花芽生理分化起积极作用。④结果母枝的生长状态。结果母枝老熟且营养生长进入停滞状态是花芽分化的重要前提。⑤营养状态。荔枝花芽分化需要大量有机养分的积累，碳水化合物积累越多，越有利于花芽分化。⑥内源激素。荔枝花芽分化过程中，内源激素的种类、数量和比例都发生明显的变化，叶片内脱落酸和细胞分裂素的含量增加，赤霉素和生长素含量减少，有利于花芽分化。

2. 控梢促花的技术措施

荔枝控梢促花的原则是，根据不同品种花芽分化期的要求，采收后适时抽放2～3次梢，于末次秋梢结果母枝转绿或老熟后即可进行控冬梢促进花芽分化的管理措施。利用植物生长调节剂可成功地控制荔枝冬梢的萌发，促进成花，提高成花率及雌花比例，培养健壮的花穗，为翌年开花结果打下良好的物质基础。

(1) 比久 (B_9)+ 乙烯利　当早熟品种在10月中旬、中熟品种在11月中旬、晚熟品种在12月上中旬冬梢长出5cm以下时用浓度为1000mg/L的乙烯利＋500～1000mg/L的比久（丁酰肼、B_9）叶面喷洒，1周后嫩梢自然脱落。当发现花穗上的小叶向上斜生，气温又在18℃以上时，花穗上的小叶在未转变成红色以前，用100～250mg/L的乙烯利＋500mg/L的比久溶液均匀喷洒于花穗上，可杀伤嫩叶，使其脱落，对花穗发育无不良的影响（李三玉和季作樑主编，2002）；在 1 月中旬用 1000mg/L 的比久+500mg/L 或 800mg/L 的乙烯利溶液全树喷洒，使花序基部变粗，增加花枝数，提高坐果率。但由于乙烯利的效果不稳定，随气温的变化而变化，温度较高时药效明显，温度低时药效差。喷后药物能在植物体内残留一段时间后再起作用，故常常由于暂时不见药效而重复喷用或由于使用浓度不当，引起严重的落叶，有些品种如糯米糍、桂味对乙烯利的反应敏感，更容易造成药害。因此必须根据气候条件调节乙烯利的使用浓度（王三根主编，2003）。

（2）*萘乙酸*　在荔枝生长过旺、不分化花芽情况下，用 200～400mg/L 的萘乙酸溶液全树喷洒，抑制新梢生长，增加花枝数，提高果实产量。

（3）*多效唑*　用 5000mg/L 的多效唑可湿性粉剂，喷洒新抽生的冬梢，或在冬梢萌发前 20d 土施多效唑，每株 4g，抑制冬梢生长，减少叶面积，使树冠紧凑，促进抽穗开花，增加雌花比例（王三根主编，2003）。

第二节　防止冲梢

1. 冲梢

荔枝梢尖顶芽和雏形叶的叶腋出现“白点”是花芽诱导成功的标志，“白点”实质上是披白色绒毛的萌动芽体，“白点”出现以后如遇到高温高湿环境，雏形叶会展开，花序原基的进一步发育受阻，芽向营养梢的方向发育，俗称“冲梢”现象。花穗“冲梢”后，会使已形成的花蕾萎缩脱落，成穗率降低，甚至完全变成营养枝。荔枝“冲梢”会不同程度造成减产，甚至绝收，已成为荔枝歉收的重要原因之一。

2. 防止冲梢的技术措施

（1）*乙烯利*　对花穗带叶严重的荔枝树，可用 40%乙烯利 10～13mL 加水 50kg 喷雾，喷至叶面湿润而不滴药液，以杀死小叶，促进花蕾发育。用乙烯利杀小叶时，必须掌握好浓度，过高易伤花穗，过低效果不好，气温高时使用低浓度。

（2）*多效唑和乙烯利*　唐志鹏等（2006）用 1000mg/L 的多效唑和 800mg/L 的乙烯利在 11 月中旬处理 6 年生的鸡嘴荔，10d 后再处理 1 次，显著提高了植株的成花率。

第三节　保花保果

1. 落花落果

荔枝在开花前就有花蕾脱落。荔枝的雌花，部分由于授粉不受精，或授粉受精不良引起落花，部分也会由于营养供应不足而引起落花，只有授粉受精良好且营养充足的雌花，才能发育成果实。

荔枝生理落果是指由于树体内源激素及营养失调而产生的生理性落果。荔枝整个果实发育期都有生理落果，但有几次相对集中的落果高峰期。荔枝的生理落果依品种不同有3～5次生理落果高峰，其中焦核品种如糯米糍、桂味等有5次生理落果高峰期，大核品种如怀枝等有3次生理落果高峰期。第1次生理落果高峰期出现在雌花谢后7～12d，此期落果数量最多，比例最大，约占总落果量的60%，严重时甚至全部脱落，主要是由于雌花授粉受精不良引起的。第2次生理落果高峰期于雌花谢花后25d左右，此期落果除与受精不良有关外，还与胚乳发育受阻有关。低温、阴雨天气加重脱落。第3次生理落果高峰期出现在雌花谢花后40d左右，这是焦核品种如糯米糍所特有的。此期由于胚的败育，在种子内失去营养和激素的来源，造成落果。第4次生理落果高峰期出现在雌花谢花后55d左右。这时果肉从种子基部长出，包过种子的1/3左右，是果肉迅速生长发育阶段，需要消耗大量的营养。此外，夏梢开始萌发，根系生长旺盛，造成营养生长和生殖生长失调引起落果。第5次生理落果高峰期出现在雌花谢花后70～80d左右，此期又称采前落果，通常在采收前10～15d发生。此次落果也是焦核品种如糯米糍等所特有的。此外，这时期果实糖分提高，如连日下雨或久旱遇骤雨，会引起大量裂果，最后导致脱落。

2. 保花保果的技术措施

对减少荔枝落果，提高荔枝坐果的植物生长调节剂有赤霉素、萘乙酸、2,4-D、2,4,5-T以及细胞分裂素类。但常用的是赤霉素和2,4-D，赤霉素的有效使用浓度为30～50mg/L，2,4-D的有效使用浓度为5～10mg/L，两者也可以混合使用，但必须注意使用浓度，适宜的浓度才有一定的保果效果。

（1）比久+乙烯利　荔枝抽穗前用1000mg/L的比久+250～500mg/L的乙烯利溶液全树喷洒，总花数和雄花数减少，雌花数增加。在1000mg/L以下的范围内，雌花数量随乙烯利浓度的提高而增加，雄花数随浓度的提高而下降。

（2）腐植酸钠　荔枝幼果用600～500倍的腐植酸钠稀释液喷洒，使坐果率提高7.7%～15.4%，单果比对照增重3.9%～4.7%，平均增产19.2%，每公顷荔枝园增产320kg。

（3）三十烷醇　用浓度为1.0mg/L的三十烷醇在荔枝盛花后和第一次生理落果前各喷1次，产量、单果重、坐果率分别为13.7kg、28.3g、2.39%，而对照分别为11.2kg、26.3g、1.17%。

（4）细胞分裂素和2,4-D　在荔枝谢花后7d左右用浓度为10～20mg/L的细胞分裂素或5mg/L的2,4-D药液喷洒，可明显提高坐果率。蔡丽池等（1996）在荔枝花后喷布2次细胞分裂素600倍+2,4-D 8mg/L+KH_2PO_4 0.3%，能极显著提高花后14d坐果率。

（5）赤霉素或萘乙酸　在荔枝谢花后30d用浓度为20mg/L的赤霉素或40～

100mg/L的萘乙酸溶液喷洒亦能使落果减少，提高坐果率，果实增大，提高产量（李三玉和季作樑主编，2002）。30～50mg/L赤霉素可减轻中期生理落果，而30～40mg/L萘乙酸对减少采前落果有一定的效果（陈杰忠主编，2003）。

（6）*2,4-D和赤霉素* 在谢花后5d内喷一次3～5mg/L 2,4-D和谢花后15d左右喷一次20～25mg/L赤霉素，既能提高坐果率，又能增加单果重。

（7）*乙烯利* 在现蕾期（即3月上中旬）用200～400mg/L的乙烯利溶液全树喷洒，有很好的疏花蕾作用，使结果数成倍提高，产量增加40%以上，改变荔枝开花多、结果少的状况。

（8）*2,4-D和2,4,5-T* 于谢花后7～15d喷施3～5mg/L 2,4-D或2,4,5-T（2,4,5-三氯苯氧乙酸）可以减少早期生理落果。

（9）*2,4,5-TP* 在果实发育到1～2g大时喷施25～50mg/L 2,4,5-TP（2,4,5-三氯苯氧丙酸）可减轻落果（陈杰忠主编，2003）。

（10）*多肽* 李松刚等（2010）研究表明，在10年生妃子笑和白糖罂荔枝品种的开花前45d左右，叶面喷布多肽（主要成分为聚天冬氨酸）500倍、800倍和1000倍液等不同处理，能显著提高妃子笑和白糖罂荔枝的单株花穗数和单穗雌花数量，盛花期提前进入2～4d。与对照喷清水相比，喷布多肽的妃子笑单株花穗数和单穗雌花数目分别为10.28%～21.49%和45.41%～56.52%，其中以800倍处理效果最好；喷布多肽的白糖罂单株花穗数和单穗雌花数目分别为15.68%～27.02%和30.97%～53.55%，其中以1000倍处理效果最好。同时，喷施多肽能显著提高妃子笑和白糖罂荔枝的单果鲜重和单株产量，其中1000倍处理效果最好，能使妃子笑和白糖罂荔枝的单果鲜重分别比对照增加10.00%和13.50%，单株产量增加14.81%和10.93%。

第四节 着色与品质调控

1. 果实着色

荔枝果皮着色与叶绿素的降解和花青苷的合成有密切关系，多数品种先褪绿转黄，然后逐渐显现红色并逐渐加深，果实成熟时的表面颜色为红色，但有些品种如“妃子笑”、“三月红”褪绿缓慢，达到最佳食用成熟度时，果皮仍为绿色带局部红色，常常着色不良，大大降低了商品价值，着色不良的原因主要是叶绿素分解慢，阻碍了花青苷的合成。根据生产上的经验，只要延迟采收，“妃子笑”果实着色面积也可以达到90%以上，但“妃子笑”完全转红前食用品质最佳，若等到自然全红，由于含糖量下降（俗称退糖），食用品质已经下降。因此生产上多应用植物生长调节剂来促进妃子笑荔枝果实的着色，提高品质。

2. 着色与品质调控的技术措施

（1）*多效唑、乙烯利* 李平等（1999）在妃子笑荔枝盛花后20d和50d，分别多效唑、乙烯利等生长调节剂直接喷洒荔枝果面后，多效唑、乙烯利等均能不同程度地促进花青苷的形成而促进果皮的着色，且能使阴阳面果面着色差异减少，果面着色均匀，并认为调控荔枝着色的关键期在花后50d，多效唑的最佳浓度为200mg/L，乙烯利的最佳浓度为200mg/L。

胡桂兵等（2000）在妃子笑荔枝盛花后45d，分别对树冠喷布100mg/L和200mg/L的多效唑，200mg/L和400mg/L的乙烯利，40mg/L和80mg/L的NAA，均能明显促进了果实现红，有利于果实的着色；而对树冠分别喷50mg/L和100mg/L的6-BA，1000mg/L和2000mg/L的B_9后，则抑制了荔枝果实现红，不利于荔枝果实着色。

胡桂兵等（2000）用多效唑、乙烯利、NAA、B_9、6-BA等药剂于盛花后45d对荔枝进行树冠喷布处理后，对果实的可溶性固形物含量影响不大，但维生素C含量均升高。

（2）*细胞分裂素*　蔡丽池等（1996）在荔枝花后喷布2次细胞分裂素600倍+2,4-D 8mg/L+KH_2PO_4 0.3%，能增大果实纵横径，提高果实可溶性固形物含量，降低可滴定酸含量，提高固酸比和可食率，达到改善果实品质的目的。

（3）*天然芸薹素*　据张格成等（1999）报道，对14年生的实生荔枝树在第1、2次生理落果初期喷布0.15%的天然芸薹素乳油各一次，处理树果实种核较对照轻，并出现部分焦核，可食率增加5.85%。

（4）*蔗糖基聚合物*　张海宝等（2008）用蔗糖基聚合物处理妃子笑荔枝，可溶性固形物、总糖、维生素C含量均明显上升，分别比对照增加了7.80%、27.78%、84.67%；而可滴定酸含量明显下降，比对照下降了27.55%。喷施蔗糖基聚合物水溶液，可提高可溶性固形物含量，增加总糖含量，降低酸度，具有很好的增甜降酸效果，可明显提高糖酸比，从而达到改善水果品质、增强口感的功效。

（5）*多肽*　在10年生妃子笑和白糖罂荔枝品种的开花前45d左右、坐果后30d左右和采收前15d左右叶面喷布多肽（主要成分为聚天冬氨酸）500～1000倍液，可溶性固形物含量分别比对照增加9.15%～15.72%，水解氨基酸含量增加6.82%～10.23%，维生素C含量增加154.95%～200.67%，同时能显著增加果皮红色的浓艳程度，其中以喷布1000倍液效果最好（李松刚等，2010）。

第五节　防止裂果

1. 裂果原因

荔枝裂果是果实发育过程中的一种生理失调症，常发生在果实生长期和着色期或采前。前者为果肉包满种子后的迅速生长期，后者在种子成熟后果肉膨大期。李建国和黄辉白（1996）指出荔枝裂果的发生必须具备两个条件：一是果皮应变力的下降，二是果实的突发性猛长。引起裂果的主要原因如下所述。

(1) *品种* 糯米糍、桂味、绿纱、甜岩等品种易出现裂果；陈紫、下番枝、元红、黑叶、妃子笑、双肩玉荷苞等品种不易出现裂果。广东优质荔枝如糯米糍焦核品种，因果肉占果实的比例较大，在果实发育后期，因土壤水分供应不平衡容易裂果，有些年份个别果园糯米糍的裂果率高达85%，严重影响荔枝的生产。

(2) *果皮结构和发育状态* 荔枝果皮细胞中除少量木质维管束和皮下石细胞外，多为薄壁细胞。荔枝果皮由大量的龟裂片组成，龟裂片有平滑的或锐尖的。龟裂片之间的连接处称为裂纹，如糯米糍的裂纹窄而浅，所以容易出现裂果。而黑叶、妃子笑裂纹较宽而深，不易出现裂果。果实发育早期，如遇低温、干旱或缺素，影响果皮细胞分裂和膨大，进而影响果皮的发育，裂果率就增高。

(3) *矿质元素含量* 研究证明叶片中氮和钙的含量较高时，裂果现象相对减少。枝条中钙和硼含量不足时也容易引起裂果。果皮中钙、硼、锌、镁含量不足，也会引起裂果。果实中氮和钾的比例失调，也会引起裂果，正常值氮钾比为1∶0.88。正常果的果肉中钙、钾含量明显低于裂果，生产上于果实发育后期过量施用钾肥也会引起裂果。

(4) *水分* 土壤水分供应不均衡和大气湿度过大，是促使荔枝裂果的重要因素。果实发育前期，正当果皮细胞分裂和增长之际，如遇干旱，阻碍细胞分裂速度，单位面积细胞总数减少，果皮发育不良，且果皮细胞较早木栓化，使果皮的延伸性降低，会引起果实发育后期严重裂果。当果实进入假种皮迅速增长期，如久旱骤雨，或连续阴雨天，水分大量进入，果肉从下往上持续生长并在果顶部重叠包裹果皮，造成果顶部膨大破裂。或因台风暴雨造成大气压降低和湿度增大，植株吸收大量的水分而叶片的蒸腾能力下降，果肉的渗透势也降低，因而造成果肉的突发性生长，超过了果皮的承受能力导致裂果。

(5) *内源激素* 内源激素能调节树体及果实的生长，内源激素的变化与坐果及裂果有关。裂果的果肉含有较高水平的生长类激素，刺激果肉异常猛长。同时，果实各部分激素分配不平衡，特别是果皮生长素含量低，果皮生长受阻，与裂果有很大关系。另外，内源激素的比例与平衡失调也是导致裂果的主要内部原因之一。

(6) *栽培管理不当与病虫为害* 栽培管理不当，包括施肥、灌溉、排水等措施不合理，使土壤环境变劣变差，易造成营养吸收不平衡而裂果。荔枝发生霜疫霉病和炭疽病为害时，也会造成裂果。

2. 防止裂果的技术措施

(1) *荔枝保果防裂素（主要成分为光敏素）* 在谢花后7d、30d及果实转黄色时，分别对树冠喷洒华南农业大学园艺学院生产的荔枝保果防裂素Ⅰ、Ⅱ、Ⅲ号，不但能有效地减少裂果，也可以降低荔枝第3次落果（李三玉和季作樑主编，2002）。

(2) *萘乙酸* 萘乙酸能减少荔枝果实的裂果（Chandel和Kumar，1995；Bhat等，1997）。用30mg/L的萘乙酸在花蕾期或谢花后，以及果实着色前喷果穗，如辅以根外追肥、喷杀菌剂和套袋等措施，防裂效果较好（林炎文，1999）。

（3）2,4-D 和 GA_3　据 Sinha 等（1999）研究报道，喷布 10mg/L 2,4-D 和 GA_3＋0.4％硼＋0.8％锌溶液能减少荔枝果实的裂果。

（4）乙烯利　Shrestha（1981）在荔枝硬核期及其 1 个月后各喷 1 次 10mg/L 乙烯利可将早大红荔枝裂果率从 12％降到 6％。也有报道，在荔枝果实绿豆大时用 10mg/L 的乙烯利喷果，隔 1 个月再喷 1 次，可减轻裂果；在裂果初期用浓度为 80mg/L 的 40％乙烯利于上午露水干后喷果穗，可增强果皮弹性，抑制果肉猛长，使果皮柔软，减少裂果（林炎文，1999）。

（5）细胞分裂素　在雌花谢后 15d 和 30～40d 喷 30mg/L 的细胞分裂素于幼果上，可促进果皮的细胞分裂和正常发育，避免荔枝裂果（林炎文，1999）。

第六节　果实成熟期调节

1. 果实成熟期调节

如果不进行任何处理，荔枝果实在夏季成熟，此时正是高温高湿的季节，果实不耐贮藏和运输，此时也正是菠萝、龙眼等水果大量上市的季节，大量水果冲击市场，荔枝价格低下。利用植物生长调节剂进行果实成熟期调节，可提早或推迟成熟期，果实分批成熟，分期分批供应市场，减少高温季节采收所造成的损失，提高经济效益。荔枝通过调节成熟期，既拉开集中的采收季节，又可增加产值，具有很大的发展潜力。

2. 果实成熟期的调控技术

（1）提早成熟　在荔枝即将成熟时使用浓度为 30～50mg/L 的乙烯利，可提早成熟 3～5d。

（2）推迟成熟　Ray 和 Sharma（1986）在采前 3 周用浓度为 25 或 50mg/L 的 GA_3 喷布荔枝果穗，可延迟果实成熟 4～5d。

用 2000mg/L 矮壮素和比久喷布果穗，均可延迟果实成熟 9～11d。在荔枝即将成熟时使用浓度为 20～30mg/L 赤霉素、50～100mg/L 生长素、30～50mg/L 吡效隆（CPPU，KT-30），可适当推迟成熟期 5～10d（石尧清和彭成绩主编，2001）。

第七章

龙 眼

第一节 控冬梢促花

1. 冬梢生长与花芽分化

（1）冬梢生长 在冬季（11 月）抽生的枝梢称为冬梢。冬梢是冬季萌发的营养枝，因其营养积累低，不能成为结果母枝。由于冬季温度较低，冬梢一般生长缓慢，枝条细弱，嫩叶小且不能正常老熟转绿，容易受冻害。同时，冬梢生长消耗了大量的养分，不利于树体养分积累和花芽分化，影响来年的开花结果，造成来年减产或失收。因此，在生产上要抑制冬梢的萌发生长，促进秋梢的老熟和养分积累，以达到来年促花的目的。

（2）花芽分化 龙眼的花芽是混合花芽，花芽分化可分生理分化和形态分化两个阶段。

龙眼花芽的生理分化是从枝梢停止生长至花序原基开始分化这段时间进行的，一般出现在 12 月至翌年 1 月。气温的高低对龙眼花芽的生理分化有直接的影响，低温有利于淀粉的积累，减少可溶性糖的消耗，有利于花芽生理分化。土壤干旱同样可抑制冬梢的抽生，促进养分积累，提高树液浓度，有利于花芽生理分化。

龙眼的花芽形态分化可分为三个时期。①花序原基形成期（露红）：早熟品种如石硖等，从 1 月下旬开始；中迟熟品种如储良等，从 2 月初开始。②花序各级枝梗分化期（抽穗）：在正常年份，龙眼枝条顶芽在 2 月中旬至 3 月中旬抽穗。花穗抽生的迟早依品种、树势、结果母枝的强弱及早春的气温条件而异。结果母枝老熟早、树势壮，抽花穗早，反之则迟。花穗的大小与抽穗迟早和结果母枝粗度有关，通常抽穗早，母枝粗壮者花穗大，抽穗迟，母枝较细则花穗小。③花分化期（抽蕾）：一般从 3 月中旬开始。龙眼雌雄性器官的消长及性别差异的决定，都发生在这个时期。因此，这个时期是提高雌花比例的关键时期。

2. 控制冬梢、促进花芽分化的技术措施

冬季的低温有利于龙眼的花芽分化，但近年来，全球气温升高，我国华南地区出现暖冬气候，龙眼易萌发冬梢，不利于花芽分化，造成产量低且不稳定。龙眼的控梢促花处理成为龙眼获得高产稳产的重要措施，利用植物生长调节剂进行控梢促花处理有使用简便、容易掌握等优点，常用的药剂有多效唑、乙烯利及比久等。

(1) 多效唑　龙眼叶片喷施多效唑后，节间变短、叶片增厚，叶绿素含量提高，叶片光合速率加快。在龙眼末次秋梢老熟后，用浓度为400～600mg/L的多效唑进行叶面喷施一次，以后每隔20～25d喷一次，可有效地抑制冬梢的抽生（石尧清和彭成绩主编，2001）。据刘国强和彭建平（1994）报道，在秋末冬初花芽生理分化期用多效唑处理明显促进花穗形成，500～2000mg/L范围内随着使用浓度的提高，龙眼的抽穗率及成穗率均较高。

(2) 乙烯利　乙烯利是龙眼控、杀冬梢的常用药物，但由于龙眼对乙烯利较为敏感，加上乙烯利的作用能随气温的升降而发生变化，故生产上常有因使用不当而发生黄叶、落叶和树势衰退现象。用乙烯利控冬梢时，可在末次梢老熟后，叶面喷布200mg/L乙烯利一次，以刚好喷湿叶面、叶背为度，隔20～25d后重复一次，可有效地抑制冬梢的萌发，且不会出现黄叶现象。也可在冬梢未展叶或刚展叶时用250～300mg/L的乙烯利喷布1次，即可脱掉未展或刚展开的小叶，抑制冬梢继续伸长生长。据刘国强和彭建平（1994）的观察，乙烯利800mg/L浓度处理后，叶片扭曲，甚至出现脱落现象，对树体生长有明显的伤害作用，显然影响枝梢的生长发育。

用乙烯利处理抑制龙眼的营养生长，使用浓度宜慎重。利用乙烯利控梢的浓度为300mg/L左右，以刚好喷湿叶背、叶面为度。一般是在冬梢将要抽出时喷施，其抑制效果可以维持20～30d，如果仍抑制不住，可以再喷浓度为250～300mg/L的乙烯利。在使用乙烯利时，应注意不能在弱树上使用，喷药时间宜在早上或傍晚，喷药时以喷湿叶片不滴水为度，不能重复喷或喷得太湿。在一个冬季用乙烯利控冬梢时，最多只能喷2次，而且2次的间隔时间必须在15d以上。在其他方法能够控制冬梢的情况下，应尽量少用乙烯利。

(3) 比久　生产上，在龙眼末次秋梢老熟后单独用1000mg/L的比久进行叶面喷布来控冬梢的效果较差，与200～300mg/L的乙烯利混合使用，控梢效果很好（石尧清和彭成绩主编，2001）。苏明华等（1997）在龙眼生理分化期（11～12月）选用6-BA 200mg/L+比久2000mg/L浓度处理2次，减少了冬梢抽生，明显提高了花穗抽生率以及花穗的质量。药剂处理后抽生的花序，其冲梢比率也明显下降。

(4) 龙眼控梢促花素1号（主要成分为比久）　喷施华南农业大学园艺学院生产的龙眼控梢促花素1号也能有效控制龙眼冬梢，促进花芽形成及形成短壮花穗。

第二节　控制冲梢

1. 冲梢

龙眼在抽生花穗过程中，因受内部条件和外部环境因素的影响，常导致营养生长加强，花穗上幼叶逐渐展开、生长，或花序发育中途终止，花穗顶端抽生新梢，这种现象称为冲梢。花穗冲梢后，会使已形成的花蕾萎缩脱落，成穗率降低，甚至完全变成营养枝。

龙眼冲梢一般发生在花序迅速分化期。冲梢有两种类型。一种是花穗上既有叶片又有花蕾，通常称为“叶包花”型的冲梢，一般发生较早，多在3月上中旬。另一种是花穗的中下部有少量花蕾，上部抽生营养枝，成为“花包叶”型的冲梢，发生时期较迟，多在3月下旬至4月上旬，外观上可见花序中途停止发育，花序主轴顶端突变成营养枝。龙眼冲梢会不同程度造成减产，甚至绝收，已成为龙眼歉收的重要原因之一。据观察，持续4～5d气温高于18℃，就容易出现冲梢花穗（杨冠武，1999）。

2. 控制冲梢的技术措施

近年来，气候反常，龙眼花芽分化期的天气越来越复杂多变，加上果园偏施氮肥，冲梢情况严重，造成龙眼产量不稳定及低产，克服龙眼冲梢成为龙眼栽培的重要环节。

（1）*乙烯利或多效唑*　花穗发生冲梢初期，可采用浓度为150～250mg/L的乙烯利抑制花穗上的红叶长大及顶芽的伸长，每隔5～7d喷1次，连续喷2次。或者用浓度为300mg/L的多效唑喷施，也可以抑制红叶的长大。但龙眼使用乙烯利要特别小心，其对乙烯利的反应比荔枝敏感，应用时要根据树势、气候条件灵活掌握浓度。浓度过高，会造成老叶和花穗大量脱落，一般浓度以150～250mg/L较为安全。

（2）*细胞分裂素*　当龙眼花穗主轴长5～6cm时，为了促进花穗的迅速发育，减少冲梢发生的机会，可喷施300～400mg/L的细胞分裂素（李三玉和季作樑主编，2002）。

（3）*龙眼控梢促花素Ⅱ号（主要成分为多效唑）*　华南农业大学园艺学院生产的龙眼控梢促花素Ⅱ号也能有效控制龙眼花穗小叶，防止冲梢，促进花穗正常发育。

第三节　保花保果

1. 落花落果

龙眼落花主要发生在花蕾期，有10%～40%的花蕾在开花前脱落。在花蕾发育期，如气温偏高，连续阴雨或干旱，会影响花蕾的正常发育而造成大量落蕾；缺肥、树体营养不良，也会造成开花前大量落蕾。

龙眼的生理落果主要有3次。第1次生理落果出现在受精后3～20d，此期落果最多，占总落果量的40%～70%，其落果的多少决定于授粉受精情况，外界因素也有影响。如气候条件有利于授粉受精，而且果园中有较多的授粉虫媒，落果就相对较少。如遇低温阴雨或高温干旱，或果园中无授粉虫媒，则会加剧落果。第2

次生理落果期在雌花谢花后的35～45d，此时子房的两室已“并粒”分大小，小果开始迅速生长，此期落果与树体营养和结果量有关。一般树体营养状况好、结果量适宜的植株，落果较少。如花期营养消耗过多，树体营养水平低或结果量过多，小果在迅速生长发育期如不能得到足够的养分供应，遇连续阴雨等不良气候条件而影响其正常发育，会大量落果。龙眼的保果，主要在这一时期进行，采取有效的措施，减少树体营养消耗，增加养分积累，就可显著减少本次生理落果，提高坐果率。第3次生理落果的高峰期出现在谢花后70～80d，此时为果肉的迅速发育期，需要消耗较多的营养，如得不到充足的养分供应，就会大量落果。

2. 保花保果的技术措施

龙眼由于气候、营养等种种原因造成授粉受精困难，引起花而不实较为常见，授粉受精不良是谢花后落果的主要原因之一。应用植物生长调节剂可以减少龙眼落花落果，提高坐果率，并可以促进龙眼果实发育，起到增大果实的作用。常用的生长调节剂有赤霉素、生长素和细胞分裂素等。

(1) 生长素类　据试验，浓度为1～4mg/L的萘乙酸（NAA），可提高龙眼花粉的萌发率5.5%～5.7%。生产上以2,4-D应用最广，浓度为1～2mg/L的2,4-D可极显著提高龙眼花粉的萌发率。生产上常用3～5mg/L的2,4-D在花期和幼果期喷布，可起到保花保果、提高坐果率的作用（陈杰忠主编，2003)。

(2) 细胞分裂素类　应用较多的是6-BA，在雌花谢花后1周喷洒浓度为5～40mg/L的6-BA，可显著提高龙眼的坐果率。

(3) 赤霉素（GA_3）类　作为生长调节剂应用的主要是GA_3、GA_{4+7}，其中GA_3应用较广泛，用浓度为15～30mg/L的GA_3，可提高花粉萌发率（陈杰忠主编，2003)；在雌花谢花后50～70d，即第2次生理落果期喷洒浓度为10～50mg/L的GA_3，能起到保果壮果的作用。

(4) 芸薹素　据张格成等（1999）研究，在龙眼早熟种谢花后喷洒浓度为0.4～0.5mg/L的芸薹素；在龙眼早熟种的幼果两个落果高峰期前各喷1次浓度为0.15～0.3mg/L的芸薹素，可提高坐果率，且果实增大明显。

(5) 混合生长调节剂　在谢花后5d内喷一次3～5mg/L 2,4-D和谢花后15d左右喷一次20～25mg/L赤霉素（阮正才，1998)；在雌花谢花后25～30d喷洒浓度为50mg/L的赤霉素＋5mg/L的2,4-D混合液；在雌花谢花后50～70d喷洒浓度为10mg/L的赤霉素＋5mg/L的2,4-D，能起到提高坐果率、保果壮果的作用（李三玉和季作樑主编，2002)。

第四节　提高品质与产期调节

1. 品质与产期

龙眼是重要的亚热带果树，是我国南方特产水果。果实除鲜食外，还可加工成干制品、制罐、制膏，龙眼干更是珍贵补品，具有开胃健脾、补虚益智、养血安神之功效。近年来，随着我国龙眼鲜果逐渐走向国际市场以及人们对果品质量要求的不断提高，对龙眼果实外观及内在品质的要求也越来越高。

目前各省区龙眼成熟期大致在8～9月，福建龙眼以8月下旬至9月中旬居多。成熟期过于集中，易造成鲜果积压，致使在某一段时期内，果品供过于求，价格较低，经济效益差，往往“丰产不丰收”，影响果农的积极性。因此，通过产期调控，拉开龙眼成熟期，缓解上市集中，是目前龙眼生产中迫切需要解决的问题。

2. 提高品质与产期调节的技术措施

（1）提高品质

① 芸薹素　据张格成等（1999，2001）报道，龙眼早熟种在幼果两个生理落果高峰期前喷布浓度为0.15～0.3mg/L的芸薹素，果实可食率有所增加，且均无小果，而晚熟种在谢花和幼果第1次生理落果期喷布芸薹素，亦可增加可食率并提高可溶性固形物含量，但小果率仅相应有所减少。

② 果利达　据罗富英等（2001）研究认为，“果利达”植物生长调节剂（主要成分为高活性脲类细胞分裂素）可提高龙眼可食率，最高达7.6%，提高了可溶性固形物含量，同时降低了龙眼的裂果率，提高了果实商品率。以龙眼雌花落花期用药，浓度为10mg/L的效果较好。

③ 芸薹素内酯　许伟东等（2001）在龙眼花后5d、40d和55d，各用云大-120（芸薹素内酯）对树冠进行喷布处理，提高了果实的单果重、可溶性固形物含量，且用果蔬型云大-120（每10mL药剂兑水15L）处理的果实的单果重、可溶性固形物含量极显著高于对照。

④ 赤霉素+2,4-D　在龙眼开花10～15d后喷50mg/L赤霉素+5mg/L 2,4-D水溶液，以后每隔20d喷一次，共喷2～3次；在采果前50d开始喷施复方三十烷醇乳粉，以后每隔10d喷一次，连喷3次，可显著提高龙眼的品质（石尧清和彭成绩主编，2001）。

（2）产期调节

① 芸薹素　据张格成等（1999）报道，龙眼早熟种在幼果两个生理落果高峰期前喷布浓度为0.15～0.3mg/L的芸薹素，果实成熟期提前7～10d，可食率增加。

② 多效唑或乙烯利　黄桂香等（2003）在龙眼枝梢全部老熟、冬梢全部抹去后，用浓度为500～550mg/L的多效唑或400mg/L乙烯利喷施树冠，发现多效唑对龙眼有明显的提早开花、提早成熟的作用（提早7～14d达到成熟可食的最佳状态）。乙烯利对龙眼也有促花早熟的作用，但不如多效唑的作用明显。

第五节　防止裂果

1. 裂果原因

龙眼裂果多发生于果实成熟期。造成龙眼裂果的原因主要有：①光照不足。荫蔽的果园裂果较多。②水分供应不均匀。土壤干旱后突然下雨，或久雨复晴易出现大量裂果。③树龄老。结果枝梢纤弱，节间长，花穗纤弱细长，梢期迟，裂果多。④营养失调。钙、镁、硼、锌缺乏易裂果。⑤氮、钾肥施用过量裂果也多。⑥病虫害为害严重。

2. 防止措施

(1) 复合型细胞分裂素　雌花谢花后10d、20d、30d各喷一次“复合型细胞分裂素”，共喷2～3次，对防病防裂有显著效果，可减少裂果30%，增产20%以上。

(2) 赤霉素和萘乙酸　裂果发生较严重的植株可树冠喷施20mg/L赤霉素＋50mg/L萘乙酸＋1.5g/L硫酸锌或1g/L氨基酸钙，可减少裂果。

(3) 乙烯利　在龙眼发生裂果初期，用浓度为250mg/L的40%乙烯利于露水干后喷洒，裂果现象停止，果皮松软，效果良好。

(4) 核苷酸水剂　在龙眼果膨大期，用0.05%核苷酸水剂（绿风95）50mL加水15～20L，于晴天上午10时以前或下午4时以后作叶面喷施。叶面、叶背都要喷到，以枝干叶面喷湿而不滴水为宜。每隔7～10d喷1次，连喷2次，能有效控制龙眼果成熟期因遇多雨而造成果皮破裂，且有增加光合作用、防止真菌入侵果实的功效（阮正才，1998）。

第八章

香　蕉

第一节　增加产量

1. 花芽分化

正常气候条件下，香蕉植株经过一段营养生长，达到一定的叶片数量后开始转入花芽分化，其顶端生长点转变成花芽。一般粗壮吸芽种植后抽生18～22片叶，试管苗（5～8叶龄）种植后抽生25～30片叶就开始花芽分化。一般3月底至4月初种植的植株7月中旬至8月上旬开始花芽分化，9～10月种植的植株于翌年4～5月花芽分化。果实数量和大小是果穗产量的直接构成因素。据克雷斯文等（1983）报道，印度茹巴斯打香蕉产量与果数的相关系数为$r=0.9377$，与单果重的相关系数为$r=0.8843$（石尧清和彭成绩主编，2001）。

2. 增加产量的技术措施

（1）壮果素　据郭金铨等（1993）报道，在香蕉断蕾5～7d喷施主要成分为细胞分裂素的壮果素（50g药剂兑水15L），以喷湿果穗为度，对提高产量有明显的效果，增产幅度平均在15%～25%。

（2）细胞分裂素　据蒋跃明（1996）报道，经从化试验点2年试验表明，“威廉斯”香蕉断蕾5～7d应用复合生长调节剂（主要成分为细胞分裂素），香蕉产量比对照增加14.8%（1993年）和16.7%（1994年）。

（3）芸薹素内酯（BR）　朱晓晖（2006）研究表明，在施用氮、磷、钾肥的基础上，盛长期喷施芸薹素内酯（BR）单株产量增产5.3%，苗期喷施BR单株产量增产6.3%；在施用镁肥的基础上，盛长期喷施BR单株产量增产12.4%；苗期喷施BR增产16.0%。

第二节　提高果实质量

1. 优质果标准

优质的香蕉果实应是：①果指长，果指长18～25cm以上。②果指排列好，二列整齐。③果形好，微弯，最好基部弯，前半身稍直。④果皮色泽好，青果青绿，熟果艳黄，无伤病斑。⑤肉质滑、香甜，可溶性固形物达24%以上。

2. 提高果实质量的技术措施

据报道，在香蕉断蕾时，对果实适当喷洒赤霉素、细胞分裂素等溶液，利于增长果指（石尧清和彭成绩主编，2001）。

（1）*壮果素* 据郭金铨等（1993）研究报道，在香蕉断蕾5～7d喷施主要成分为细胞分裂素的壮果素（50g药剂兑水15L），以喷湿果穗为度，对促进香蕉果指生长有明显的效果；喷施壮果素的果肉中的干物质和淀粉积累基本上能与果指长度、粗度同步增加，且处理果可食部分（即果肉）比对照增加3.9%，果实中总糖和可溶性糖也比对照有所增加。

（2）*细胞分裂素* 据蒋跃明（1996）报道，“威廉斯”香蕉断蕾5～7d喷施复合生长调节剂（主要成分为细胞分裂素）明显增长果指长度和径围大小。香蕉采收时，处理组果指和径围分别比对照平均增长了2.6cm和0.8cm。

（3）*芸薹素内酯（BR）* 朱晓晖（2006）研究表明，在施用氮、磷、钾肥的基础上于盛长期（定植第173d）喷施芸薹素内酯（BR），能够提高香蕉单梳果指数，比对照处理多8.4%；在施用镁肥的基础上于苗期（定植第97d）喷施BR对香蕉果实内在品质的影响效果最好，还原糖含量比对照处理高2.02%，总糖含量提高1.55%，可滴定酸含量比对照处理低了0.03%，糖酸比也比对照处理的高，同时提高了果实中维生素C和粗蛋白的含量。

（4）*1-甲基环丙烯（1-MCP）* 张明晶等（2008）研究表明，200nL/L 1-甲基环丙烯（1-MCP）处理显著地抑制了在20℃条件下香蕉果实采后硬度的下降，可溶性固形物和可溶性糖含量的上升以及可滴定酸含量的变化，从而延缓香蕉后熟进程，但不会降低香蕉的综合食用品质。

第三节 果实催熟与贮藏保鲜

香蕉果实完全成熟后会变软，很难贮藏和运输，果实贮运时的成熟度为7～9成，此时果实青硬，便于贮藏与运输，故在食用前才催熟。

1. 熏香催熟法

熏香催熟是香蕉传统的催熟方法。其原理是利用点燃的线香所产生的乙烯来催熟。熏香催熟适用于少量香蕉的催熟。用普通的线香点燃后放置在密封的催熟容器或小室中，其方法是：香蕉落梳后，把线香插在果轴上，点燃线香，密闭一段时间后才通气。线香用量、密封时间根据气温、香蕉数量及饱满度而定，容量为2500kg的催熟房，气温20℃左右时，用线香20支，密闭24h；气温25℃左右时，用线香15支，密闭20h；气温30℃左右时，用线香10枝，密闭10h。气温更低时，则应用炉火提高温度至20℃以上。饱满度高的香蕉可少用线香，缩短密闭时间，饱满度低则多用线香，延长密闭时间。经过密闭熏香后将香蕉移到空气流通比较阴凉的地方，最好是20℃左右的环境使其成熟。

2. 乙烯利催熟法

催熟香蕉使用的浓度是500～1000mg/L，温度高时使用浓度要低，温度低时使用浓度可高些。对7～8成的绿色香蕉喷洒500～700mg/L的乙烯利溶液，48h后香蕉果实开始着色和软化，4～5d后果肉松软，甜度增加，并有香味。

3. 乙烯直接催熟法

即在催熟房中直接通入乙烯气体。乙烯气体用量为催熟房容积的千分之一，可催熟香蕉。为了避免催熟室内累积过多的二氧化碳，以至延缓后熟过程，因此每隔24h通风一次，通风1～2h，再密闭加入乙烯，待香蕉开始显现初熟颜色后方可取出。乙烯气体的制备方法是用乙烯利加碱后产生乙烯气体。以60m^3密封房为例，用200g氢氧化钠与500mL 40%乙烯利原液混合，闭门密封40～60h，1～2d后，香蕉转黄成熟，质量好于用乙烯利溶液浸果和喷果法。

无论用何种催熟方法，催熟香蕉时要控制好催熟房的温度和湿度。催熟温度一般在15～25℃之间，催熟温度过高，香蕉不能黄熟。空气相对湿度要求达到95%以上，这样，催熟出来的香蕉果实颜色鲜黄、有光泽（李三玉和季作樑主编，2002；李润开，2008）。

4. 贮藏保鲜

（1）*乙烯吸收剂*　黄邦彦等（1988）研究表明，香蕉、大蕉和粉蕉经防腐剂处理后用聚乙烯薄膜袋包装并加入乙烯吸收剂，在常温下可延长其贮藏寿命20～40d。其中，以活化铝颗粒或珍珠岩为载体制成的乙烯吸收剂效果较好。将乙烯吸收剂应用于商业性香蕉运输保鲜，可使好果率从62.5%提高至95.7%，取得显著的经济效益。

（2）*水杨酸*　据Manoj和Upendra（2000）报道，69mg/L和138mg/L水杨酸处理可延缓香蕉果实的软化，从而延长香蕉果实的贮藏寿命。

（3）*1-MCP*　据吴振先等（2001）研究，在香蕉果实青硬状态下，用1-MCP处理香蕉果实，可以明显延缓香蕉果实变黄和硬度的下降，推迟呼吸高峰的到来，有效延迟后熟，从而延长香蕉的贮藏期，其中以浓度为100mg/L和300mg/L处理最明显。

（4）*壳聚糖*　据李雯等（2008）报道，2%壳聚糖处理可明显延缓香蕉果实的软化进程和病情指数的升高，延缓成熟衰老、达到保鲜的目的。

（5）*赤霉素*　据陈贵善（2008）报道，香蕉采收前20～30d，用50mg/L的赤霉素溶液喷洒1遍，收获后在包装时以20%多菌灵溶液洗果。此法保鲜效果较好，且能控制香蕉炭疽病。

（6）*茶树油*　钟业俊等（2009）研究表明，乳化茶树油可在不同程度上对香蕉起到保鲜作用，且浓度越大效果越好，其中1000mg/L乳化茶树油可显著延长香蕉货架期，但高于 1000mg/L 时随着浓度增大，保鲜效果增加不显著。

第四节　提高抗逆性

1. 抗逆性

香蕉抗逆性包括对寒、风、旱、涝、热等的抗性。

2. 提高抗逆性的技术措施

（1）2,4,5-T　梁立峰等（1994）研究表明，0.05%多效唑处理可减轻香蕉冷害。据刘长全（2001）报道，20mg/L 脱落酸和 1000mg/L、1500mg/L 的 2,4,5-三氯苯氧乙酸（2,4,5-T）在喷后一周内能减轻香蕉的冷害，提高香蕉的产量。1000mg/L 和 2000mg/L 矮壮素，1000mg/L 和 2000mg/L 丁酰肼也可增加香蕉的抗寒力，100mg/L 和 500mg/L 的癸烯酰琥珀酸能有效减轻香蕉的冷害。

（2）水杨酸　据康国章等（2003）报道，香蕉幼苗经水杨酸（41～124mg/L）常温（22～15℃）预处理 1d 可显著降低 7℃低温胁迫造成的膜内电解质泄漏，减少 5℃低温引起的萎蔫面积，提高抗寒性。

（3）多胺　周玉萍等（2003）报道，低温胁迫前用 1mmol/L 多胺喷洒香蕉叶片，可以提高香蕉叶片中过氧化物酶活性、降低电解质渗漏率、增加可溶性糖和脯氨酸的含量，有助于提高香蕉的抗寒力。

（4）芸薹素内酯（BR）　刘德兵等（2008）研究表明，芸薹素内酯（BR）可以较为明显影响冷胁迫处理后香蕉幼苗的生理代谢，其中 0.9mg/L 的 BR 可以明显减轻植株的冷伤害程度，减少叶片萎蔫面积，可以明显降低冷胁迫期间电解质外渗率，减缓叶绿素降解，提高可溶性糖和可溶性蛋白含量，对冷胁迫期间香蕉幼苗的保护效果最好。

（5）茉莉酸甲酯（MeJA）　冯斗等（2009）研究表明，茉莉酸甲酯（MeJA）可以提高香蕉幼苗在低温胁迫下过氧化酶（POD）活性、降低超氧阴离子的产生速率与细胞膜电解质外渗率，提高了叶片脯氨酸与可溶性糖含量，对提高香蕉幼苗的耐寒性有明显的促进作用。其中，以浓度为 44.9mg/L 的 MeJA 处理，其诱导香蕉幼苗的抗寒效应最佳。

（6）矮壮剂　在生长前期用矮壮剂处理植株，使植株矮壮，抗风力强。使用矮壮剂可使粉蕉矮化 50～70cm（石尧清和彭成绩主编，2001）。

第九章

菠　萝

第一节　提高繁殖系数

1. 菠萝育苗

菠萝苗木培育除培育新品种用种子繁殖外，一般采用植株上的吸芽（着生于地上茎的叶腋里）、冠芽（着生在果顶）、裔芽（着生于果柄的叶腋里）等进行无性繁殖。一般一母株当年只抽生3～5倍的芽，个别品种更低。因此，自然繁殖系数低，对于扩大生产和良种的繁殖与推广都有很大的限制。为解决菠萝种苗供不应求和寻求加速良种繁育的新途径，目前，生产中可利用组织培养技术以及应用植物生长调节剂进行处理，提高苗木繁殖系数。

2. 提高繁殖系数的技术措施

（1）组织培养　据洪燕萍等（2001）报道，将冠芽基部叶切段培养于含2mg/L 2,4-D+1mg/L激动素（KT）或4mg/L 2,4-D+2mg/L KT的MS培养基中可诱导愈伤组织，充分成熟、叶肉较厚的叶片基部可获得较高的诱导率愈伤组织，而后转移到1/2MS（铁盐为2倍）+1mg/L萘乙酸（NAA）+0.5%活性炭+2%蔗糖可分化出根系发达的绿苗。

洪燕萍等（2004）报道，以花芽和冠芽的切段为外植体对食用菠萝进行离体培养，以MS+0.5mg/L NAA+5mg/L 6-苄氨基嘌呤（6-BA）为诱导培养基，以MS+3mg/L 6-BA+0.1mg/L NAA+1%活性炭为增殖、生根培养基，可获得较好增殖、生根壮苗效果。

吴昭平等（1982）以幼果果肉于MS+2mg/L 6-BA+2mg/L NAA+3%蔗糖的培养基中培养，7～15d内诱导出团状愈伤组织，生长15d的愈伤组织转移至1/2 MS+0.5mg/L 6-BA+1mg/L IBA+0.5mg/L NAA+2%蔗糖的培养基上，半个月后即见绿芽分化，移至1/2MS+0.5mg/L NAA+0.1mg/L 6-BA+1%蔗糖培养基中即生根壮苗。

（2）催芽

① 乙烯利　广东省农科院果树所以卡因品种进行催芽试验，每株选低位叶两片，每片叶的叶腋注入浓度为25～500mg/L乙烯利药液10mL，处理后吸芽数明显增加。经处理的平均每株吸芽数为1.8～2.3个，对照1.0个，但抽芽期没有提早，其中以25～75mg/L效果较好（李三玉和季作樑主编，2002）。

② 整形素　日本曾有报道，应用整形素促进菠萝果实芽生长，一般单株果实芽7.5～15.7株，个别达32株。据南非报道，应用整形素对每公顷种植4.3万株的大田菠萝处理2次，每公顷可增加100万株，平均单株增芽23株。1988年广西农科院报道，应用833mg/L整形素处理4382品种，平均单株增芽6.8株，个别达30株。据报道，整形素50～750mg/L的浓度均能明显抑制菠萝植株生长发育，活化休眠芽，胁迫花芽转变为叶芽的生理效应，浓度越高，抑制作用越强，诱芽效果越好，芽体越健壮。其中，应用整形素250mg/L或500mg/L，处理后平均单株增芽15～25株，个别达50株（赵文振和沈雪玉，1996）。

（3）叶片扦插

① 吲哚丁酸和B_9　据赵文振和沈雪玉（1980）报道，用500mg/L吲哚丁酸（IBA）处理，叶插后20～90d，发根率、发芽率分别比对照提高65%和16%，根的生长量和芽的生长量分别比对照增加30%和40%；用2000mg/L B_9处理，叶插后25～27d没有发现生根，对芽的生长有明显效果，处理后芽点饱满，发芽健壮；采用500mg/L IBA+1000mg/L B_9处理明显促进生根、根的生长、芽的生长。

② 乙烯利　据赵文振和沈雪玉（1980）报道，用2000mg/L和3000mg/L乙烯利处理，叶插后25d观察，促进根生长不明显，促进芽的生长较显著，发芽率达到82.46%，比对照高8.46%。

③ 赤霉素　据赵文振和沈雪玉（1980）报道，用1000mg/L赤霉素（GA_3）处理，叶插后25d观察，没有发现新根出现，而对芽的生长都有明显促进作用。

第二节　催花

1. 花芽分化

菠萝植株经过一段营养生长，达到一定的叶片数量后开始转入花芽分化。菠萝花芽分化时，从植株外部形态可观察到心叶变细，聚合扭曲，然后株心逐渐增阔并显露出淡绿色或白色的花球，随后心叶呈鲜红色，形成红环，正式完成抽蕾过程。菠萝正造花的花芽分化多在11～12月间进行，花序分化期为30～50d，2月底至3月初抽蕾为正造花，4月末至5月末抽蕾为二造花，7月初至7月底抽蕾为三造花。

如果不进行任何处理，菠萝大部分果实在夏季成熟，此时正是高温高湿的季节，果实不耐贮藏和运输，此时也正是荔枝、龙眼等水果大量上市的季节，大量水果冲击市场，菠萝价格低下。利用植物生长调节剂进行人工催花，可增加抽蕾率，缩短生长周期，果实分批成熟，分期分批供应市场，达到周年供应，减少高温季节采收所造成的损失，提高经济效益。

2. 催花的技术措施

人工催花的药剂主要有碳化钙（电石）、乙烯利和萘乙酸。当巴厘 33cm 长以上绿叶数超过 25 片，无刺卡因 33cm 长绿叶数为 30～35 片以上，菲律宾品种 35cm 长绿叶数达 30 片以上，红西班牙种 30cm 长的叶片达 25 片以上，即可进行人工催花。

（1）*电石* 化学名称为碳化钙，它与水起化学反应生成乙炔，乙炔具有促进菠萝生长和花芽分化的效果，在生产上应用比较广泛。使用方法有两种：第 1 种是干施，即在晴天上午，将电石粉粒 0.5～1g 投入到菠萝的株心中，然后加入 30～50mL 水；第 2 种是水施，即把电石溶解于水中后直接向菠萝灌心，但溶液要现配现用，每株灌心 50mL。使用电石催花以晨间有雾水或晚上进行效果好，溶解电石的水温越低越好，其原理是水温越低乙炔溶解越多、挥发越少，并且电石浓度不能超过 2%。用电石催花需 35～50d 抽蕾，抽蕾率可达 90%以上。

（2）*乙烯利* 由于乙烯利催花效果显著，抽蕾率高，抽蕾期短，成本低，使用方法简便而且安全，我国已逐步以乙烯利代替电石催花。乙烯利在 pH 4.0 以上的水溶液中分解放出乙烯，利用乙烯诱导花芽分化。250～1000mg/L 对促花都有效果，其中以 250～500mg/L 比较适合。每株灌药液 30～50mL 于心叶丛中，如使用时加入 2%尿素，促花作用显著。乙烯利的使用浓度要根据具体条件灵活掌握，温度高时，乙烯利释放快，使用浓度要低，相反在低温季节要用高浓度（李三玉和季作樑主编，2002）。高温时，100～150mg/L 处理，35d 开始抽蕾；200～400mg/L 处理 30d 开始抽蕾，500～1000mg/L 处理 26d 开始抽蕾。低温时，250mg/L 处理 53d 后抽蕾率 60%，500mg/L 处理 45d 后抽蕾率 90%，1000mg/L 处理 42d 后抽蕾率 100%（石尧清和彭成绩主编，2001）。刘胜辉等（2009）于 2007 年 7 月 27 日傍晚用 100mg/L、200mg/L、400mg/L、600mg/L 和 800mg/L（各含 2%尿素）乙烯利对广东湛江地区的珍珠菠萝每株灌心 50mL，试验表明，用乙烯利在夏季进行催花的最佳浓度为 200mg/L，处理后 33d 抽蕾率达 100%，而对照直至 2008 年 3 月才开始抽蕾；同时，随着浓度的增加，菠萝果实越小，但对抽蕾时间、果实可溶性固形物和可滴定酸含量的影响差异不显著。据 Singh（1999）报道，菠萝苗使用 100mg/L 乙烯利可使植株在正造或反季节的成花率达 80%以上，并使植株提前开花。

（3）*萘乙酸（或萘乙酸钠）和 2,4-D* 萘乙酸 15～20mg/L 或 2,4-D 5～50mg/L，每株灌药液 20～30mL，抽蕾率可达 90%以上（石尧清和彭成绩主编，2001）。此外，萘乙酸或萘乙酸钠 15～20mg/L，每株灌药液 50mL，处理后约 35d 抽蕾，抽蕾率达 60%（陈杰忠主编，2002）。

第三节 壮果

1. 果实发育

菠萝为聚合花序，由许多小果聚合而成。小果发育不均，容易出现畸形果，利用植物生长调节剂，促进果实发育增大，增加产量，提高果实品质。

2. 壮果的技术措施

（1）萘乙酸或萘乙酸钠 在巴厘菠萝开花一半或谢花后5～10d各喷1次500mg/L萘乙酸，平均单果重比对照增加16%（石尧清和彭成绩主编，2001）。在开花一半和谢花后各喷1次100～200mg/L萘乙酸或萘乙酸钠+0.5%尿素溶液，可明显使果实增大（王三根主编，2003）。如果冠芽摘除后用萘乙酸处理，会使药液渗透到果心上，使果心变粗，降低果实的品质。用萘乙酸或萘乙酸钠处理要掌握好浓度，浓度要控制在100～200mg/L，浓度过高，除果心变粗、果肉变酸和粗糙外，果实也不耐贮藏。此外，由于萘乙酸或萘乙酸钠对芽有明显的抑制作用，喷洒时如果药液滴到叶腋上或小吸芽上，会导致提早抽蕾，使果实变小。因此，施用时要特别小心（李三玉和季作樑主编，2002）。

（2）赤霉素 在巴厘菠萝初花期、开花一半及开花末期各喷1次50～100mg/L赤霉素+1%尿素溶液，正造果平均单果重比对照增加60g，冬果平均比对照增重150～200g，春果比对照增重150g，但成熟期延迟7～10d（石尧清和彭成绩主编，2001）。用赤霉素喷果时要均匀，使雾滴均匀分布全果表面，以果实达到湿润为度，喷施不均匀会引起畸形果（李三玉和季作樑主编，2002）。李运合等（2009）对巴厘品种花后20d和35d的果实分别喷施5mg/L、10mg/L、20mg/L、50mg/L的CPPU和赤霉素，结果表明，20mg/L的CPPU和50mg/L的赤霉素显著促进菠萝果实重量的增加，与对照相比单果重分别增加9.1%和14.9%；促进可溶性总糖的积累，其中50mg/L赤霉素处理更为显著，使可溶性总糖增加量达36.9%，并促进总酸含量的增加，使果实的pH值略有降低，但对提高可溶性固形物和维生素C含量没有显著性差异。

（3）碳化钙 对定植后10个月和12个月的菠萝用碳化钙进行诱花处理，可提高果实的总可溶性固形物含量。对定植后16个月的菠萝用碳化钙进行诱花处理，可提高果重和产量（林秀群，1991）。

第四节 催熟

1. 果实成熟

菠萝自花序抽生到果实成熟需120～180d。由于菠萝抽蕾有3个时期，果实成熟也相应分为3个时期：①2～3月抽蕾，6～8成熟，约占全年的62%，此期果实称为正造果，果小品质好；②4～5月抽蕾，9～10成熟，约占全年25%，此期果实称为二造果，品质与正造果差不多；③6～7月抽蕾，11～12成熟，约占全年13%，此期果实称为三造果，果大品质差；如抽蕾晚于7月，则成熟期要延迟至次年1～2月。此外，由于定植时苗木大小不一致，以及管理水平低，都会造成抽蕾不一致，果实成熟也不一致，不利于管理。

2. 催熟技术

应用乙烯利，可获得较好效果。乙烯利的使用浓度一般为500～1000mg/L，其浓度高低及处理时间应根据天气及果实的成熟度而定。夏季采收的果实，气温高，果实成熟快，要提早10～15d催熟，浓度宜低，以500～800mg/L为宜；冬天采收的果实，气温低，果实成熟慢，应提早15～20d催熟。如果实已接近成熟，乙烯利浓度宜低；如果实成熟度较低，则可适当加大浓度。利用乙烯利很容易使菠萝果实成熟，但为了保证产量和果实的品质，果实成熟度应在7成以上才能催熟。当果皮由青绿色变成绿豆青时为最适宜的用药时间。喷施的方法是直接均匀喷布到果面，以喷湿果面为度。喷果要均匀，着色才能一致，不要把药液喷到吸芽上，否则诱导吸芽提早开花。经催熟的果实外观好，但风味比自然成熟的果实差，催熟后果实不耐贮藏和运输，宜尽早销售或加工（李三玉和季作樑主编，2002）。

利用乙烯利1500～2000mg/L对无刺卡因进行催熟处理，可使果实提早7～15d成熟，且成熟度一致。在菠萝采收前20d左右，用浓度为800～1000mg/L的乙烯利液均匀喷湿整个果面，至有少量药液流下为度，可提前成熟，成熟度一致。如喷洒不均匀，会出现成熟度不一致（石尧清和彭成绩主编，2001）。

Perola栽培种菠萝经500～2000mg/L乙烯利处理后，8d内全部转黄。Croehon等（1980）也报道，采前9d每公顷（15亩）施5L乙烯利，果实可一致成熟。

第五节　贮藏保鲜

1. 采后生理

菠萝采收后仍然进行着新陈代谢过程，其中以呼吸作用较旺盛，菠萝果实淀粉和含糖量都逐渐下降，果肉组织逐步变软，果实品质达最佳后即逐渐下降，以致过熟、衰败腐烂。由于菠萝主要在高温季节成熟，给贮藏保鲜带来很大困难。目前应用的贮藏保鲜方法主要有低温贮藏法、气调贮藏法和药剂保鲜法。

2. 药剂保鲜技术

(1) *萘乙酸和赤霉素*　印度的贮藏试验结果表明，萘乙酸和赤霉素（GA_3）有延长贮藏寿命的作用。其中500mg/L的萘乙酸处理的果实贮存时间最长（室温下安全贮存达41d，对照安全贮存仅2～15d)；100mg/L的赤霉素处理的果实损失最小。Hissar指出，赤霉素和苯来特处理是最有效的延长菠萝贮藏寿命的方法。

（2）2,4,5-T　据报道，半黄的无刺卡因果实采后用100mg/L的2,4,5-T（2,4,5-三氯苯氧乙酸）浸渍，可延长室温下贮藏的寿命6～14d。绿熟的Kew果实用500mg/L的2,4,5-T处理后，在21℃下可延长存放寿命12～30d（李潮生，1987)。

（3）联苯酚　据报道，将果柄在联苯酚2.7kg加水378.5kg配成的药液中浸一下，在通气较好的箱中贮运，或用聚乙烯袋包装，相对湿度90%左右，可贮藏15d以上。冷藏的适宜条件是：温度8～10℃，相对湿度90%～95%（郭丽华等，2002)。

（4）萘乙酸和2,4-D　据报道，用250mg/L的萘乙酸和250mg/L的2,4-D配成的溶液喷洒菠萝果实，对黑心病有一定程度的抑制作用（陈健白等，1989；郭丽华等，2002)。

（5）壳聚糖　据梁翠娥等（2007）报道，采用0.5%、1.0%、1.5%的壳聚糖溶液处理鲜切菠萝，具有较好的抑菌、抑制菠萝多酚氧化酶活性的效果；能显著提高维生素C的保存率和减缓总糖含量的下降；鲜切菠萝的外观品质得到改善，延长贮藏期。

第十章

芒　果

第一节　控梢促花

1. 花芽分化

芒果的花芽分化在结果母枝的顶芽或枝条上部的腋芽上进行，分化始期一般在11月至翌年1月。其分化的起止期、全过程以及各分化阶段时间的长短都因品种、地区、气候、栽培管理水平等因素不同而变化。某些品种在一年中有多次花芽分化的习性。芒果花芽分化还具有速度快、时间短、连续性的特点。整个过程可分为3个阶段5个时期，即生理分化阶段、花序分化阶段、花器分化阶段。花芽未分化时，顶芽芽体瘦小，外有褐苞片包裹。当顶芽的基部膨大，苞片顶尖逐渐松开，生长点变圆时，已进入花芽分化前期。几天后，出现的花序原始体突起而进入分化期。随后鳞片叶腋间，也出现花序原基突出，此为花序的第1级分枝。从第1级分枝再分化第2级分枝时，芽体开始伸长，绿色鳞片松散，剥开鳞片可看到花序雏形，鳞片散开后即出现花序。花序主轴、第1级分枝、第2级分枝继续分化伸长，在第2级分枝上（有些品种有3级分枝）产生3个小花的聚伞花序，这时花序基部的小花开始分化花器官（花萼、花瓣、雄蕊、雌蕊），这过程从形态上可分为5个时期：①分化前期，生长点圆。②花序分化期，生长点两边突起，为花序原基。③花序第1级分枝分化期，花序中轴鳞片腋间突起伸长。④花序第2级分枝分化期，第1级分枝腋间产生突起并伸长。⑤花器官分化期，先花萼、花瓣，继以雄蕊、雌蕊、蜜盘形成。

芒果的花序是圆锥无限花序，在初花期，其花芽分化并未全部完成，其主轴和侧枝仍在继续伸长，继续进行侧花芽分化，产生小花的聚伞花序和小花的花器官。每个花序从花芽分化开始至第1朵花开放，一般需20～33d，受分化过程中气温高低的影响，温度高，分化时间短。明显的干旱和适当的低温是诱导花芽分化的外界条件。夜间温度和相对湿度急剧下降，白天日照长，有利于花芽分化。内因则与树体内源激素有关，如赤霉素与细胞激动素的比值是影响芒果花芽分化的重要因素，故施用多效唑后能有效地促进芒果开花结果。树体内营养状况也不可忽视，如碳氮比（C/N）也影响花芽分化，一般认为迟熟种要有较高的碳氮比值才能开花，所以高温多湿、连续不断抽新梢等都会降低碳氮比，低温干旱较有利于光合产物的积累，遇到暖冬则难成花。早熟品种即使碳氮比低些，也能开花结果。花性的比率，也受品种、树龄、大小年、环境、生长势、开花部位等因素的影响，其中品种是主要的，其次是树体的养分状况。

2. 控梢促花的技术措施

适龄芒果树不开花是芒果栽培上所遇到的主要问题。要使芒果开花就必须采用物理和化学的方法促使枝梢停止生长，枝梢及时老熟，积累足够的糖类以有利于花芽分化。可以利用植物生长调节剂促进芒果开花。芒果控梢促花常用的植物生长调节剂有乙烯利、多效唑、丁酰肼（B_9、比久）、矮壮素（CCC）等。

（1）乙烯利　应用乙烯利促花常在现蕾前1～3月进行。国外报道使用浓度为2000～4000mg/L，每隔10～15d喷一次，喷洒1～6次。国内报道，广州地区一般在11月上旬开始，粤西、海南等冬季高温地区可提早至10月中旬，浓度为250mg/L，每隔10～15d喷一次，连喷3次。冬季温暖、湿度大时，在大寒前再喷1～2次。要特别注意的是：乙烯利原液稳定，但稀释后的水溶液稳定性较差，应现配现用；乙烯利呈酸性，不能与碱性药物混用，以免降低药性；使用乙烯利时温度宜在20～25℃，温度过低，乙烯释放慢，作用不显著，温度过高，乙烯释放快，易产生药害；使用乙烯利时不能随意加大浓度，否则会造成芒果落叶。

（2）多效唑　多效唑控梢促花常进行土壤施用。在广州地区9月中旬对4年生紫花芒每株施15～20g 15%多效唑，在湛江、徐闻等地8月对4年生紫花芒每株施6～8g 15%多效唑，并保持土壤湿润，能有效促进成花。在海南，7月每株土施5～20g 15%多效唑，8月即现蕾，9月开花，成花率为67%～100%，对照成花率仅为5.3%～37.8%。但是，多效唑在土壤中的残留时间长，不能连年使用。叶面喷施多效唑浓度为200～500mg/L，每隔7～10d喷一次，连喷3～4次，促花效果较好。但是，使用多效唑浓度过高，对作物抑制过强，可增施氮肥或喷赤霉素来消除这种抑制效应（石尧清和彭成绩主编，2001）。

（3）比久　用浓度为800～1000mg/L的比久在12月至次年2月，每隔15d喷一次，连续3～4次，可明显促进芒果成花。要特别注意的是：比久不能与铜剂农药、石硫合剂和酸性物质混用，易被土壤微生物分解，不宜土施。

（4）矮壮素　在花芽分化期喷施浓度为5000mg/L的矮壮素（CCC）或环割+3000mg/L的CCC，诱导芒果成花效果好。要特别注意的是：矮壮素不能与碱性药剂混用，不宜适用于生长势较弱的树，不能任意增加浓度和药量，使用不当时，可用赤霉素减弱其作用（石尧清和彭成绩主编，2001）。

（5）硝酸钾　用1%的硝酸钾溶液于12月至次年1月每隔15d喷一次，连续喷3次，可促进芒果开花（李三玉和季作樑主编，2002）。

第二节 提高花质

1. 芒果花

芒果是雌雄同株植物，花有雄性花和两性花之分，着生于同一花序上。两性花占总花数的0.5%～100%不等，大多数品种的两性花占5%～60%，因品种、花芽分化时的气候和树体营养状况、开花的时间和气候条件、树龄等条件不同而异。两性花与雄花的比例在确定产量方面起着极其重要的作用，两性花比率高的品种通常较丰产。

2. 提高花质的技术措施

芒果花期过早易遇低温阴雨，花期太迟常遇异常高温危害，严重影响了花的发育，两性花和雄花比低，影响坐果，致使枝梢坐果率降低，导致减产甚至失收。

据报道，在花芽分化前每隔1个月喷布3次100mg/L的萘乙酸和200mg/L的矮壮素，两性花与雄花比分别为1∶4.6和1∶7.8。从9月起每隔10d，连续喷8次200mg/L乙烯利，两性花达9.9%，对照仅为1.86%。在开花时，喷施50mg/L的赤霉素，可减少畸形花，比对照增产4倍（石尧清和彭成绩主编，2001）。

据Maiti等（1978）研究报道，喷施萘乙酸、马来酰肼、丁酰肼和矮壮素都能改变芒果两性花和雄花的比例。其中，马来酰肼、丁酰肼和矮壮素都减少了雄花而增加了两性花，萘乙酸在2年试验中既增加了两性花也增加了雄花，但两性花增加的数量多一些。萘乙酸的最佳浓度为50mg/L和100mg/L，马来酰肼的最佳浓度为1000mg/L，丁酰肼和矮壮素的最佳浓度为2000mg/L。

芒果花序形态分化期遇高温天气易带叶冲梢，应用40%乙烯利7～8mL加水15kg对花序小叶喷雾，喷至叶面湿润而不滴药液为宜，可抑制花穗小叶叶面积进一步扩大，2～3d后小叶脱落，促进花芽发育（谢国干，1999）。

第三节 保花保果

1. 落花落果

芒果花期易受气候条件影响，低温、阴雨、雾、空气湿度过高或过分干燥和猛烈的阳光都会影响开花、花药开裂和花粉萌发，柱头也易遭受不良天气的影响。另外，低温、阴雨天气，使蝇类停止活动而无法完成授粉受精，从而导致严重的落花现象。

芒果花粉萌发率不高，能授粉受精的两性花比率也低，能坐果的更少。芒果果实从幼果开始膨大生长至果实成熟需90～150d，因品种和气候条件而异。整个果实发育期有两个明显的生理落果期。第1次发生在谢花后2～3周内幼果发育至黄豆大小时，此次落果绝对数量最多。第2个落果高峰期出现在谢花后2个月左右，幼果为花生米至橄榄大小时。谢花2个半月后，大多数品种较少落果，但如遇风害，或营养失调、裂果及病虫为害等也会引起落果。也有少数品种在果实已达生理成熟后，还会出现1次落果（采前落果）。

落果的原因除授粉受精不良和种胚败育外，还有因树体经大量开花后养分消耗较多，当结果较多或抽夏梢时造成养分的竞争而落果；也有因幼果受到病虫害或土壤干旱抑制果实发育而落果。

2. 保花保果的技术措施

芒果因各种因素影响，坐果率很低，一般为0.1%～6.0%。为了提高坐果率，常用植物生长调节剂如赤霉素、萘乙酸、三十烷醇、矮壮素、6-BA等处理。

（1）赤霉素　在芒果谢花后7～10d喷1次50mg/L的赤霉素，在果实如黄豆大小时再喷1次100mg/L的赤霉素；或在谢花后15～20d喷一次，连续喷2～3次浓度为50～100mg/L的赤霉素，能有效减少落果，提高坐果率。要特别注意的是：赤霉素原粉不溶于水，须用少量乙醇溶解，再加水至所需浓度；赤霉素遇碱易分解，不能与碱性药剂混用；赤霉素应现配现用，不能用超过50℃的热水稀释，以免影响药效（石尧清和彭成绩主编，2001；李三玉和季作樑主编，2002）。朱敏（2014）谢花后开始叶面喷施GA_3，可明显提高“贵妃”芒果坐果率，增加产量，且不同程度地改善果实品质，其中以GA_3 150mg/L和250mg/L浓度效果较好，两者的产量、果形指数、单果重、可食率、糖酸比均显著高于对照。

（2）6-BA　在花期喷250～400mg/L的6-BA，能有效提高坐果率（石尧清和彭成绩主编，2001）。

（3）萘乙酸　在谢花后和果实呈豌豆大时各喷1次浓度为50～100mg/L的萘乙酸，可减少生理落果。萘乙酸不溶于水，使用前先用乙醇溶解，再加水稀释（李三玉和季作樑主编，2002）。

（4）矮壮素和比久　在果实呈豌豆大小时喷200～5000mg/L或1000mg/L的矮壮素或100mg/L的比久，能明显减少落果，保果效果很好。

（5）三十烷醇　用1.0mg/L的三十烷醇喷布青皮芒，或用0.5mg/L的三十烷醇喷布秋芒，可增产80%～100%。

（6）多效唑　庞新华和简燕（2001）在冬季对芒果树土施15%多效唑4g，能显著提高枝梢坐果率和采前梢果比率。

（7）乙烯利和比久　庞新华和简燕（2001）在冬季对芒果树喷布200mg/L的乙烯利+2000mg/L的比久，能显著提高芒果枝梢坐果率。

（8）萘乙酸　在开花前或果实子弹大时喷施浓度为20～40mg/L的萘乙酸，都可有效提高芒果的坐果率。在果实纵径为10～12cm时喷施浓度为30～40mg/L的萘乙酸，可减少采前落果，但过早应用效果不明显（石尧清和彭成绩主编，2001）。

第四节　增进果实品质

1. 优质果标准

优质的芒果果实应包括以下几种因素：①果形好，大小适中。②果皮色泽好，无伤病斑。③种子较小，肉厚，纤维少，可食率高。④汁多，可溶性固形物含量高，香甜。

2. 增进果实品质的技术措施

在芒果的果实发育过程中，由于天气、温度、光照的影响，造成芒果果实品质低下，主要表现为果实不耐压、难运输、风味差、果汁少等。使用植物生长调节剂可有效提高芒果果实的品质。

(1) GA_3 和 CPPU　在幼果期每隔 7d 喷 3 次赤霉素，浓度为 200mg/L 以下，能增加单果重、可溶性固形物、含糖量及维生素 C 的含量。用 100mg/L 的赤霉素处理可增加单果重及果实纵横径，200mg/L 的 2,4,5-TP（2,4,5-三氯苯氧丙酸）处理，果实总糖、可溶性固形物含量最高，含酸量少（石尧清和彭成绩主编，2001）。谢花后 5～10mg/L CPPU 处理能明显促进“贵妃”果果实膨大，且促进芒果果实膨大的效果比 GA_3 处理明显，但较高浓度 CPPU 处理也明显增加畸形果数量，同时使糖酸比明显下降。

芒果属于呼吸跃变型水果，通常在果实黄绿或绿色时采收，经过后熟，才能达到可食的成熟状态。在芒果果实后熟过程中，使用植物生长调节剂可以调节其色泽。用 2,4-D、赤霉素、萘乙酸等生长调节剂可延缓果皮转黄，而用乙烯利、脱落酸等可加速果皮转黄。据周玉婵等（1996）研究，认为赤霉素、萘乙酸抑制了芒果果皮中类胡萝卜素的合成及叶绿素的降解，从而延缓了果实转黄的过程；乙烯利、脱落酸的作用则刚好相反，加速了叶绿素的降解和类胡萝卜素的合成。

CPPU 和低浓度 GA_3 处理（50mg/L 和 150mg/L）会延缓果皮叶绿素的降解，减缓果皮后熟过程中转黄；而较高浓度 GA_3 处理（250mg/L 和 500mg/L）则相反。GA_3 和 CPPU 处理均促进了果皮类胡萝卜素的积累，较高浓度的 GA_3 处理促进了果皮花青素的合成，CPPU 处理则会抑制果皮花青素的合成（朱敏，2014）。

(2) 多肽　在 9 龄生凯特芒的花期，在常规施肥管理基础上每隔 10d 叶面喷施 1 次 500 倍多肽（主要成分为多聚半胱氨酸），共喷 2 次。谢花后 2 周每隔 10d 喷施 1 次 500 倍多肽和根灌 1 次 500 倍多肽，共 2 次。研究表明，多肽能促进芒果果实吸收 N、P、K 营养元素和改善果实品质。与对照相比，果实中 N、P、K 营养元素含量分别比对照提高 12.1%、34.7%和 17.2%，可溶性总糖提高 24.6%，可滴定酸度含量降低 44.3%，抗坏血酸的含量提高 59.5%（杜邦等，2009）。

第五节　调节花期

1. 芒果花期

芒果的花期多在每年的11月（或12月）至翌年的3～4月（或5月），凡是能影响花芽分化始期及进程的因素都影响花期，因而表现出各年花期不稳定，开花不整齐，分多批开放的特征。一般低纬度地区较高纬度地区早，早熟品种较迟熟品种早。芒果花期长，一般为30～40d。开花期长短与气温关系密切，气温高则花期短，可缩短至15～20d。

2. 调节花期的方法

不同植物生长调节剂对芒果花芽分化的作用不同，有些植物生长调节剂对果树成花有促进作用，而有些植物生长调节剂对果树成花有抑制作用。芒果自然花期常遇上不良天气，品种单一又造成成熟期过于集中，影响其经济效益，生产上可采用化学措施调节芒果的花期，从而提早或推迟花期或进行反季节栽培，常用的植物生长调节有多效唑、赤霉素、乙烯利、比久等。

（1）推迟花期　1～2月早抽的花序人工摘除后每隔7d喷1次500mg/L的多效唑，连喷3～4次，花穗再抽时间比只摘花不喷药的对照延迟40d。选用750～1000mg/L的多效唑点喷刚萌发的幼蕾可推迟花期40～60d。50mg/L的赤霉素处理可推迟花期35d，1000～7000mg/L的比久处理可推迟花期20～84d（石尧清和彭成绩主编，2001）。据印度的试验结果，认为芒果在花芽分化前喷洒赤霉素可抑制芒果的花芽分化，延迟开花期约2周。唐晶等（1995）的研究表明，在芒果花芽分化前（11～12月）连续喷2～3次30mg/L的赤霉素，翌年春季（2～3月）再土施5～10g多效唑，可将花期推迟至6月以后，成熟期推迟至10月中旬以后，产量和品质与正常季节收果相比无差别。然而，只需较短时间推迟芒果树开花期的，最简单的方法是摘除花穗，对于早期萌发的花芽或花穗可从基部抹除或从基枝顶芽以下3～5个芽位处短截，促使侧芽再分化花芽，抹1次花穗可以推迟花期15～40d。推迟天数依气温而定，气温高时，第2次花穗抽得快，要多抹1～2次。但在3月中旬以后才抽生的花序则不能抹除（李三玉和季作樑主编，2002）。

（2）控制早花　早花品种摘除花序1次可推迟花期10～30d，摘花的次数一般可根据天气预报情况进行1～3次，在早秋梢老熟后喷350～400mg/L的乙烯利，可以抑制花穗的生长。在芒果花芽萌发时喷1000～2000mg/L的青鲜素有杀死花穗的效应，可用于代替早春人工摘除早花（王三根主编，2003）。

（3）反季节生产　在粤西进行芒果反季节栽培，首先培养好春梢，当春梢刚转绿时，土施15%多效唑，每株8～20g（根据树大小确定用量），6～7月现蕾，11月果实开始成熟（石尧清和彭成绩主编，2001）。在广西南宁，紫花芒5月和9月土施15%多效唑18克/株均可诱导其分别在9月中旬和10月下旬开花（李桂芬，

2005)。唐晶等(1995)在冬季用30mg/L的赤霉素喷施树冠,抑制芒果树开花,次年4月再土施多效唑促进芒果树开花,以调节花期,实现反季节栽培。

第六节　催熟与贮藏保鲜

1. 成熟生理

芒果果实属呼吸跃变型果实,果实成熟时出现一个明显的呼吸高峰,发生一系列急速的成分上的变化,包括细胞构成物的水解和变软、有机酸的变化、乙烯生成量上升、色泽的变化等。

2. 促进果实成熟的技术措施

当芒果果实如豌豆大小时喷布200mg/L的乙烯利,可使果实提前成熟10d。

3. 催熟

芒果的采后乙烯催熟已应用于生产,通常在果实未转色时采收并进行贮藏、运输,在贮藏期间成熟。芒果是呼吸跃变型果实,在贮藏室中通入10～20μL/L的乙烯,每2h更换一次贮藏室空气,保持92%～95%的相对湿度,可使果实成熟,在乙烯处理时提高室温至30℃,可加速成熟过程,最适处理时间为12～24h,依果实成熟度而不同,这样处理后果实可比对照提前2～3d成熟,并且上色更为一致,也可用乙烯利溶液浸蘸以加速成熟,有效浓度范围为480～500mg/L,溶液温度为26℃,浸蘸后将果实放在21℃下,温度高则加速成熟,在溶液中加入黏着剂,以加强处理效果,浸渍时间1～2min至10min,只要果实成熟,乙烯处理果品质和自然成熟果一样(石尧清和彭成绩主编,2001)。

4. 贮藏保鲜及诱导抗性

用0.1mmol/L水杨酸(SA)处理生长期芒果,能延缓芒果果实后熟过程中色泽的转黄,降低果实呼吸强度,而1mmol/L SA处理则加速了果实后熟中的色泽转黄,2种浓度SA处理都能降低果实腐烂率和抑制接种损伤的发病程度,同时与抗病相关的过氧化物酶活性显著增强(曾凯芳,2008)。对"台农1号"芒果采前喷施50μmol/L茉莉酸甲酯(MeJA)显著降低了采收时病果率和贮藏期的病情指数,抑制接种炭疽菌果实的病斑直径,同时,提高了芒果果皮中苯丙氨酸解氨酶(PAL)、过氧化物酶(POD)、多酚氧化酶(PPO)等防御酶的活性。以上研究表明,采前低浓度SA和MeJA处理可激活芒果防御系统,提高芒果采后抗病性和耐贮性。此外,人工合成植物诱抗剂苯并噻重氮(BTH)50mg/L水溶液对芒果果实喷雾处理后,贮藏于(20±1)℃、相对湿度为80%的恒温箱内,结果表明,BTH处理不仅能显著降低芒果果实自然发病的病情指数,而且明显提高了过氧化物酶(POD)、过氧化氢酶(CAT)、多酚氧化酶(PPO)、苯丙氨酸解氨酶(PAL)和β-1,3-葡聚糖酶(GUN)等抗病相关酶的活性。此外,BTH处理也提高了过氧化氢(H_2O_2)和总酚的含量,降低了丙二醛(MDA)的含量(弓德强,2010)。

第十一章

番木瓜

第一节　株性（花型）调控

1. 株（花）性

番木瓜有雌株、雄株和两性株。雄株又称为“木瓜公”，不能结果，生产上应该剔除。两性株（雌型两性株、长圆形两性株、雄型两性花株）和雌株能结果，是生产上的有效植株。雌株受外界环境因素影响小，花性稳定，结果能力强，是主要的结果株；而两性株易受外界环境因素影响，花性不稳定，结果能力不如雌株。番木瓜根据花型可分为雌花、两性花（长圆形两性花、雌型两性花、雄型两性花）和雄花。番木瓜的花从叶腋中抽出，随着植株进入生殖生长，每个叶腋均会抽生花芽并形成花蕾。

2. 株性（花型）调控的技术措施

苗期用生长调节剂处理，可减少番木瓜的雄性比例，常用药剂有萘乙酸（NAA）、乙烯利、整形素等。

（1）乙烯利　Kumar（1998）在苗期喷洒乙烯利，在营养生长转入生殖生长阶段再喷一次，结果发现240～960mg/L乙烯利处理使90%的植株开雌花或两性花，所诱导的雌花或两性花都能结果；番木瓜在实生苗2片叶阶段，叶面喷施100～300mg/L的乙烯利，15～30d后重复喷布，共喷3次以上，可使雌花率达到90%以上。

（2）NAA　Suranant等（1997）用NAA和GA_3处理番木瓜幼苗，发现适当浓度的NAA处理可以提高雌株比例，而GA_3处理雄性特征的出现早于其他两种性型，但雌雄株比例未发生改变。Mitra和Ghanta（2000）用100mg/L的NAA处理番木瓜幼苗可以提高雌株的百分率，由46%提高到62%。Subhadrbandhu等（1997）在播种后30d喷100mg/L的NAA，过30d再喷一次，明显降低了雄株比例。

（3）整形素　印度农业研究所的实验证明，定植前用整形素等处理番木瓜幼苗，可增加雌株比率，尤以施用100mg/L整形素的效果最为显著。施药株倾向于在较低节位抽花，且均较对照株矮壮。施用20～80mg/L的整形素也有明显的效果，所诱导的雌花或两性花都能结果。在番木瓜实生苗长出2片叶时用玉米素处理，雌花率可达90%，为对照的3倍（黄辉白主编，2003）。

第二节　提高种子发芽率

1. 苗木繁育

近年来番木瓜种植面积迅速扩大，并具有较好的经济效益。番木瓜主要用种子繁殖，但番木瓜种子发芽速度慢，持续时间长，而且不整齐，发芽率和壮苗率低，给生产造成很大不利。采用植物生长调节剂浸种是提高种子发芽率、培育壮苗的一种简单易行的方法。

2. 提高种子发芽率的技术措施

（1）提高发芽率　Nagao和Furutani（1986）、Sheldon等（1987）研究都发现，用赤霉素或硝酸钾浸种可以提高番木瓜种子发芽率和缩短萌发时间。据报道，播种前用560mg/L赤霉素或10%硝酸钾处理种子15min，使种子出苗早、出苗率高。

据陈义挺等（1997）报道，番木瓜在播种前，种子采用1000mg/L、800mg/L、600mg/L的赤霉素浸泡24h，大大地增加种子的发芽率。其中，以1000mg/L的发芽速度最快，发芽率最高。

赵春香等（2003，2004）用GA_3、IAA、NAA浸泡番木瓜种子12h，可提高种子发芽率、发芽势和活力指数。50mg/L的GA_3处理效果最好，种子发芽率最高达83.7%，发芽势最强达82.3%，种子活力指数为245.26%；IAA 50mg/L处理的发芽率为39.7%，发芽势22%；NAA 100mg/L的效果较好，发芽率为44.7%，发芽势为30.7%。

赵春香等（2005）用15%、20%、25%的聚乙二醇（PEG6000）和100mg/L、200mg/L GA_3溶液处理人工老化（种子在湿度100%、温度40℃±1℃的条件下进行老化处理）2d、4d、6d的番木瓜种子，发现不同浓度的GA_3和PEG溶液处理对人工老化的番木瓜种子的发芽率、发芽势、活力指数均有促进作用，以200mg/L的GA_3和20% PEG处理效果最好。

据申艳红等（2006）报道，1000mg/L GA_3＋100mg/L 6-BA可迅速打破番木瓜种子休眠，提高种子的发芽势，使种子萌发大大提前并且整齐一致。

据何舒等（2007）报道，将番木瓜种子分别置于GA_3、IAA、NAA、吲哚丁酸（IBA）溶液中浸种18h，GA_3、IAA、IBA、NAA对番木瓜种子的发芽率和发芽势都有一定的促进作用，其中100mg/L的GA_3、125mg/L的IAA、125mg/L

的 IBA 和 125mg/L 的 NAA 处理对番木瓜种子发芽率和发芽势的促进作用较好。

杨清和刘国杰（2008）研究表明，15%多效唑可湿性粉剂 100mg/L、200mg/L、400mg/L 浸种处理明显降低番木瓜的种子发芽率并延迟种子萌发时间。

（2）促进幼苗生长发育　多效唑是一种低毒、高效的植物生长延缓剂，许多农作物用多效唑处理后，植株变矮，分蘖增多，茎秆增粗。杨清和刘国杰（2008）研究表明，15%多效唑可湿性粉剂 400mg/L 浸种可显著提高番木瓜幼苗的根冠比，降低番木瓜幼苗的株高，有利于繁育番木瓜矮壮苗。

赵春香等（2003）研究表明，2mg/L、5mg/L、50mg/L、100mg/L 的 IAA 浸种 12h 能使番木瓜植株矮化，并能促进根系的生长，其中以 25mg/L IAA 处理对幼苗矮化作用最明显。50mg/L、100mg/L 的 IAA 和 2mg/L、5mg/L、50mg/L、100mg/L 的 NAA 对根系生长有显著的促进作用，其中以 100mg/L NAA 处理对根系生长的促进效果最好，比对照提高了 33.2%。赵春香等（2004）研究表明，100mg/L GA_3 和 50mg/L、100mg/L NAA 浸泡番木瓜种子 12h，对番木瓜幼苗增高作用明显。

据报道，播种前用 560mg/L 赤霉素或 10%硝酸钾处理种子 15min，赤霉素处理的苗明显增高，而硝酸钾处理的苗更壮更浓绿。

陈义挺等（1997）在番木瓜播种前，用 1000mg/L、800mg/L、600mg/L 的赤霉素浸泡种子 24h，可促进其苗木的生长发育。

第三节　提高品质、催熟与贮藏保鲜

1. 提高品质

张海宝等（2008）用蔗糖基聚合物处理“台农二号”番木瓜，可溶性固形物、总糖、维生素 C 含量均明显上升，分别比对照增加了 4.76%、14.69%、50.57%；而可滴定酸含量明显下降，比对照下降了 9.42%。喷施蔗糖基聚合物水溶液，可提高水果的可溶性固形物含量，增加总糖含量，同时降低酸度，有很好的增甜降酸效果，可明显提高糖酸比，从而达到改善水果品质、增强口感的功效。

2. 催熟

采收的三线黄番木瓜果实，可用乙烯利催熟。在高温的 7～8 月，可用 45%的乙烯利 2000 倍液；在低温的 10～11 月，可用 1000～1500 倍液，将药液喷洒或涂于果皮便可。也有报道，番木瓜果皮呈黄绿色时可用乙烯利 1500～2000 倍液进行树上催熟，但乙烯利不可涂到果柄上，否则会引起落果（陈健主编，2002）。

3. 贮藏保鲜

由于番木瓜是易腐烂的水果，容易受真菌的侵染以及果蝇的危害。因此，果实采收后，应注意防病防虫。

(1) 特科多　将果实先用清水或1%的漂白粉洗净晾干，然后用0.1%特科多浸果3min，可起到防腐作用。经防腐处理后，番木瓜贮藏在10%二氧化碳和18℃下能保持完好状态，或用5%的二氧化碳和1%氧气贮藏也有良好效果（陈健主编，2002)。

(2) 赤霉素、2,4-D　据罗丕芳（2004）报道，番木瓜果实经50L水加多菌灵50g、赤霉素25g、2,4-D 10g配成的保鲜剂洗后，可放置在温度为6～8℃的冷藏库内，此法可保鲜番木瓜200d以上，好果率达90%。

(3) 1-MCP　李雯等（2009）研究报道，乙烯吸收剂和1-MCP能显著抑制果实病情指数的上升，延缓果实硬度的下降和含糖量的积累，维持较高的超氧化物歧化酶（SOD）活性和较低含量的丙二醛（MDA)，有利于保持果实品质，延长贮藏时间。

(4) 壳聚糖　王宇鸿等（2009）在常温下用壳聚糖保鲜剂（壳聚糖1.5%、乙酸1.5%、1,2-丙二醇1.0%和吐温20 0.01%）涂膜处理可以明显降低番木瓜贮藏期间腐烂率和失水率，有效地抑制叶绿素含量的下降，达到了较好的保绿效果。壳聚糖处理明显地提高了贮藏期间番木瓜的硬度，抑制了维生素C和总酸含量的下降，保持了果实的良好品质，延长了贮藏寿命。

第十二章

苹 果

第一节 打破种子休眠

1. 苹果种子休眠与解除

引起苹果种子休眠的主要原因有种皮障碍和种胚后熟。一方面，苹果的种皮限制氧的供应。在高温下浸种，胚的呼吸需氧量不足（Visser，1954）。种皮不透气性表现为浸种吸胀时种子周围形成一层黏液阻止氧气的进入，或种皮消耗氧。如苹果种皮中的酚类化合物即耗氧，主要是苹果种子中根皮苷阻碍种子萌发。另一方面，苹果种子的胚虽已分化完善，但苹果种子胚未完成生理后熟，即使在适宜条件下剥去种（果）皮亦不能萌发。一般需要低温与潮湿的条件，经过数月之后才能完成生理后熟萌发生长（张秋香等，2004）。在湿砂层积中所发生的代谢变化，主要是消除对生长发育有抑制作用的物质，增加促进生长的物质和可利用的营养物质，以利萌发生长。存在于胚内的抑制物质以 ABA 为主，但它不是唯一的抑制物质。杨磊等（2008）研究表明，低温层积能有效地解除新疆野苹果种子的休眠，种皮对萌发有较强的抑制作用，认为野苹果种子的萌发可能受种皮和胚中萌发抑制物的双重影响。

解除苹果种子休眠的主要方法为低温层积处理和植物生长调节剂处理。马焕普（1996）研究表明，经层积处理，苹果种子内 GA_3 和 GA_7 含量增加，其增加的时间与种子获得萌发能力的时期相一致。说明 GA_3 和 GA_7 在打破休眠和促进种子萌发方面起着重要作用。不同的苹果种子，解除休眠需要的低温时数有较大差异。在3℃的低温条件下，湖北海棠和三叶海棠的多数种子解除休眠需要的低温时数为1200h 以上，丽江山定子需要 1560h 以上（龙秀琴，2003）。另有人研究发现，新疆野苹果种子需低温层积 50～60d 才能解除休眠，山荆子种子为 30d，富平小楸子为 100d 等。

低温层积方法是将种子用 60℃温水浸泡 0.5～1h，或用冷水浸泡 3～4h，使种子充分吸水。选择背阴、不积水、地势较高处，挖宽 40cm、深 50cm 的沟，长度可根据种子多少而定。将砂用0.1%高锰酸钾溶液消毒冲净后晾晒，晾晒至手握成团不滴水、松开手砂裂开为宜。然后将砂和种子按（5～8）∶1拌匀，装入干净的编织袋中，平放埋入沟中，以便于检查和搬运。种量大时，不装编织袋而将种子直接沟藏效果也很好，上盖15～20cm厚的砂，用草苫盖好，防止冬季雨雪水流入层积沟内，层积温度宜在0～8℃范围内。

2. 打破种子休眠的技术措施

（1）赤霉素　八棱海棠种子用200mg/L的赤霉素溶液浸泡24h，再进行低温层积60d（比直接砂层积缩短约20d），其发芽率、发芽势和发芽指数都比直接砂层积的相应指标高，GA_3是促进八棱海棠种子休眠解除的催化剂（付红祥等，2007）。杨磊等（2008）研究表明，去皮的新疆野苹果种子低温层积30d后用500mg/L的GA_3处理，提高了种子的发芽率；而用GA_3或6-BA处理对带皮种子萌发的影响均不明显。

（2）萘乙酸钠盐　有报道用100～500mg/L的萘乙酸钠盐、0.3%碳酸钠、0.3%溴化钾分别浸泡苹果砧木种子2h，均有促进发芽的作用。

第二节　促进插条生根

1. 扦插生根机理

不定根发源于插穗内一些分生组织的细胞群，即根原始体。根原始体进一步分化成根原基而形成不定根。在不定根形成过程中常常伴随着愈伤组织的发生，它可以防止病菌入侵，保护伤口不致腐烂，营养物质不致流失，为插条生根创造良好条件。在多数情况下愈伤组织的形成和不定根的发生是同时发生，但却是独立进行的，不过有时先产生愈伤组织后发根。有时愈伤组织形成的体积过大，会过多地消耗掉插穗内的生根物质而呈老化状态，导致插穗不能生根。研究表明，老化的愈伤组织处于一种含细胞分裂素高、生长素低的状态，切去此种插穗基部愈伤组织并用ABT生根粉溶液处理，结果插穗就能够生根。

许晓岗等（2007）研究认为垂丝海棠的芽和叶中产生的生长素IAA沿着茎的垂直方向向下移动，然后转移到插穗基部的下切口处，使那里的生长素积累较多，促进了那里根的生长。对于茎上没有潜伏根原基的垂丝海棠来说，生长素的作用在于诱导根原始体的形成。而生长素促进插条生根的进一步作用在于以下两点：（1）生长素使细胞中的酶系统活跃起来，引起呼吸作用和代谢作用的加强。同时，细胞在生长素的作用下发生分生和分化，一方面形成了大量的愈伤组织，另一方面也有助于不定根的形成。因此可以说垂丝海棠插穗中的IAA有促进细胞分裂并通过再分化长出根的作用。（2）在合适的生长素浓度下，生长素不仅使插穗内部营养物质重新分配，使插穗下切口处成为营养库，而且它又是加速光合作用的因素，这同样也有利于生根。除了生长素外，细胞分裂素在植物的扦插生根中也起着一定的作用。它调节控制着细胞的生长分化。但细胞分裂素对根的孕育影响要分不同时期及不同浓度而定。有证据表明细胞分裂素在低浓度时可以促进根的形成，但高浓度细胞分裂素在根的发育初期却有抑制作用，这种抑制作用可能是高浓度的细胞分裂素阻碍了生长素活动的缘故。由于细胞分裂素一般是和生长素共同作用来促进细胞分裂的，单独使用对生根影响不大。

有研究认为不同母树年龄的插条中内源 IAA 的含量存在着差异。随着采条母树年龄的增加，IAA 含量呈现出逐渐下降的趋势。嫩枝中 IAA 含量高于硬枝中 IAA 含量。一般地，内源 IAA 的含量高的插穗生根率也较高。不同母树年龄的插穗中 CTK 水平存在着差异。总的规律是随着母树年龄的增加 CTK 的含量下降，且嫩枝插穗中的含量要高于硬枝插穗中的含量（许晓岗等，2007）。

2. 促进扦插生根的技术措施

（1）吲哚丁酸　常用吲哚丁酸（IBA）500～5000mg/L 速蘸 5s 或用 50～500mg/L 的吲哚丁酸浸泡 8～24h。一年生无病毒的 M_7 自根苗硬枝扦插，用 IBA 2000mg/L 浸蘸 5s，生根率达 84.7%（何水涛等，1996）。辽砧 2 号绿枝扦插，用 IBA 100mg/L 浸泡半木质化绿枝插条 4h 或 IBA 1000mg/L 浸泡 30s，以及 IBA 1000mg/L＋NAA 100mg/L 混合液处理 30s 扦插效果都较好，生根率分别为 21.7%、43.3%、50%，而对照仅为 8.3%（张秀美等，2009）。

（2）萘乙酸　常用萘乙酸（NAA）500mg/L 速蘸 5s 或用 40～100mg/L 的萘乙酸浸泡 8～24h，效果不如吲哚丁酸。用 2%的萘乙酸 1000mg＋10%的萘乙酸胺 1800mg＋硫脲 930mg＋滑石粉 1kg 配制成的生根粉蘸苹果枝条，可促进其生根。

（3）ABT 生根粉　圆叶海棠硬枝扦插，用 2000mg/L 2 号 ABT 生根粉速蘸处理可显著地促进生根，成活率达 97%，当年可供嫁接苗木在 93.8%以上（白海霞等，2005）。2～3 月份从 10 年生以下的苹果或海棠上选取带须根、直径为 1～1.5cm 的根剪成 10～15cm 长的根段，将已备好的苹果接穗按常规劈接好，每 30～50 株绑扎成捆，然后将根段直立浸入 50mg/L 的 1 号 ABT 生根粉溶液中，浸泡 30～60min，进行扦插，成苗率可达 95%以上，当年扦插当年即可成苗出圃（罗素洁等，1996）。长富 2 苹果苗用 ABT 生根粉 3 号 100mg/kg 溶液浸蘸根系 30s 定植后，当年的成活率达 98%，比清水浸蘸根系 30s 定植的成活率净增 26%（涂铭源等，1998）。

第三节　苹果组织培养

1. 生长调节剂与苹果组织培养

植物生长调节剂作为一种外源激素，在果树的组织培养中是必不可少的，激素在苹果组培上的应用从20世纪60年代后期诱导器官分化生长、愈伤组织生成分化、打破胚的休眠等发展到原生质体培养、体细胞杂交基因转移，而且研究的品种范围也在不断扩大。通常影响苹果离体培养的植物生长调节剂主要有细胞分裂素、生长素、赤霉素和生长抑制物质。细胞分裂素影响细胞分裂、顶端优势的变化和茎的分化等，在培养基中加入细胞分裂素主要是为了促进细胞分裂和由愈伤组织或器官上分化不定芽。由于这类化合物有助于使腋芽从顶端优势的抑制下解放出来，因此也可用于茎的增殖。生长素影响到茎和节间的伸长、向性、顶端优势及叶片脱落和生根等现象。在组织培养中，生长素被用于诱导细胞的分裂和根的分化。赤霉素主要是促进丛状苗的生长及刺激在培养中形成不定胚正常发育成小植株。在苹果离体培养时常用的是生长延缓剂，主要用于种质保存及一些徒长苗的复壮等方面。

2. 生长调节剂在苹果组织培养上的应用

进入20世纪80年代中后期，苹果的器官培养得到了迅速发展。现在，多数品种及砧木的茎尖已能进行工厂化育苗。一般来说，诱导芽的分化采用MS+6-BA 0.5～2.0mg/L的培养基，继代培养与扩大繁殖时采用MS+6-BA 0.5～1mg/L+NAA 0.01～0.1mg/L，生根培养时砧木苗采用1/2MS+IAA 0.5～1.0mg/L。栽培品种一般用1/2MS+IAA 1.0mg/L+IBA 0.3～1.0mg/L，生根率均可达70%以上，只是随品种不同而有所差别。

诱导苹果胚乳愈伤组织的培养基为MS+2,4-D 0.1～0.5mg/L或NAA 0.5mg/L或MS+2,4-D 0.5mg/L+IBA 1.0mg/L+CH（水解酪蛋白）500mg/L+5%糖，愈伤组织增殖为MS+BA 0.25mg/L+NAA 0.05mg/L，胚乳植株的分化为MS+BA 0.1～1mg/L+CH 500mg/L+3%糖或MS+BA 0.1～1mg/L+NAA 0.01～0.5mg/L，20d左右即可产生小芽，40～60d肉芽生长为具有小叶片的植株，小植株接入MS+BA 0.1～0.5mg/L的培养基上即可产生丛芽，丛芽接入含IBA的1/2MS培养基中可生根。

第四节　控制营养生长，促进花芽分化

1. 新梢生长和花芽分化

苹果树的新梢在一年内有三个生长时期（郭民主，2006）。春季萌芽后，全树新梢处于缓慢生长阶段，枝轴加长不明显，呈叶丛状态，此时称为叶丛期或新梢第一生长期。这个时期很短，一般仅7～10d。落花后就有部分新梢形成顶芽，这批封顶芽就是短枝或叶丛枝。由于短枝停止生长早，开始积累养分也早，所以容易形成顶花芽而转变为短果枝。叶丛期过后，除已封顶停止生长的短果枝外，其余新梢进入旺盛生长期，直到5月下旬至6月上旬逐渐停长，这一阶段为新梢的第二生长期。这时形成的顶芽不再生长的枝，多数为中枝。中枝停长相对较早，叶片较多，

营养状况好，也容易形成花芽。经过第二生长期后，部分形成顶芽的枝又萌发生长，有些甚至未形成顶芽，只转为缓慢生长，随后又加快生长，一直持续到 9 月中、下旬停止，为新梢第三生长期，此期生长的枝条为秋梢部分。经过三次生长的枝条，多为长枝。长枝生长期长，营养积累迟，不利于花芽形成，但其光合能力强，养分外运多，对树体发育有利。

苹果幼旺树常表现过于旺盛的营养生长，不利于花芽分化。应用适当浓度的植物生长抑制类化学物质即可抑制营养生长，促进成花。抑制营养生长最常用的是 PP_{333}（多效唑），有时也可用 ETH（乙烯利）、B_9（丁酰肼）等。PP_{333}、ETH 处理苹果树，使 CTK（激动素）类物质和内源乙烯含量较高，生长物质（IAA、GA_3）含量下降，造成枝条茎尖有利于花芽分化的激素环境，因而促进成花（周学明，1991）。曹尚银等（2001）于短枝停长后的第 2 周，对红富士、首红苹果连续 3 年用 PP_{333} 1000mg/L 和 GA_3 1000mg/L 处理，可使叶芽的节位数增长，但对花芽的节位数没有明显的影响。而 GA_3 对首红苹果叶芽节位数没有影响，但对花芽节位数有减少趋向。两者处理对苹果花芽形态分化开始时期没有影响，但 PP_{333} 加速了花芽形态分化进程，GA_3 延迟了花芽形态分化进程。喷 PP_{333} 提高了 ZR（玉米素核苷）/IAA、ZR/GA_3、ABA/IAA 和 ABA/GA_3 比值，从而促进了花芽形成。相反，GA_3 处理降低了 ZR/IAA、ZR/GA_3、ABA/IAA 和 ABA/GA_3 比值，而抑制了花芽形成。

黄海等（1986）研究表明，每个苹果品种花芽孕育的临界时期是相对稳定的，是品种特性。苹果枝条停长从苹果花“落瓣”期开始到“落瓣”后 2 周，80%的枝条停止生长，即大量的枝条顶芽开始了花芽的生理分化，进入花芽孕育的临界时期。根据生产实际，从此时开始到花芽形态分化前，喷布 GA_3 1000mg/L 或多效唑 1000mg/L 一次，可有效控制或促进花芽分化，行之有效地调节苹果大小年、促进幼树早期结果、提高果实品质等，即苹果花芽孕育临界时期（从短枝停长到花芽形态分化前）为应用生长调节剂等调控花芽孕育的最佳时期（曹尚银等，2001）。

2. 控制营养生长，促进花芽分化的技术措施

（1）多效唑（PP_{333}） PP_{333} 是可湿性粉剂，施用方法有叶面喷布、涂干，还可土施。土施比叶面喷布效果好，持效期长。土施适宜用量为 0.5～1.0g/m^2（持效期 2～3 年）；叶面喷施适宜浓度为 1500～2000mg/L（持效期 1 年）。因苹果品种不同，对处理的反应有差别，如“红星”比“红富士”对药剂 PP_{333} 反应更敏感（崔怀玉，1996），使用浓度上稍有差别。在新梢 10～15cm 时喷布 50～1000mg/L 的多效唑 1～2 次，在晚秋喷布抑制效果更为明显（卜一兵，1996）。

5 年生“富士”苹果幼树春梢 95%开始停止生长时叶面喷布 1000mg/L 的 PP_{333}，抑制新梢生长，明显促进第 2 年花芽形成（盛炳成，1990）。若于 1 月份树干涂布 1000mg/L 的 PP_{333} 或土施 1g/m^2 的 PP_{333} 抑制营养生长效果好，盛花期再喷布 1000mg/L 的 PP_{333} 则能提高坐果率（夏春森 1988）。5～7 年生“红星”“富士”“长富 2 号”苹果全树喷布 1000～2000mg/L 的 PP_{333}，翌年营养生长受抑制，促进成花。由于残效影响，750～1500mg/L 的 PP_{333} 即可满足第 3 年正常花序需求量。

（2）乙烯利　乙烯利用于无花旺树。一般于春梢旺长前，喷布 1000～1500mg/L 的乙烯利 1～2 次，或与 2000～3000mg/L 的 B_9 混合使用，也可交替使用。交替使用先喷乙烯利，20～40d 后再喷一次 B_9，效果更佳。首次使用乙烯利的幼旺树，浓度可降至 500～1000mg/L（卜一兵，1996）。王东昌（2001）对“红富士”苹果于新梢旺长期喷 1600mg/L 的乙烯利，可有效缩短新梢长度和新梢节间长，促进花芽分化。生产上应注意，乙烯利使用剂量过高，会引起翌年花朵败育。

（3）丁酰肼　一般无花旺树于春梢旺长前，树冠喷布 2000～3000mg/L 的丁酰肼 1～2 次，对控制营养生长、促进花芽分化具有显著效果。丁酰肼可以和乙烯利混合使用，也可交替使用（卜一兵，1996）。薛进军等（1998）于盛花后 3 周（5 月中旬）用 2000mg/L 丁酰肼或 2000mg/L B_9 ＋250mg/L 乙烯利叶面喷施，促进了 4 年生富士苹果树的花芽分化，抑制新梢生长，以混用效果为佳。生产上注意丁酰肼使用剂量过高，会引起果实变小、变扁。

（4）PBO　春梢长 15～20cm 时，喷 1 次 200 倍 PBO，可以控制春梢生长，使其及早封顶，在顶端形成大芽。6 月份花芽分化临界期观察春梢顶芽的变化，如开始萌动，马上再喷 1 次 200～300 倍 PBO，以增加春梢顶芽成花激素的含量，防止其萌发抽生秋梢。在花芽萌动后至花序分离前，喷 1 次 100～150 倍 PBO，可防霜冻和提高坐果率（赵同英，2005）。5 月下旬或 8 月中旬喷洒 250 倍 PBO，抑制新梢生长，促进花芽分化（乔洁，2007）。邢利博等（2013）以 5 年生苹果品种“长富 2 号”和“富红早嘎”为试材，在 4 月、5 月、6 月的 10 号喷施 6667mg/L PBO 溶液 3 次，喷施量（按溶液质量计）为 2.5 千克/(株・次)，以喷施清水为对照，经 PBO 喷施处理后显著抑制了苹果幼树的营养生长，改善了叶片品质，使幼树的生长发育朝着有利于芽分化形成的方向发展，最终有效促进了“富士”、“嘎啦”苹果幼树花芽的形成。

（5）烯效唑　曹尚银等（2003）对 15 年生长健壮的“红富士”苹果在短枝停长后 2 周喷烯效唑 1g/L，可显著促进花芽分化，效果同多效唑。

（6）赤霉素　在苹果小年花芽开始分化前 2～6 周，喷洒 300mg/L 的赤霉素液，对抑制苹果小年花芽形成过多具有较好效果。

第五节　提高坐果率

1. 激素对苹果开花坐果的生理作用及调控机制

苹果开花坐果的过程是花芽开放→花粉粒中的花粉传至柱头萌发→花粉管生长通过花柱进入胚囊，释放雄配子→在胚囊中雌雄配子结合完成受精。在苹果花的授粉受精过程中，花粉管的生长速度、胚珠的存活时间和花粉的萌发直接影响着苹果坐果。

激素对苹果开花坐果的调控，主要是控制花粉管的生长速度与花粉萌发。影响开花结果的激素物质主要有赤霉素、细胞分裂素、多胺等。研究表明，开花前至花后3d，坐果较高的花序比坐果较低的花序的花朵子房中赤霉素含量明显增高。如果给坐果较低的花序喷施外源GA_3，可以明显提高坐果率。GA_3对坐果率的促进主要是由于它具有加强“库力”的作用（黄辉白，1992）。细胞分裂素类生长调节剂6-BA在花期喷施，一般认为低浓度（1～5mg/L）时促进花粉管生长，促进坐果；高浓度（25mg/L）时则显著抑制花粉的萌发与生长。张晓明等（1998）研究认为，苹果开花前后的CTK/GAs的比值变化与坐果关系密切，开花前花序以细胞分裂为主，表现为CTK含量增加（CTK/GAs↑）；开花后，则以细胞生长为主，GAs含量明显增加（CTK/GAs↓）。因此，开花后如果对果实喷施较高浓度的细胞分裂素类物质，促进了细胞分裂，但降低了生长速度，则会降低坐果率。

2. 提高苹果坐果率的技术措施

除前面介绍的促进苹果花芽分化，提高苹果坐果率有措施外，其他的措施还有：

（1）赤霉素　在苹果小年的花期对国光、元帅等品种喷洒50mg/L的赤霉素，平均坐果率提高33%。赵建戟（2001）盛花期喷布30mg/L的赤霉素溶液对红富士苹果的坐果率提高有利，但赤霉素对花芽分化有抑制作用。因此，在花量小的年份使用赤霉素，不仅对当年保花保果作用明显，而且能有效抑制下年花芽的过多形成，但是大年时不宜使用。

（2）三十烷醇　对一些着色差的品种如长富2号、北斗等，花期喷布0.5～1mg/L的三十烷醇，在提高坐果率的同时还能促进果实后期着色。

（3）爱多收　在苹果花蕾显现期，喷施4000～6000倍液的爱多收，花朵明显大于对照，且坐果率也显著提高。同时苹果的抗冻能力显著增强（周军2006）。

（4）康凯　6年生“红富士”苹果树开花前和谢花后连喷2次33mg/L的0.13%“康凯”可湿性粉剂（德国马克普兰生物技术有限公司生产），坐果率可提高91.2%，且比对照含糖量提高1.49%，横径＞80mm的苹果增加2.9%～36.6%，其效果优于赤霉素（宫永铭等，2003）。

（5）防落素　花期喷20mg/L防落素＋0.5%尿素，花序坐果率为对照的294%，花朵坐果率为对照的227%（韩唐则等，1990）。

（6）802广增素　黄卫东（1989）对13年生的“红星”树于盛花后第二天喷施“802”4000倍液，较对照提高坐果率84.9%。对27年生“红星”树于盛花期喷“802”6000倍液，较对照提高坐果率44.5%，其效果与液体授粉相似。在苹果盛花期的第二天，用500mg/L的802广增素溶液喷施，可提高苹果的坐果率，增大果形和单果重，增加果面色泽，提高富士苹果质量。

第六节 防止采前落果

1. 苹果采前落果的原因

苹果采前落果是果实进入成熟阶段或者说接近收获期发生的自然落果现象。它是苹果生产中一直存在的问题，严重影响着生产者的经济效益。苹果采前落果程度因品种而异，中津轻、红星、北斗等采前落果严重，而红富士、嘎拉、国光、珊夏等采前落果较轻。同一品种也因地域、年份、园地、树势、管理条件等不同而异。影响采前落果的外部因子主要有：①进入成熟阶段以后出现高温，特别是夜间温度高；②树体氮素含量水平过高；③土壤过度干燥；④果实霉心病（山根弘康，1984）。

苹果采前落果也与内源激素变化有关，不仅是由一种激素起作用，而是几种激素相互作用所致的。随着果实成熟，果柄、果台和离层部位中 IAA 含量下降，而 ABA 含量升高，ABA/IAA 的相对平衡被打破。高 ABA/IAA 值会提高离层组织对乙烯的敏感性，同时会刺激离层组织细胞壁分解酶的活性增高，从而促进离层形成，这可能是落果发生的主要原因（孟玉平等，2005）。

2. 防止苹果采前落果的技术措施

（1）萘乙酸（NAA）、萘乙酸钠盐　北斗等品种于采前 40d 和 20d 各喷一次 20mg/L 的萘乙酸，能有效地降低采前落果（卜一兵，1996）。红香燕、红星、红玉等品种，在采果前的一个月每隔 10～15d 喷施一次 20～40mg/L 萘乙酸液，共喷施 2 次，即可防止采前落果。津轻苹果采收前 20～30d 喷施 1 次 50mg/L 的萘乙酸钠，可减少落果 80%以上（魏合波等，2006）。

（2）2,4-D、防落素　李培华（1992）研究表明，新红星苹果在采前 12d、20d、27d 喷布 20mg/L 的 2,4-D，能显著地推迟采前落果时间，对控制采前落果有显著效果，对采收单果重和果实贮藏品质无不良影响。

在采收前 30d 和 15d，用 20～50mg/L 的防落素溶液各喷洒 1 次，防落效果也良好。

（3）丁酰肼（B_9）　在 7 月上旬，用 1000mg/L 的丁酰肼溶液喷洒 2 次，或用 2000mg/L 的丁酰肼溶液喷洒 1 次，均可降低采摘前的落果率。丁酰肼防止落果的作用不如萘乙酸，但对易裂的苹果品种可改用丁酰肼，它既能防落果又能防裂果。

（4）MCPB　MCPB 对不同品种的防止落果效果不同，对津轻、千秋、红星品种的效果好，对乔纳金、王林等品种的效果不理想。对效果好的品种，使用时期是采收前 25d 和 15d 喷布 2 次，最适使用浓度是 30mg/L 加展着剂。如果加大使用浓度或者增加喷布次数，都能显著提高抑制落果效果，但是对果实品质有不利影响。

第七节 疏花疏果

1. 苹果疏花疏果机理

苹果树有过量结果和隔年结果的习性，即大小年现象。大年开花、结果过多，消耗大量营养，树势减弱，致使第二年成花低，结果少，甚至不结果，成为小年。通过人为调节控制其结果量，可以确保连年优质、稳产，达到最佳经济效益。使用植物生长调节剂将苹果大年的花、果进行适当的疏除，是解决大小年问题的一种省力、有效的方法。不同的生长调节剂对苹果疏花疏果的效应不同，机理也不同。

在盛花期喷布萘乙酸，可阻止花粉管正常生长，使花朵因受精不良而脱落。在落花后喷布萘乙酸，可以干扰树体内源激素的代谢和运转，导致幼果脱落。西维因作为疏果剂，其作用机理主要是使导管堵塞，阻断幼果发育所需物质，造成落果。但它进入树体后移动性较差，要直接喷到果实和果柄部位才具有较好效果。萘乙酸和西维因混用则效果更好；乙烯利疏果机制是能抑制花粉管的伸长，并能产生乙烯促使花果柄发生离层而达到疏花疏果的目的。其特点是有效疏除期长，既能疏花又能疏果；MCPB-ethyl不影响花粉萌发以及花粉管在花柱内生长，也不影响花粉管到达胚珠的速度和受精进程，它通过抑制胚珠组织发育而导致落果（孟玉平等，2003）。

2. 疏花疏果措施

（1）萘乙酸（NAA） NAA的使用浓度是10～40mg/L，在盛花后2周喷布。但是近几年许多报道指出，NAA类化合物虽有较强的疏果作用，但同时引起叶片偏上生长、叶畸形，抑制果实肥大，有时发生侏儒果等后遗症（孟玉平等，2004）。红富士苹果采用30mg/L的NAA在盛花后两周喷布，进行疏花疏果，对克服红富士苹果大小年有明显作用，而且能显著提高好果率（柴东岩等，2000）。薛晓敏等（2014）研究表明，嘎啦和红将军苹果在盛花后2周喷5mg/L或10mg/L萘乙酸1次，而信浓红苹果在盛花后2周、3周喷5×10^{-6}萘乙酸2次或5×10^{-6}与10×10^{-6}配合使用，疏果效果较为理想，平均花朵坐果率18.6%，花序坐果率72.7%，且空台率适中，坐单果和双果比例接近70%，坐果均匀。

（2）乙烯利 在盛花期对4年生的长富2苹果喷洒400mg/L的乙烯利，疏花疏果效果较好。随着喷布时间推迟，疏花效果呈线性下降。富士苹果疏花疏果的适宜时间为盛花期前2d至盛花期后2d。

乙烯利与其他疏果剂混用，可达到更好的效果。石用虎等（1988）研究表明，“国光”在盛花期喷300mg/L的乙烯利，盛花后10d再喷20mg/L NAA+300mg/L乙烯利，对疏除“国光”过多的花果，增加大年的单果重和一级果率，缓和大小年结果现象都具有明显的效果。在富士苹果花蕾膨大期，用300mg/L乙烯利+20mg/L萘乙酸溶液喷布第1次，再在花开始凋谢后10d喷1次，可减轻大小年产量的差异，增加1级、2级果产量。

（3）西维因　西维因疏花疏果的效果，不同品种间有差异，对红玉、金冠、祝、旭的疏除效果适度，对元帅系品种有时有疏除过量的危险，而对国光、富士品种疏除效果不理想。喷布浓度在600～3600倍（85%有效成分）范围内都有效，以杀虫剂使用浓度1200倍为标准浓度，治虫与疏果兼用。在盛花后1～4周喷布都有效，以盛花后2～3周之间喷布效果最好，不发生果锈、畸形果以及药害等。

（4）MCPB-ethyl　于中心花盛开后1～3d，使用浓度为10～20mg/L的MCPB-ehtyl，可达到良好的疏花疏果效果，且对果实生长发育无副作用，唯对叶片有轻微偏上生长，喷后1周可恢复正常（孟玉平，2004）。

（5）BA　薛晓敏等（2010）研究表明，16年生“红富士”在盛花期和落花后（10天）连喷2次200mg/L BA，疏除效果好，且空台率低、单果花序比例高，对果实品质除降低果实硬度外均起提高作用。

第八节　促进果实肥大，改善品质

1. 苹果果实肥大机理

苹果果实生长是细胞分裂和细胞膨大的过程，因而果肉细胞的数量、体积以及细胞间隙是影响果实大小的主要因素。幼果生长前期以细胞分裂为主，之后便开始细胞体积增大的过程。果实的生长依赖于发育正常的种子，种子内产生的各种激素向外扩散，刺激着周围果肉组织的生长，并控制着果实是否脱落。授粉不良的幼果往往不能长大而提前脱落，其主要原因就是不能产生正常的内源激素刺激果实生长。幼果前期的细胞分裂是构成果形指数的细胞学基础，因而人为地调控果实大小、形状，则应在幼果期操作。

苹果果实的种子是产生内源激素的源泉。五大类植物内源激素在果实种子内均有产生，而在幼果期，GA、CTK、IAA的含量明显高于ABA的含量，这也与幼果期细胞分裂生长活跃是一致的。在幼果前期，果肉细胞快速分裂，细胞数目增多，CTK起主要调控作用；在幼果发育后期，果肉细胞体积变大，GA起主要作用。正由于苹果果实幼果期种子内产生的内源激素对于幼果的生长产生着巨大的影响，而成熟果实的大小形状又与幼果期的果实大小及形状显著相关。幼果期施用的生长调节剂主要有赤霉素类、细胞分裂素等。幼果种子产生的激素，一方面促进果肉分裂和膨大，另一方面诱导维管束分化，为营养物质的运输准备条件。同时幼果中高浓度的促进生长型激素有很强的调运养分的能力，使营养物质源源不断地运来，充实正在分裂或膨大的细胞，使果实变大。

2. 促进果实肥大，改善果实品质的技术措施

（1）CPPU　盛花后2周在短枝红星上施用6.25～50mg/L CPPU，随着CPPU

施用浓度的增高，果形指数显著提高，果实硬度增加。贮藏28d后，硬度与施用的CPPU浓度成正比。闫国华等（2000）研究表明，新红星苹果在盛花期喷洒12.5mg/L的CPPU，可以显著促进苹果幼果的细胞分裂，促进果实的生长发育。盛花后3周对辽伏苹果果面喷布20mg/L的CPPU可以增大辽伏苹果果实20%左右，对果实品质和花芽分化无不良影响（胡春根等，1996）。盛宝龙等（1998）花后一个月幼果喷布10mg/L CPPU＋25mg/L GA混合液可促进大部分品种果实纵径和横径的生长，提高果形指数，增加单果重。CPPU作为一种苹果果实发育的促进剂，只有在树势健壮和肥水管理充足的前提下才能取得最佳效果。

（2）6-BA　50～200mg/L的6-BA于花期（盛花和落瓣期）使用，均可显著提高元帅系苹果的果形指数，刺激果实萼端发育，使五棱明显突起，增加单果重，提高其商品价值（蔺经等，2000）。苹果果实膨大期喷施300mg/L的6-BA，可促进结实，提高产量。薛新平等（2011）研究表明，长富2号苹果在花期喷施1.0% K_2SO_4＋150mg/L 6-BA＋0.1%展着剂，结合根系增施K_2SO_4 1.25千克/株效果最佳，可显著提高苹果果实品质。

（3）GA_{4+7}　GA_{4+7}在50～200mg/L范围内于花期（盛花和落瓣期）使用，与6-BA一样，可显著提高元帅系苹果的果形指数，刺激果实萼端发育，使五棱明显突起，增加单果重，提高其商品价值；在落瓣期后7d喷GA_{4+7}可显著减轻果锈，同时在10～200mg/L范围内，随着浓度增加果锈程度降低（蔺经等，2000）。花期喷布8～10mg/L的GA_{4+7}明显改善了新红星苹果的果实形状，减少果锈，GA_{4+7}处理对成花和坐果没有影响（常有宏等，1998）。

（4）普洛马林（Promalin）、GA_{4+7}＋BA等　普洛马林是GA_{4+7}＋BA的复配剂。GA_{4+7}与细胞分裂素混合使用比单独使用细胞分裂素和GA_{4+7}更能使果形拉长，提高果形指数。在苹果盛花初期用600倍的普洛马林（3.6% GA和BA）喷施1次，或在蕾期至盛花期喷600～1200倍的普洛马林药液喷1次，间隔10～15d后至幼果期再喷1次，可提高果形指数，促进五棱突起，增加单果重，其中喷2次的效果好于喷1次的。25～50mg/L（GA_{4+7}＋BA）可使新红星苹果果重分别增加15%～17%。Spartan苹果在花期（80%花开放时）喷施20～80mg/L的GA_{4+7}＋BA，单果重增加20%。

（5）稀土　红富士、秦冠、国光等苹果在幼果期至膨大期叶面喷施1～2次0.1%～0.15%的稀土，有显著的增产效果，平均增产幅度13.0%，而且能明显改善苹果的质量，且幼果期喷施的增产效果大于膨大期（亢青选等，1997）。红富士在果实膨大期（6月中旬）、采前55d左右（8月下旬）、采前25d左右（9月中旬）进行3次叶面喷施1200mg/L的稀土，对苹果果实果形指数、着色指数、平均单果重、可溶性固形物含量等品质和产量方面都有促进作用（徐六一等，2000）。张力飞等（2011）研究表明，新嘎拉苹果喷施稀土的最佳浓度为1000mg/L，喷施最佳时期为果实膨大期、采收前半个月各喷1次。

（6）噻苯隆　红富士苹果在初花期和盛花期用2～4mg/L的噻苯隆液剂喷花处

理2次，可以有效地促进果实纵向生长，改变果实果形指数，提高高桩果实的百分率（查养良等，2006）。红富士苹果在初花期喷1次2mg/L的噻苯隆液剂或在初花期和盛花期喷2次2mg/L的噻苯隆液剂，可提高花序和花朵坐果率、增大果实、增加产量、稳定树势，促进成花的效果，其中以喷2次作用较显著（杨博等，2009）。

第九节　促进果实着色和成熟

1. 苹果果实着色和成熟机理

苹果果实到了生长后期种子成熟时，果实中的IAA、GA、CTK水平下降，诱导细胞分裂和膨大以及竞争养分的能力也随之下降，果实的大小基本稳定。此时果实中ABA、乙烯的含量提高，从而诱导果实向成熟方向发展。ABA、乙烯在诱导果实成熟方面起着主要作用。

ABA处理可以促进果实中ACC氧化酶和与ACC合酶相关的多肽的积累，从而促进果实中乙烯的合成。乙烯通过影响细胞膜透性、增加糖分流通和积累、提供反应底物或直接调节生理生化过程而促进花青苷合成。此外，ABA和乙烯都可以通过提高PAL活性来提高花青苷合成量。ABA处理抑制了果实内源GA_3的生成，使果实GA_3含量极大下降。GA_3活性降低可削弱花青苷形成的抑制作用，从而有利于花青苷的合成。此外，由于GA_3和ZR具有保绿作用，ABA处理使果实的GA_3含量和ZR含量下降，从而促进了果皮叶绿素的降解。叶绿素降解产物与花青苷形成的活化作用有关，这样也为花青苷的形成创造了有利条件（于洋等，2004）。

2. 促进苹果果实着色和成熟的技术措施

（1）乙烯利　在苹果成熟前10～30d，用200～1000mg/L的乙烯利溶液喷布1次，可促进苹果着色，使果实提早成熟。施用乙烯利的时间，早熟品种宜晚，浓度应低，范围为200～500mg/L；中晚熟品种宜早，使用浓度可高些，幅度为500～1000mg/L。为防止因用乙烯利而引起的落果现象，可加喷30～50mg/L的萘乙酸。

（2）B_9　在盛花后3～4周和采收前45～60d，各喷一次1000～2000mg/L的B_9，对红星、富士、红玉等品种有显著的增色效果。

（3）PBO　5～8月份喷2次500倍PBO液，能明显提高果实着色，使果面光洁、着色艳丽。5月中下旬施用PBO可促进果实膨大，7月份施用对增糖、增色和早熟具有促进作用。

（4）烯效唑（S_{3307}）　李明等（2010）研究表明，寒光苹果于果实采收前2个月或前1个月对果实喷施浓度为200mg/L的S_{3307}，促进了果皮花青素合成和叶绿素降解，提高了果实可溶性糖和可溶性蛋白的含量，提高了果实的百果重。李颖畅等（2005）研究表明，寒富苹果分别在苹果采收前一个月和两个月时对果实喷施浓度 50mg/L 的 S_{3307}，苹果着色效果明显，可溶性糖含量增加，有机酸含量减少，抗坏血酸含量和蛋白质含量升高，有良好的着色作用并能改善苹果的品质。

第十节　贮藏保鲜

1. 苹果采后生理和贮藏保鲜

苹果是一种典型的呼吸跃变型水果，呼吸跃变主要是由乙烯激发产生的。跃变前期，果实的乙烯释放量比较低，这时 ACC 的合成和乙烯合成酶的活性都受到一定程度的抑制。随着贮藏期的延长，苹果对乙烯的敏感性增加，导致乙烯自我催化作用，使果实内的 ACC 含量及乙烯合成酶活性急剧上升，乙烯释放量迅速增加。乙烯高峰的出现，加速了新陈代谢，产生呼吸跃变高峰。

苹果的呼吸主要分为有氧呼吸和无氧呼吸。有氧呼吸是主要的呼吸方式，即在有氧的条件下，将底物彻底分解为二氧化碳和水的过程。无氧时进行无氧呼吸，对水果有不利影响。在无氧呼吸过程中，乙醇和乙醛及其他有害物质会在细胞中累积，使细胞中毒。呼吸强度是衡量水果呼吸强弱和组织新陈代谢快慢的一个重要指标。呼吸强度越大，营养物质消耗得越快，贮藏寿命越短。

乙烯是一种调节生长、发育和衰老的植物激素。乙烯气体能使果实呼吸作用加快，促进水果老化，是促进水果成熟、腐烂的决定性因素。随着乙烯含量的增加，叶绿素的分解加快，水果转黄成熟。控制苹果采后乙烯的释放量和释放速度可以达到保鲜的目的。

2. 生长调节剂在苹果贮藏保鲜中的应用

(1) 丁酰肼　在苹果采收前 45～60d，用 500～2000mg/L 的丁酰肼溶液喷施全株 1 次，可防止采前落果，增加苹果的色泽和硬度，减轻苹果苦痘病和虎皮病，延长贮存期和货架期。

(2) 1-MCP（1-甲基环丙烯）　1-MCP 抑制乙烯效应所需浓度与其处理时间有关，处理时间愈长所需浓度愈低，处理时间愈短则所需浓度愈高。在一定浓度范围内，1-MCP 的处理效果随其浓度增加而加强，但是过高浓度的 1-MCP 处理反而会导致果实腐烂的增加。一般中短期贮藏处理浓度为 0.5μL/L，长期贮藏处理浓度为 1μL/L。根据试验，红富士苹果贮藏的处理适宜浓度应为 1μL/L，在气调贮藏条件下，基本可以达到周年供应市场。在贮藏温度为 0～2℃时，用 1-MCP 处理红富士苹果时间以 24h 为宜。

红富士苹果贮藏用 1-MCP 处理一般应在采后 7～14d 进行，而且要求果实硬度≥7.3kg/cm^2，并保持适宜贮藏温度（冷藏贮藏为 0～2℃；气调贮藏为 0～1℃）。这样 1-MCP 能较好地抑制呼吸和乙烯高峰的出现，否则就会影响到 1-MCP 处理效果。贮藏环境温度过高，尤其当果实温度高于 20℃时，不建议使用 1-MCP 处理。

因为温度过高会导致库内短时间内二氧化碳浓度过高，可能产生二氧化碳伤害（徐小宁等，2009）。

王瑞庆等（2005）用300nL/L和600nL/L的1-MCP贮处理嘎拉苹果24h，其结果均能显著抑制贮藏期间果实的呼吸速率和乙烯产生速率，显著抑制贮后货架期间果实呼吸速率和乙烯产生速率，2种浓度处理之间无显著差异，表明300nL/L浓度的1-MCP处理在抑制嘎拉苹果呼吸和乙烯产生上与600nL/L效果相同。

金宏等（2014）研究表明，富士苹果采后进行1500μL/L二苯胺+1μL/L 1-甲基环丙烯（1-MCP）处理并贮藏于气调库中，保鲜效果更明显，有效抑制果实的呼吸速率和乙烯的产生，抑制果实品质的下降，延长了富士苹果的贮藏寿命。

（3）1-戊基环丙烯（1-PentCP）　程顺昌等（2012）研究表明，寒富苹果用0.75μL/L 1-MCP（1-甲基环丙烯），2μL/L 1-戊基环丙烯在常温条件下，熏蒸处理寒富苹果20h，处理后装入厚度0.02mm保鲜袋于常温下贮藏（20℃）。能较好地抑制寒富苹果贮藏过程中的呼吸强度和乙烯释放量，呼吸高峰时间较对照晚出现了4d，乙烯释放高峰出现的时间延迟了8d，较好地保持了果实贮藏期间的硬度，延缓了果实固形物和丙二醛含量的上升速度；处理还在一定程度上延缓了细胞膜保护酶过氧化物酶、超氧化物歧化酶和过氧化氢酶的活性变化；1-MCP和1-PentCP处理可以抑制寒富苹果的生理代谢，保持果实品质和降低膜脂伤害程度，从而延缓寒富苹果采后的成熟衰老进程。

（4）壳聚糖　冯学梅等（2011）研究表明，金冠苹果经预冷后，在2%的壳聚糖涂膜液中浸泡30s，捞起后在空气中自然风干形成薄膜，置于0℃±1℃、相对湿度为90%～95%的冷库中贮藏，有效抑制了金冠苹果的呼吸作用，减少了水分和营养成分的损失，延长了储存期。

任邦来（2011）利用不同浓度壳聚糖溶液对出库红富士苹果进行涂膜处理，经常温贮藏，定期测定红富士苹果果实硬度、含糖量、含酸量和维生素C含量等指标。结果表明，壳聚糖涂膜处理能够有效延缓出库红富士苹果果实硬度下降，减少糖分、总酸和维生素C的损失，能较好地保持红富士苹果品质。以1.0%的壳聚糖溶液涂膜处理保质效果最好。

周会玲等（2013）研究表明，壳聚糖涂膜处理能够减轻机械损伤，苹果贮藏过程中腐烂率和质量损失率，降低呼吸速率和果肉褐变，延缓果肉硬度、可溶性固形物及可滴定质量分数的下降。可见，壳聚糖涂膜处理有利于红富士苹果采后品质保持，并且增强果实的耐贮运性能。

第十三章

梨

第一节　打破种子休眠

1. 梨种子休眠特性

种子休眠通常是指具有生活力的种子在适宜的萌发条件下仍不萌发的现象。种子休眠是植物生长发育过程的一个正常生理现象，是植物对环境条件及季节性变化生物学的适应性。蔺经等（2006）研究表明，引起砂梨种子休眠的主要有种皮障碍、种胚休眠和种胚后熟。解除休眠的主要方法为低温层积处理和植物生长调节剂处理。

梨种子胚未完成生理后熟，一般需要低温与潮湿的条件，经过几周到数月之后才能完成生理后熟萌发生长。在湿砂层积中所发生的代谢变化，主要是消除对生长发育有抑制作用的物质，增加促进生长的物质和可利用的营养物质，以利萌发生长。许多研究认为植物激素对种子休眠与萌发的调控起着至关重要的作用，外源激素处理能促进种子内部的一些生理生化变化而使种子解除休眠。程奇等（2005）研究表明，杜梨种子用6-BA处理，能显著促进萌发；GA_3对带有外种皮的种子作用效果较差，对经低温处理和去除种皮的种子有较好的效果，由此说明GA_3只对种胚抑制起作用，对种皮抑制的解除效果较差。这可能是因为杜梨种皮中ABA含量较高，对GA_3有拮抗作用，而6-BA可有效地促使ABA降解。由此可见，种皮内激素ABA是导致杜梨种子休眠的主要因素之一。GA_3能打破种子休眠，与其诱导水解酶（如α-淀粉酶）的合成和促进水解酶的分泌有关，李军霞等（2011）激素处理试验表明，用GA_3处理后种胚和种皮的α-淀粉酶显著高于6-BA处理和对照。无论是种子萌发过程中产生的，还是由于激素作用而诱导产生的α-淀粉酶其活性与种子的萌发成正相关，即淀粉酶活性强的，种子休眠性弱。

2. 打破梨种子休眠的技术措施

（1）6-BA　程奇等（2005）用50mg/L的6-BA浸泡杜梨种子48h后，捞出用清水反复冲洗，然后置于3～4℃冰箱低温处理20d，可有效地打破种子休眠，其发芽率达到92%。何华平等（2000）用10mg/L的6-BA将棠梨种子浸泡24h后于8～10℃冰箱低温冷藏一周，可有效地打破未层积种子休眠，其萌芽率与低温层积一样。单独使用6-BA有一定的效果，结合低温处理效果更好。

（2）赤霉素　在常温下，马锋旺等（1995）对当年采集的杜梨种子用800～1000mg/L的赤霉素浸种24h，发现种子的发芽率、发芽势均显著高于对照（清水）。发芽率提高22%～28%，发芽势提高20%～26%。蔺经等（2006）将砂梨品种“丰水”的实生种子用500～1000mg/L的GA_3浸种24h后，捞出洗清置于3℃冰箱砂藏处理30d，然后放在25℃恒温条件下进行发芽，发芽率达到90%以上，比直接砂层积缩短30d。程奇等（2005）用500～1500mg/L的GA_3浸泡杜梨种子48h后置于3～4℃冰箱低温处理30d，可有效地打破种子休眠，其发芽率也达到90%上。单独使用赤霉素效果不明显，需结合低温处理效果才显著。王海等（2012）研究表明，用200mg/L的GA_3溶液浸泡杜梨种子12h后，经浸种的种子用清水冲洗3次后，均匀置于铺有双层湿润滤纸、直径9cm的培养皿中，在20℃±1℃恒温培养箱内进行发芽培养，其发芽率为71%，较对照增加14.5%，对幼苗株高、株鲜重、胚根长、侧根数目和长度等生长指标都有一定的促进作用。

（3）天然芸薹素　何华平等（2000）用0.3mg/L的天然芸薹素将棠梨种子浸泡24h后置于8～10℃冰箱低温冷藏，一周，可有效地打破未层积种子休眠。

第二节　控制新梢生长

1. 梨树枝芽生长

梨芽属于晚熟性芽，在形成的当年一般不萌发。一年只抽生一次新梢，除南方地区和个别品种和树势很强（尤其是幼树）及早期落叶者以外，很少有当年形成的芽萌发为二次梢。梨芽萌发率高，但成枝力低，除基部盲节外，几乎所有明显的芽都能萌发生长，但抽生成长梢的数量不多。因此，梨的绝大多数枝梢停止生长较早，梢与果争夺养分的矛盾较少。但由于各枝的生长势差异较大，第一枝生长特强，第二、三枝按顺序明显减弱，故容易出现树冠上部强、下部弱和主枝强、侧枝弱的现象。应用植物生长调节剂可较好控制梨树新梢生长，促进次年花芽的形成。

陈启亮等（2014）研究表明，七年生的蜜梨新梢自3月21日开始生长，到5月20日停止生长，生长期61d，生长期间出现两次生长高峰；蜜梨果实4月初开始坐果，到7月下旬果实成熟停止生长，生育期110d；果实纵、横径生长呈S形曲线，发育过程中出现3次生长高峰；新梢生长与果实发育关系密切，前期新梢与果实生长养分竞争激烈，中期新梢与果实生长竞争减弱，后期新梢停止生长后果实迅速膨大并到达生长高峰。

2. 控制新梢生长的技术措施

（1）多效唑　梨树新梢旺长期（一年生枝条长约15cm）时喷施15%多效唑

500～2000mg/L，可减少延长枝的延长生长，缩短节间长度，促进侧枝和短果枝发育。杨志义等（1995）对7年生苹果梨幼旺树和低产壮树，当春梢长15cm时和秋梢长5cm时喷500～1000mg/L的多效唑，成花率提高16.7%，中短枝率提高27.9%，新梢长度减少21.8cm。梅龙珠等（1995）用多效唑土施5克/株或喷500mg/L+土施5克/株，对库尔勒香梨幼树的新梢生长和树高具有明显的抑制作用。黄敏等（2008）喷施2000mg/L的多效唑，能显著地抑制黄花梨一年生枝条的伸长，促进副梢抽发和枝径变粗。

（2）矮壮素　4～6年生旺长的少花树，在盛花后不久，连续喷洒浓度为500mg/L的矮壮素2次（第二次在第一次喷后的2周喷洒），或喷洒1000mg/L的矮壮素1次，即可控制新梢生长，提高第二年花量和开花结果。何云生在7年生苹果梨上的试验表明，每年喷施2次500mg/L的矮壮素（第1次在萌芽前，第2次在新梢和幼叶长出时），可明显减少枝条生长量。枝条在5月份、6月份、7月份的生长量仅为对照的38.9%、45.5%和47.3%，发芽期比对照推迟7～10d，开花推迟3～4d。

（3）乙烯利　锦丰梨幼旺树新梢迅速生长期喷布500～1000mg/L的乙烯利，新梢长度比对照树（71.0cm）分别减少72.3%～82.1%；每主枝中短枝数比对照树（88.0个）分别增加49.7%～98.0%；平均单株花序数比对照树（470个）分别增加2.0～4.7倍；平均株产分别为29.7～34.5kg，高于对照树的10.2kg。秋白梨在盛花后30d左右喷布1000～1500mg/L的乙烯利，具有明显地控梢促花效果。新梢长度为对照的63.1%～73.2%，节长为对照的82.7%～86.2%，树冠矮小紧凑。

（4）丁酰肼　在5月上旬对幼旺树喷布1500mg/L的丁酰肼1次，中旬和下旬再各喷1次，可控制新梢生长，促进花芽分化，提高坐果率。使用时需注意，丁酰肼与乙烯利、矮壮素混用可以提高控梢效果，但丁酰肼不能与2,4-D、赤霉素混用。

第三节　保花保果，提高坐果率

1. 保花保果的机理

梨树一般以短果枝结果为主，中、长果枝结果较少。梨自花结果率多数很低，配置授粉树则可显著提高坐果率。部分梨品种由于授粉不良或花期遇到连续的阴雨低温天气，坐果率较低。同时梨树生长过旺或过弱都也会引起落花落果。营养生长过旺，果实发育得不到足充养分；生长过弱，贮藏营养不足，容易造成落花落果严重。

低温积累量是影响落叶果树开花期的主要因素之一，黄花梨开花期与低温积累量、开花前的温度高低关系密切。邓文卿等（2012）研究表明，当11月至翌年2月不能满足黄花梨的5℃以下、750h以上的需冷要求时，则开花期延迟；在满足黄花梨需冷量的情况下，花前较高温度来临早，开花期提早；花前较高温度来临晚，也能适时开花；如果花前一直低温，开花期推迟。

梨采前落果与内源激素有密切关系，但不同品种间有差异。冯军仁（1994）认为苹果梨采前落果主要是因为果实内部生长素含量降低，乙烯含量升高所致；鸭梨、茌梨在成熟前，果实呼吸强度和乙烯释放量进入跃变期。韦军等（1994）认为生长素、赤霉素可以防止脱落，果实接近成熟期，这些促进物质含量下降，脱落区域生长素供应的破坏和短期缺乏，最终导致果实脱落。田边贤二等（1990）通过对日本梨各品种果实采前乙烯释放量、乙烯形成酶（EFE）活性和1-氨基环丙烷-1-羧酸（ACC）含量的测定发现，日本梨果实采前乙烯生成特性与其成熟期有密切关系。

利用植物生长调节剂进行保花保果可以达到丰产和高产的目的。当梨树的花或果施用赤霉素等生长调节剂后，可以提高其体内的生长素含量，使其成为强大的生理“库”，增进子房或幼果吸收营养。同时外源激素可提高α-淀粉酶、总淀粉酶的活性，也可提高蔗糖转化酶的活性，进而导致淀粉类贮藏物质的降解，提供丰富的能量底物与结构碳架。坐果和幼果发育主要是依赖贮藏的营养物质，外源GA_3提高高坐果率与高糖酶活性相关。

2. 保花保果，提高坐果率和防止采前落果的技术措施

（1）赤霉素　梨在开花或幼果期，用赤霉素10～20mg/L喷花或幼果一次，能促进坐果，增加产量。砂梨初蕾期喷赤霉素50mg/L，京白梨盛花期及幼果膨大期喷赤霉素25mg/L，能明显提高坐果率和单果重。晚霜受冻后的莱阳茌梨、安梨于盛花期喷洒50mg/L的赤霉素，可提高坐果率。砀山酥梨在盛花期和幼果期喷洒25mg/L的赤霉素，可提高坐果率26%。

张传来等（2006）采果前一个月对满天红梨、美人酥梨树冠喷100mg/L的赤霉素，对防止梨采前落果具有极显著作用。

（2）萘乙酸、萘乙酸钠　当安梨80%的花朵开放时，喷施100mg/L的萘乙酸溶液，可提高坐果率40%以上。30年生莱阳茌梨，于盛花期喷洒250～750mg/L的萘乙酸钠药液能提高当年的坐果率。

张传来等（2006）采果前一个月对满天红梨、美人酥梨树冠喷布10mg/L和20mg/L的萘乙酸，对防止采前落果具有显著作用。

（3）矮壮素　梨芽萌动前和新梢幼叶长出时，各喷500mg/L的矮壮素一次，可明显减少枝条生长量，增加短枝和叶丛数，提高坐果率和产量。

（4）多效唑　梨盛花后3周喷450mg/L的PP_{333}，成花率显著提高。PP_{333}土施5克/株或喷500mg/L＋土施5克/株，对库尔勒香梨幼树的花芽形成有明显的促进作用。史俊喜（2013）研究表明，3年生黄金梨在春季新梢长到15～20cm时，喷施600mg/L浓度的多效唑，对黄金梨平均单株产量、坐果率、果枝率、成枝率均有显著的影响，可极显著地抑制其营养生长，促进坐果，提高产量。

（5）丁酰肼　对大多数日本梨或砂梨系品种应用丁酰肼也可获得良好的促花效果。罗来水等在二宫白梨幼树上试验表明，于5月上旬间隔10～15d喷施1500mg/L的丁酰肼2次，对花芽形成有显著效果，使2～4年生幼树花芽量增加0.25～11.4倍，5～6年生幼树量增加28%～35%。喷施1500mg/L的丁酰肼与250mg/L的乙烯利混合液，促花效果更好。

（6）丰产素（爱多收）　菊水、吾妻锦、博多青、黄花梨等品种在开花前至初花期施用丰产素（爱多收）2%水剂1500～2000倍液，可提高坐果率17%左右，于谢花后至幼果期喷施2000倍液，又可减轻幼果脱落，增大果实。

（7）壳寡糖　刘弘等（2012）研究表明，于翠冠、黄金梨的谢花展叶、幼果期、果实膨大期和果实采摘后喷施5%壳寡糖1000倍液（50mg/L）5～6次，可明显促进生长、减少落果，单株产量提高18.5%以上，可溶性固形物含量增加0.8%。同时，喷施壳寡糖后，树势增强，提高抗病能力，降低梨锈病、梨黑斑病、梨黑星病发病率。此外，也能防止梨树早期落叶，减少二次开花。

第四节　疏花疏果

1. 疏花疏果的机理

一般梨树自然坐果率较高，若不行疏果，则劣质果多，优质果少，果实商品性降低；同时会造成树体营养消耗过度，叶片早落，开二次花，花芽分化不良等不良后果，并出现大小年结果或隔年结果现象。利用植物生长调节剂进行疏花疏果可以达到丰产和稳产的要求。但不同植物生长调节剂处理，其机理不同，效果也不同。在梨花期喷布萘乙酸（NAA）和萘乙酰胺，会使花粉管伸长受阻，不能正常受精，造成落果；在幼果期喷布萘乙酸（NAA）和萘乙酰胺，则干扰内源激素的代谢和运输，促生乙烯而导致落果；在梨幼果期喷布乙烯利是通过提高乙烯水平，促使离层细胞解体而导致落果，但有效期较短。

2. 疏花疏果的技术措施

（1）萘乙酸和萘乙酸钠　在盛花期或盛花后10d，喷洒浓度为25～40mg/L的萘乙酸，对梨有较好的疏花疏果效应。据张玉林（2000）试验，巴梨盛花后1周叶面喷施30mg/L的萘乙酸坐果率明显降低，达到了人工疏果的效果。山东威海市农林局对8年生晚三吉梨，盛花期叶面喷施25mg/L的萘乙酸，其疏果率与人工疏果相近，而盛花后10d喷同样浓度的萘乙酸，则有疏果过度现象。

在雪花梨树盛花期喷洒40mg/L的萘乙酸钠溶液，可使疏果率达到25%，节省疏果劳动力。在鸭梨树开花后40d喷洒40mg/L的萘乙酸钠溶液，可使花序坐果比对照减少21%～41%，提高了鸭梨的单果重，节省人工疏果量44%～67%。

（2）乙烯利 在盛花期，喷洒浓度为200～400mg/L的乙烯利，对梨树有较好的疏花疏果效应。吴应荣等（1994）试验表明，在20年生晚三吉梨树盛花期喷布300mg/L的乙烯利，起到显著的疏花疏果作用。

（3）甲萘威（商品名西维因） 盛花期或盛花后10d，喷洒浓度为1000～1500mg/L的西维因，对梨树有较好的疏花疏果效应。于登杰等（1990）在15年生鸭梨树上，于盛花后14d喷布西维因2500mg/L，有显著疏除效果。

（4）ALA（5-氨基乙酰丙酸） 申明等（2011）研究表明，在丰水梨盛花后期喷布600～1200mg/L的5-氨基乙酰丙酸（ALA）溶液，则3周后坐果率为20%～30%，6周后降低为10%～13%，极显著低于对照。可以起到疏花作用，降低坐果率，提高采收期果实单果质量，改善果实品质，研究中还发现，花期喷施ALA至少可以在3个月内显著提高梨树叶片光合性能。

第五节 促进果实肥大

1. 促进梨果实肥大的机理

梨果实大小取决于该品种果实的细胞数目和细胞体积的大小。在果实发育过程中前期以细胞分裂为主，后期以细胞膨大为主。在细胞分裂期使用外源激素对增加细胞数量、促进果实膨大较为有效。董朝霞、李三玉等（1999）年用“梨果灵”于盛花后35d处理黄花梨，显著地促进了果肉细胞的分裂，增加了细胞数目。处理的细胞数目比对照增加31%，而对细胞径的影响不如细胞数目那么明显。同时认为蘸涂果柄后，能使果实吸收其有效成分，并使生长促进型激素增加和生长抑制型激素受抑，而GA、IAA、CTK等激素的增多，使得果实代谢旺盛，呼吸作用加强，细胞分裂加速。程云（2007）研究认为，CPPU促进梨果实发育可能与CPPU提高果实库强或CPPU促进果实内源激素水平提高，间接促进细胞分裂和膨大有关。陈善波等（2007）研究表明，早蜜梨果实生长发育期间，果肉和种子中IAA含量分别在花后50d和20d出现高峰；GA_3含量分别在花后20d和60d达到峰值；ZT含量的高峰则在花后40d，而ABA含量分别在花后80d和90d最高，随后均呈逐渐下降的趋势。IAA/ABA、GA_3/ABA和ZT/ABA比值对果实的细胞分裂与膨大起着重要的调节作用。

2. 促进梨果实肥大的技术措施

（1）梨果灵 “梨果灵”是浙江大学园艺系化学控制实验室配制成的发酵油剂型植物生长调节剂，具有促进梨果实肥大和提早成熟的作用，对人、畜安全，对环境无污染。在盛花后20～45d用小号毛笔蘸“梨果灵”药膏，涂在果柄上，每果涂药膏15～20mg（即每克药膏约涂50～60个果实）。使用后，果实平均单果重比对照增加20%～40%，成熟期提早7～10d，减轻黑斑病、梨春象和裂果的发生。据试验“梨果灵”适用于世纪、新杭、翠冠、菊水、黄花、杭青、西子绿、幸水、清香、黄香、金水2号、筑水、砀山酥梨、雪花梨、红香酥、早酥、七月酥、湘菊、库尔勒香梨、早美酥、华香1号及波兰3号等多数梨品种。使用时要注意使用量切勿过多，以免遇高温时药剂下流导致果面产生污斑（点），影响外观品质；同时处理果成熟后应及时采摘上市出售，以免影响品质和贮藏性。

（2）CPPU 刘殊等（1999）在盛花后1周喷布30mg/L的CPPU，也可在盛花后1周和盛花后2周用60mg/L的CPPU对二宫白梨浸果2次，可显著提高单果重、株产，果形指数增大。林永群等（2001）在盛花后10d喷布10mg/L的CPPU，可显著提高青花梨的坐果率和产量。盛宝龙等（1998）于花后1个月对幼果喷布10mg/L CPPU+25mg/L GA_3，可促进大部分梨品种果实纵径和横径的生长，增加胎黄梨的果形指数，提高鸭梨的单果重。程云（2007）对6年生翠冠梨树于盛花后第2周用CPPU20mg/L喷布幼果，使单果增加12%。另外，多数试验表明CPPU喷施后增加了畸形果，而程云（2007）添加0.1% PVAC（聚醋酸乙烯酯）或添加0.1%Triton助剂后，CPPU的促进效应明显增强，而畸形果率明显降低。

（3）激保灵 激保灵是我国台湾省生产的，主要成分为细胞分裂素。陆智明（2004）在黄金梨谢花后20～25d用牙膏状的激保灵贴在果柄上，其平均单果重比对照显著增加，增长率达到32.4%～37.3%。能够显著地提高其果实品质，尤其是维生素C、脂肪、蛋白质的增加非常显著。虽然糖、可溶性固形物等风味因素比对照略有下降，但差异不明显，可以通过适当延迟采收，增施磷钾肥、有机肥和生长季喷钙等措施来解决，达到生产优质梨果的目的。

第六节 控制果实成熟

1. 梨果实成熟的机理

梨属于呼吸跃变型果实，当果实成熟到一定时期，其呼吸强度有突然增高的现象。呼吸跃变标志着衰老阶段的开始。乙烯诱导梨果实呼吸跃变而促进成熟。梨果实自幼产生乙烯，果实接近成熟时，果实乙烯含量增加。促进或阻止果实内乙烯合成的因素，也促进或延迟果实的成熟过程。窦世娟等（2003）通过对不同聚乙烯薄膜袋对黄花梨果实进行包装处理研究认为，延长贮藏性主要是通过进一步抑制LOX活性、减少自由基积累，进而抑制ACC氧化酶和ACC合成酶活性，推迟乙烯跃变的来临，从而延缓果实的成熟衰老进程，减轻果肉发绵，维持较高的果实硬度来实现的。常有宏等（2006）试验结果表明，1-MCP处理则可降低翠冠梨贮藏期间的呼吸量，推迟乙烯高峰的出现，从而降低果实的代谢速率，并能延缓果实硬度、可溶性固形物和可滴定酸含量的下降。经1-MCP处理的果实，至贮藏期20d

时，好果率保持93.33%，表明其货架期达到20d，比对照延长10d。

2. 控制梨果实成熟的技术措施

（1）乙烯利　乙烯利是促进梨早熟的主要药剂之一，一般使用适期为采前20～30d。使用浓度偏高和处理时间过早，不仅催熟效果差，某些品种还将产生落果和裂果。不同品种具体催熟技术有差异。

在正常采收前40～60d，对八云、新水、二十世纪、新世纪、丰水、晚三吉等梨树喷洒25mg/L的乙烯利，具有促进果实成熟和膨大的效果，处理果实比对照提早5～12d成熟，单果重比对照增大7%～20%。

张力等（1986）对早酥梨在正常采收前18～25d，果实横径达到55～60mm时，对果实喷洒50～150mg/L的乙烯利，可提早7～10d成熟。菊水梨在采收前3～4周，用浓度为100～250mg/L的乙烯利喷洒，可提早15～18d成熟；八云梨用浓度为100mg/L的乙烯利喷洒，可提早10d成熟。使用时应注意：乙烯利浓度达到300mg/L时，会加重裂果和采前落果，甚至提前落叶。

洋梨与中国梨的成熟机制不同，采后需要经过一段时间的后熟，使果实变软，果肉变为溶质，才可食用。采前25d前后用250～500mg/L的乙烯利喷施巴梨，可提早15～20d成熟。高浓度虽可缩短后熟期，但会造成采前落果。因此，适宜方法是在适熟前期采收，然后在250～500mg/L的乙烯利溶液中浸蘸2～3min，可使成熟整齐，缩短后熟期，提高商品价值。

（2）梨果灵　在盛花后20～45d涂“梨果灵”药膏，可使梨果实成熟期提早7～10d，平均单果重比对照增加20%～40%（具体见前）。

（3）1-甲基环丙烯（1-MCP）　1-甲基环丙烯（1-MCP）是一种乙烯竞争性抑制剂，能阻断乙烯与受体的正常结合，且1-MCP与乙烯受体的结合不可逆，致使乙烯信号传导受阻，从而达到延缓成熟的目的。常有宏等（2006）对采后八成熟的翠冠梨使用有效浓度为1μL/L的1-MCP，室温下密封处理15h，可明显抑制乙烯的释放速度，从而有利于翠冠梨在室温下的贮藏，延长其货架期10d。王文辉等（2009）对黄金梨采后当天用0.5～1μL/L的1-MCP常温密闭熏蒸12h，李锋（2008）对采后丰水梨在有效浓度为1μL/L的1-MCP室温下密封处理15h，明显地延缓梨果实的硬度、可滴定酸含量的下降，有利于果实外观、风味的保持。

（4）壳聚糖　壳聚糖（chitosan，简写CTS），是甲壳素脱乙酰基的降解产物，为多糖类生物大分子，具有生物相溶性、可降解性、吸附性、成膜抑菌、无毒、可食用等特性，目前已被广泛应用于食品、医药、饲料、环保、化妆品等多个领域。王大平（2010）研究表明，黄花梨果实采用浓度0.15%～2.0%的壳聚糖溶液浸泡1min，在室温下贮藏16d，与清水处理相比，壳聚糖涂膜处理均可不同程度降低果实的失重率和腐烂率，抑制果实贮藏后期可溶性固形物、可滴定酸和维生素C含量下降，保持果实较好的硬度，从而延缓了果实的成熟衰老。其中1.0%的壳聚糖涂膜处理的果实贮藏16d，其腐烂率和失重率分别为12.8%和3.34%，而对照的分别是27.3%和6.46%，与对照的差异显著，果实品质好，保鲜效果最佳。

用壳寡糖 500mg/L 对采后翠冠梨果浸泡 1min 后分别置于室温贮藏和 5℃（相对湿度 90%）条件下冷藏，明显降低呼吸速率和失重率，保持硬度，减缓果肉组织中糖类及有机酸等营养物质的消耗，保鲜效果明显，可使翠冠梨冷藏保鲜期有效延长。在室温下贮藏，对降低梨果腐果率及提高贮藏品质作用效果明显，但维持时间不长，在生产上意义不大（刘弘等，2012）。

第七节　调节果实形状

1. 梨果实形状

梨的果形常多变，如鸭梨缺少鸭突、库尔勒香梨和茌梨等果顶突出并呈纺锤形、宿萼果存在等都会影响外观品质和经济效益。阮晓等（2001）认为香梨果实有萼端突起和萼片宿存可能与内源激素的重新分配有关。在果实萼端开始突起时，果实的萼端突起部位的内源激素含量与萼洼凹陷的果实接近，梨身部位的内源激素含量则明显低于萼洼凹陷果，有萼端突起果实的萼端突起部位内源激素含量也明显高于梨身部位（GA_3、IAA、ABA 含量高出 2 倍、1.4 倍、1.5 倍）。由此推断，可能由于这 3 种内源激素在萼端的分布相对高于梨身（尤其是 GA_3），致使果实萼端细胞分裂生长增快，因而出现萼端突起现象。徐庆岫等（1991）花期喷施与 GA_3 相拮抗的多效唑（50～1000mg/L），可以明显减少香梨果实果面突起和萼端突起部位的 IAA、ABA 含量。因此，如果在花期前后适当喷施抑制 IAA 和 ABA 生物合成的抑制剂，有减少香梨果实果面突起的作用。

花萼由若干萼片构成，属于花的最外一轮，一般呈叶状、绿色，开花前对花器有保护作用。梨属植物一些品种，如砀山酥梨、库尔勒香梨、黄金梨、玉露香、丰水和鸭梨等，开花结果后部分果实萼片脱落，称为脱萼果，有些果实至成熟时萼片一直存留在果实上，称为宿萼果。萼片是否脱落是影响梨果商品品质的重要因素之一，脱萼果一般果形端正、果面光洁、石细胞少、果核小、风味好，很受消费者欢迎；与脱萼果相比，宿萼果果形一般不整齐，肉质变粗，石细胞增多，可食率降低，经济价值只有脱萼果的 1/2，严重影响了梨树栽培效益的提高（杨晓平等 2014）。

2. 调节梨果实形状的技术措施

（1）PBO　亚合甫·木沙等（2007）以盛花期喷施 300 倍液 PBO 效果显著，宿萼果率由对照的 63.9%降至 19.2%。任莹莹等（2007）对库尔勒香梨初花期、盛花期喷施 10～50mg/L 的 PBO，均能使脱萼率提高到 90%以上，并使脱萼突顶率降为 0。湘南梨于盛花期喷施 300 倍液 PBO 和 6000 倍液的福星混合处理脱萼效果显著，脱萼果率为 73.90%；单独使用 PBO 处理脱萼率为 47.60%；两种脱萼处理均能够显著提高梨果的可溶性固形物和可溶性糖的含量，增加梨果的果肉硬度，降低果形指数，改善梨果外观品质（杨晓平等 2014）。铃铛花期喷洒 250 倍液的 PBO，促进黄金梨和玉露香梨萼片脱落效果最好，脱萼率分别达到 71.10%和 95.95%（张鹏飞等 2013）。

（2）6-BA 在鸭梨蕾期、开花期和幼果期各喷 1 次 300mg/L 的 6-BA 溶液，可使第六序位花所结果实鸭突率从 32.6%提高到 86.8%，与第一位花的果实自然形成的 88.0%鸭突率无显著差异。

（3）NAA 任莹莹等（2007）对库尔勒香梨初花期、盛花期喷施 10mg/L 的 NAA，不仅增大了脱萼率而且降低了脱萼突顶率和宿萼突顶率。

（4）乙烯利 任莹莹等（2007）对库尔勒香梨初花期、盛花期喷布 300～500mg/L 的乙烯利，不仅降低了宿萼突顶率，而且使脱萼突顶率降为 0。

（5）多效唑 库尔勒香梨在花蕾露红期喷洒浓度为 600mg/L 的多效唑，能使突顶果由 83.8%降至 8.7%，果形指数由 1.25 降至 1.05，多数果实由纺锤形变为宽卵形（徐庆岫等，1991）；多效唑控制茌梨和罐梨突顶果也有类似的效果。

第十四章

桃

第一节 打破种子休眠

1. 桃种子休眠原因及解除休眠方法

桃种子休眠属于混合休眠类型，引起桃种子休眠的原因是多方面的，主要有3个方面：种皮障碍、内果皮障碍和种胚需要后熟。

种皮障碍是引起桃种子休眠的重要因素。种皮抑制桃种子萌发主要不是机械阻力，也不是透性问题，而是诸如脱落酸（ABA）类的化学抑制物质的作用，去掉种皮的种子可迅速萌发。陶俊等（1996）用秋香蜜桃去内果皮种子试验更进一步表明，种皮中ABA极显著高于种胚，是抑制桃种子萌发的重要物质，有皮种子的休眠状态与ABA有某种关系，而去除种皮的胚可迅速萌发。

内果皮障碍亦是引起桃种子休眠的另一个重要因素。木质化坚硬致密的内果皮，其机械阻力和对种子吸水的阻碍构成了果皮障碍。Lipe等（1996）对桃种子休眠研究后指出，木质化内果皮的机械阻力是桃种子休眠的重要原因。内果皮阻碍了水分的吸收，从而大大延长休眠时间或低温层积时间。

桃种子休眠可能还与胚的后熟有关。一些成熟桃种子的胚虽已分化完善，但在适宜条件下即使剥去种皮亦不能萌发。这类种子一般需低温与潮湿的条件，经过几周到数月之后才能完成生理后熟。桃种子在低温层积处理过程中，ABA类抑制物质的含量随处理时间的延长逐渐降低以至消失，而GA含量不断上升。

解除桃种子休眠的主要方法为低温层积处理和生长调节剂处理。低温层积处理是目前解除桃种子休眠最常用且最有效的方法。种子在低温层积过程中能够完成种胚成熟，使种子内部发生一系列生理生化变化，种子吸水力加强，原生质的渗透性提高，不溶性的内含物转化为可溶性的简单物质，而且使坚硬致密的内果皮松动，胚开始萌发。对于大多数落叶果树种子，0～10℃是打破休眠的有效低温。桃种子要求的适宜低温为5℃左右，但不同品种间有差异。低温层积必须有足够的时间种子才能萌发。Chopra（1987）将“sharbati”桃种子在8℃下分别层积4周、7周、

10周、13周后其萌发率分别为11.4%、39.6%、64.8%、69.8%，即随层积时间的延长，萌发率呈上升趋势。

生长调节剂处理是解除桃种子休眠的一种常用方法。一般认为，用GA和CTK处理桃种子能代替低温处理打破休眠，并且当桃种子中抑制物质和GA水平都低时，单用GA即可打破休眠；当种子GA水平低，而抑制物质含量高时，种子的休眠则需要GA+CTK才能打破。

2. 用生长调节剂解除桃种子休眠的技术措施

(1) 赤霉素　韩明玉（2006）用500mg/L的赤霉素溶液浸泡处理山桃、甘肃桃、毛桃的破壳种子24～48h，其解除桃种子休眠的效果与低温层积处理效果基本相当。孟新法（1987）将未经层积处理的山桃和栽培品种“燕红”的种子用800mg/L的赤霉素处理24h，可以有效地解除休眠。陶俊等（1996）将秋香蜜桃的有皮种子用200mg/L的赤霉素溶液浸泡处理24h，其种子发芽率与剥除种皮的种子发芽率相近。王贵元等（2009）研究表明，未经过层积处理的毛桃种子，用400～800mg/L的赤霉素溶液浸泡处理24h后，有部分种子发芽，但种子发芽率较低，而赤霉素和低温层积处理相结合，效果则更好，经过60～90d层积处理的毛桃种子，再用400～800mg/L的赤霉素溶液浸泡处理24h，则种子发芽率提高。赵晓光（2006）用400mg/L的赤霉素溶液浸渍24h后层积15d，能显著解除山桃种子休眠。

(2) 6-BA　Mehanne等（1985）用50～100mg/L的6-BA浸泡未层积的CV. Sunlite和Flao-4桃种子24h，能有效解除桃种子休眠，同时与低温层积处理相结合，效果更好。而韩明玉等（2002）用6-BA溶液浸泡处理山桃、甘肃桃、毛桃的破壳种子，其解除桃种子休眠的效果不明显。可能不同桃品种间用6-BA处理存在差异。

(3) 普洛马林　韩明玉（2006）用3000～5000mg/L的普洛马林溶液浸泡处理山桃、甘肃桃、毛桃的破壳种子24～48h，其解除桃种子休眠的效果与低温层积处理效果基本相当。

第二节　促进扦插生根

1. 桃树扦插生根

桃树扦插可分为绿枝扦插和硬枝扦插，绿枝扦插一般生根成活较好。绿枝扦插不定根产生于韧皮部薄壁细胞。扦插生根受内外因素综合作用，但插条生理状况对生根有重要影响，插条中淀粉、可溶糖及IAA的含量是生根的主要作用因子。

弦间洋（1989）试验观察表明，绿枝插条插后5d，形成层外侧由次生韧皮部薄壁细胞分化出初生根原基；插后10～14d产生组织分化的细胞群，即根原基的发育，而硬枝插条只需7～11d。凌志奋等（1995）发现，桃绿枝扦插，在插条不定根原基形成和分化期，生根部位糖类含量急剧下降，由此表明根的形成需要糖类供应。弦间洋（1989）进一步指出，插穗生根能力的季节变化不仅与插穗所含还原糖的季节消长一致，插穗生根能力强时，其内部还原糖与糖类之比值高，内源生长素的含量也高。

在相同的扦插条件下，不同种、品种插条的生根率差异很大。郑开文（1990）采用23个桃品种硬枝扦插，结果大久保、燕红、和尚帽、岗山白等品种平均生根率达93%，而红岗、京艳、罐桃14号仅10%～15%，差异显著；将此23个品种进行绿枝扦插，金童8号、京红生根率在90%以上，而大久保、罐14生根率为0。

桃插条生根在很大程度上受生长调节剂和糖类供应是否充足所控制。促进插条生根的生长调节剂主要是除2,4-D以外的生长素类物质，其中IBA最为有效。桃接穗经IBA等生长调节剂处理后，内源生长素（IAA）活性提高，生根辅助物质提前显示活性。徐继忠（1986）于秋末采集插条，茎中ABA含量较高，经低温贮藏含量降低；1989年进一步试验表明，经IBA处理的插条，插后4d内源IAA上升，ABA含量持续下降。显然，IAA上升是愈伤组织和根原基形成、根突出表皮的必要前提。推测ABA的抑制效应可能与其对α-淀粉酶抑制有关，甚至阻碍RNA聚合酶的活性，使DNA至RNA的转录不能正常进行。

2. 应用生长调节剂促进桃扦插生根的措施

（1）吲哚丁酸（IBA）　于5月份，取10～15年生五月鲜、太久保等桃品种的当年新梢做绿枝扦插，长15～20cm，中上部叶片保留，用750～4500mg/L的吲哚丁酸速蘸5～10s。插于砂床中，床上盖塑料棚，并经常喷雾，保持温度20～30℃，空气相对湿度90%以上，扦插生根率可达80%～90%，生根苗移植露地苗床后成活率达90%以上。崔少平等（1998）于6月上中旬，剪取桃绿枝插条长20cm，保留上部3～4片半叶，经500倍多菌灵消毒后，将插条基部双面反切，形成长约2cm的马蹄形斜面，用3000mg/L的吲哚丁酸速蘸10s，稍干后在弥雾插床上扦插。结果表明，各种类、品种均有不同程度生根，以蟠桃、油桃、甘肃桃等品种生根率较高，新疆桃、丰黄、西伯利亚等品种生根率中等，北农早艳、五月鲜品种生根率一般，山桃生根率最低。魏书等（1995）用1500mg/L的吲哚丁酸处理朝晖等4个桃品种硬枝10s，其生根率均在80%以上。弦间洋（1989）用25mg/L的吲哚丁酸处理桃硬枝4h，生根率达96.9%。

王娅丽等（2013）试验表明，长柄扁桃采集2年生母株上的当年生枝条作插穗，5月1日扦插，插时用800mg/L的IBA速蘸30s，扦插成活率可达81.25%。白晓燕等（2014）试验表明，桃砧木新品系9910918半硬枝扦插生根的最适宜生根剂为2500mg/L的IBA，处理后生根率达73.33%，极显著高于其他处理，平均不定根数6.50条，不定根长度5.20cm。

（2）萘乙酸　选择10～15年生五月鲜、太久保、白凤、土仑等品种，5月份以 15～24cm 当年新梢做绿枝扦插，保留中上部叶片，经 750～1500mg/L 的萘乙酸速蘸 5～10s 后插于砂床中，床上盖塑料棚，并经常喷雾，保持温度 20～30℃，空气相对湿度 90%以上，扦插生根率达 80%～90%。郑开文等（1984）用桃不同品种作硬枝扦插，用萘乙酸 700～1500mg/L 速蘸，发根率为 42%～48%。

（3）生根粉　靳晨等（2006）在北京地区 6 月至 8 月对桃砧木筑波 5 号进行绿枝扦插，选择留有三片全叶的插条，以珍珠岩为基质，用 1000mg/L 浓度的生根粉浸蘸插条基部 10s 后进行扦插，生根率可达 90%以上。魏书等（1995）在南京于 5 月下旬至 6 月初及 9 月下旬至 10 月中旬，用 300mg/L 的生根粉浸 20min 处理的绿枝插条生根率，与经 IBA 1500mg/L 浸 5s 处理的无明显差异。

第三节　控制新梢生长与调节花芽分化

1. 枝芽生长和花芽分化的特点

桃树当年旺梢的侧生叶芽具有早熟性，随着主梢的迅速生长，侧生叶芽便随之萌发形成二次梢，依次类推形成三次梢、四次梢等。新梢生长的动态及其生长期长短与其生长势密切相关。生长势强的新梢生长期长、生长量大，一个生长季中有 2～4 次生长高峰，每次生长高峰都伴随有大量新梢发生。

桃花芽分化共分四个阶段，即生理分化期、形态分化期、休眠期和性细胞成熟期。从枝条停止生长到花芽开始形成，整个过程都是花芽的生理分化期。在此期间进行着节位的增长，同时又进行着生理转化的进程，这时的芽原基处于可塑状态，根据条件变化可以转化为花芽，也可转化为叶芽。使用生长调节剂，使枝条停止生长，可以促进花芽分化。

植物的营养生长与生殖生长是一对矛盾体，旺盛的营养生长抑制了生殖生长。生产上凡能增强生长势的因素均可促进新梢生长，延长其生长期，加大生长量，反之则降低新梢生长量，促进生殖生长。多效唑等生长调节剂，主要作用是抑制赤霉素的生物合成，使光合作用的产物由营养生长更多转向生殖生长。使用多效唑可有效抑制桃树新梢生长，能有效地提高花芽的数量和质量，达到早结果、早丰产的目的。

2. 控制新梢生长，调节花芽分化的技术措施

（1）多效唑　多效唑是高效生长延缓剂，其抑制效果和促进花芽分化与施用方法有密切的关系。叶面喷施作用缓和，局部作用强，有利于树势平衡和局部抑制，可用于幼树辅养枝或初果期全树喷洒，有利于速成丰产树和早结果；土施多效唑对树体抑制作用强，宜在盛果期旺长树上应用，对高产控冠、稳定枝量、免除夏季修剪有特殊的意义，但需注意冠下和内膛枝条的培养，以免造成过早秃裸。

① 土施法　土施反应较慢，约 20～30d 才表现出抑制作用，宜在新梢旺长前

施用。一般在头年秋季落叶至来年春季萌动期或春季发芽后至 4 月下旬、新梢长至 10～20cm 左右时进行。在生产上用“环状沟施法”，即在大树树冠投影外缘向内 50cm，绕树干挖一宽 30～40cm、深 15～20cm（以见到吸收根为度）的浅沟，将按树冠正投影面积每平方米施 0.1～1g 15%的多效唑可湿性粉剂，用适量的水充分溶解稀释或掺细土，再用喷壶均匀施入浅沟内或直接均匀地洒（撒）在沟内，然后覆土。

② 叶面喷施　叶面喷施反应快，10～15d 即出现抑制作用，因此使用时间宜在桃树生长季内，新梢长至 30cm 左右开始，即 5 月中旬和 6 月下旬，对北方品种和壮旺树，用 500～1000mg/L 多效唑喷施，隔 20d 后再喷 1 次，每株用药量不超过 5L；南方品种和中庸树使用 300～500mg/L 多效唑喷施，每株用药量不超过 3L。

在生产上还需注意多效唑的残效问题，叶面喷施的多效唑第二年仍有部分作用；土施对桃树当年新梢抑制作用明显，第二年的抑制作用最强，第三年才开始缓和；高剂量处理时，第三年对新梢仍有较强的抑制作用。因此土施容易出现抑制过度现象。

（2）PBO　每年 7 月喷洒 100 倍液 PBO，半月后再喷 1 次，控梢保花效果明显。徐明举（2006）对大棚新栽的五月阳光和艳光甜油桃喷施 PBO，第一次于 7 月 5 日当新发副梢长 20～25cm 时，喷 100 倍液 PBO；第二次于 8 月 1 日，根据其控梢程度，喷 100～180 倍液 PBO。结果表明，PBO 喷后 3d 叶色转为浓绿，7d 新梢基本停长，节间缩短，喷后 25d 即有花芽形成。喷 PBO 的结果枝和花芽数分别比对照提高 6.14 倍和 25.48 倍，促花效果极为显著。

（3）矮壮素　于 7 月份前用 200～350mg/L 的矮壮素喷施新梢 1～3 次，可抑制桃树新梢伸长，促进叶片成熟及花芽分化。

（4）氨基乙基乙烯甘氨酸（AVG）　在五月火油桃桃树开花前用 5000mg/L 的氨基乙基乙烯甘氨酸喷施，可有效抑制顶芽生长，延迟开花 10d 左右，枝条节间缩短，叶片增多、增厚，果实硬度增加，可溶性固形物提高，降酸作用明显，其效果随浓度的增加而提高。

（5）赤霉素（GA_3）　安丽君等（2009）在北京桃栽培品种“八月脆”成花诱导期 7 月 10 日之前，叶面喷施 GA_3 100mg/L，能显著抑制其花芽分化，处理后成花率仅为 11.67%。同时研究表明，顶端分生组织中 GA_3 的分布随花芽分化进程而变化，赤霉素家族中 GA_3 类在八月脆桃成花过程中起抑制作用，并且这种抑制作用具有一定的时期性。GA_3 处理抑制了成花转变关键基因 *PpLEAFY* 及 *MADS6* 的表达。

（6）单氰胺　孙茂林等（2014）在温室大棚油桃升温前后的 1～2d 或升温当天，应用 60 倍液的含 50%单氰胺的果树破眠剂喷布早红 2 号油桃枝条，可提前萌芽 10～12d，果实成熟提早 9～10d，并且使油桃开花整齐，花期集中，果实成熟均匀。

第四节　保花保果

1. 桃树坐果低的原因

桃树为两性花，自花结实能力强，坐果率高，容易成花挂果。但在生产上也常见枝叶繁茂不开花，或花而不实，或谢花后前期坐果率高、以后陆续脱落的现象。桃树花果脱落的原因很多，有花期低温阴雨或谢花后长时间阴雨引起的，有生理性原因引起的。桃树生理性落花落果的原因主要是由于桃树枝梢容易旺长，枝叶生长消耗养分过大，同化产物积累少，从而影响花芽分化的数量和质量；或由于负果量过大，营养生长、生殖生长矛盾突出，相互争夺养分，致使桃胚发育停止而落果。

2. 保花保果，提高坐果率的技术措施

（1）*多效唑*　多效唑只能用于幼树、旺树，对抑制新梢生长，促进花芽分化，控梢保果，提高坐果率效果较好。

（2）*赤霉素*　赤霉素宜用于老弱树盛花期或在连续的低温阴雨天气喷施，使用浓度为10～80mg/L。在桃树盛花后15～20d，用1000mg/L的赤霉素喷洒，可显著地提高桃树的坐果率。幼龄结果树及旺长树不宜使用，否则会导致新梢旺长，加重生理落果。

（3）*防落素*　防落素在花期可用15～20mg/L浓度喷施，生理落果期用25～40mg/L浓度，均有显著效果。

（4）*萘乙酸*　在桃树盛花后期，用20mg/L的萘乙酸溶液喷施，可显著地提高桃树的坐果率。在桃果实着色前15～20d喷一次5～10mg/L的萘乙酸，10～15d再喷施一次10～15mg/L萘乙酸，可有效防止采前落果，并促进桃果实着色，可使下部内膛果90%以上果面着色。

第五节　疏花疏果

1. 桃树结果特性

桃树多数品种结果枝数量多，成花容易，花芽量大，自然坐果率高，成龄树常因开花坐果过多，导致树势衰弱、果实小、品质差，而且会削弱当年新梢生长势、降低花芽分化水平，减少树体贮藏营养，影响下一年或连续几年的产量和质量。实践证明，桃树合理疏花疏果，是达到优质高产的有效措施。采用生长调节剂进行疏花疏果时，应根据所用生长调节剂的种类及作用原理，选择疏除效果好、药效最稳定的时期施用。

2. 疏花疏果的技术措施

（1）*多效唑*　马锋旺等（1993）对布目早生桃在盛花期喷布500～1000mg/L

多效唑，结果表明有显著的疏除效果。多效唑抑制幼果膨大，但成熟时处理的果实单果重却明显地高于对照。

（2）萘乙酸　萘乙酸 40～60mg/L 溶液在花后 20～45d 喷洒均有疏除效果。

（3）乙烯利　应用 200mg/L 的乙烯利在花后 8d 喷洒，有疏除效果。在黄桃上试验表明，在盛花期喷洒乙烯利 300mg/L 浓度的溶液疏除效果良好。

在花后 30d，用 50～100mg/L 的乙烯利和 100mg/L 的赤霉素混合液喷施，可减少 50%～80%的人工疏果量，而桃树无伤害症状。

第六节　促进果实肥大

1. 促进桃果实肥大的机理

桃果实大小取决于果实的细胞数目和细胞体积的大小。据大岛（1989）报道，CPPU 有促进果实增大的作用。一是通过延长细胞分裂的时间，使果实细胞数目增多；二是促进果肉细胞伸长，使细胞体积变大。饶景萍（1997）试验表明，细胞分裂素（CPPU）对桃果实有显著促进肥大的作用，与在猕猴桃、葡萄、苹果、梨、柿等果树上的应用效果相似，同时发现 CPPU 处理后的桃果实，其果核及种仁都比对照的大。同时，经处理的果实成熟时硬度降低、可溶性固形物含量增加及果实着色提高，果实品质改善，成熟提前。

2. 促进桃果实肥大的技术措施

（1）CPPU　饶景萍（1997）用 20mg/L 的 CPPU 加 1g/kg 的吐温 20 溶液，于盛花后 30d 均匀喷布于西农早蜜桃幼果表面，果实果重和体积都显著增大，平均单果重增加 33.3%；果肉硬度下降，可溶性固形物含量及果实着色率显著提高，并有促进早熟的作用。陈在新等（2005）对鄂桃 1 号桃在盛花后 7d 和 14d 连续两次果面喷布 20～30mg/L 的 CPPU 溶液，果实单果重、果形指数和总糖含量增加，可滴定酸含量显著降低，糖酸比提高，风味佳，成熟期提前。但是，使用 CPPU 后果实硬度下降，裂果率升高。

（2）5406 细胞分裂素　在桃树落花后，喷洒 1000 倍液的 5406 细胞分裂素，叶色增加，叶片增厚，节间缩短。与对照相比，坐果率提高 22.4%，单果重增加 13.2%，且增加了大果率，增进了着色，改善了品质，成熟提早 4d。

（3）赤霉素　党云萍等（2002）在西农早蜜桃盛花后 30d 用 100～150mg/L 的赤霉素液均匀喷布桃幼果表面，可使果实膨大，果重增加，果实的糖酸比及硬度显著提高，但对果实维生素 C 含量和着色率无明显影响。

（4）多效唑　王志霞等（2011）在香山水蜜桃果实迅速膨大期喷施 1600mg/L 的多效唑，可显著提高桃果实单果重、果实硬度、可滴定酸和可溶性总糖含量，有效提高桃果实内在品质和外观品质。

第七节 提早果实成熟与贮藏保鲜

1. 桃果实成熟与采后生理

桃属于典型的呼吸跃变型果实。跃变开始前，组织内部乙烯浓度极低。在即将发生跃变时，乙烯浓度明显上升，引起呼吸跃变，但贮藏期间乙烯的大量生成可能只是果实衰老的伴随现象，而不是启动因子。极微量的乙烯就足以诱发果实呼吸强度上升，继而内源乙烯释放加剧。已有研究证明，乙烯能明显提高果实的呼吸强度，同时使果实中的维生素C含量和酸度下降，果实变软。

桃在贮藏期间出现两次呼吸高峰及一次乙烯释放高峰，乙烯释放高峰先于呼吸高峰出现。第一次呼吸高峰过后，果实硬度开始下降，第二次呼吸高峰过后果实开始腐烂、组织崩溃、风味丧失。呼吸高峰出现越早越不耐贮。水蜜桃果实采后呼吸强度迅速升高，平均呼吸强度比苹果高1～2倍。有研究发现，在常温下第一次呼吸跃变前后，果实一直保持较高的硬度和良好的风味，随着第一次呼吸高峰期的结束，果实硬度开始下降，完全软化之前出现第二次呼吸跃变，随后果实风味丧失，果肉组织崩溃，果皮皱缩、腐烂（张晓宇等，2008）。桃果实采后呼吸高峰的出现是其不耐贮藏的主要原因之一。另外，同一桃果实不同部位呼吸强度不同，果皮是果肉的4倍，果顶和果蒂是果实平均呼吸强度的1/4。温度对果实呼吸强度的影响极为明显，在一定的温度范围内，果实呼吸高峰出现时间随温度升高而缩短，低温能明显抑制桃果实的呼吸强度，推迟两次呼吸高峰和乙烯释放高峰的出现。桃果实在采后成熟软化期间，乙烯释放高峰来临时间和高峰期的释放量受外界温度、乙烯吸收剂、丙烯、1-甲基环丙烯（1-MCP）及植物激素等的影响。通过抑制内源乙烯合成，推迟乙烯高峰期的出现，能延缓果实衰老进程。适宜的低温贮藏可维持较高的SOD活性、减少乙烯释放量并推迟其高峰的出现，延缓后熟软化。

乙烯还可以提高多酚氧化酶（PPO）和过氧化物酶（POD）的活性，引起果实褐变。因此，果实中乙烯含量的高低、释放的速率在很大程度上影响果实的生理状态。ACC是乙烯的直接前体，ACC向乙烯的转化过程是一个有自由基参与的反应。采后果实SOD活性随着后熟衰老而急剧下降，使组织中自由基产生与清除的动态平衡遭到破坏。自由基的积累促进了ACC向乙烯的转化。若将采后果实预冷或冷藏，可使组织中的SOD活性维持在较高水平，抑制ACC向乙烯的转化，从而延缓果实的衰老。

2. 促进桃果实成熟的技术措施

（1）乙烯利　在桃果实成熟前15～20d，用400～700mg/L的乙烯利溶液喷洒，可使桃果实提早成熟5～10d，催熟效果随乙烯利浓度增加而提高，果实着色好，可溶性固形物提高。但乙烯利使用浓度过高或使用剂量过大会引起落果和叶片脱落。

（2）丁酰肼　在早熟或中熟桃品种的硬核期，或晚熟品种采收前45d左右，用1000～3000mg/L的丁酰肼喷洒，可促进桃果实着色，成熟加速，提早2～10d收获，成熟整齐度和果实硬度提高。

刘以仁等（1990）提出，5月上旬单施丁酰肼（1500～3000mg/L）或乙烯利（30～60mg/L），使果实提早2～3d成熟，若两种药剂混施，则效果更好。

3. 桃果实贮藏保鲜

（1）采前钙处理　钙的生理作用包括两方面。一方面能减少乙烯的生物合成，延缓后熟过程，推迟果蔬衰老，因此能阻止果实的软化，保持较好的硬度。另一方面，钙可以维持细胞合成蛋白质的能力，保护细胞膜，保持机体的完整性。钙参与细胞膜的构成，可使原生质膜结构和性能稳定。吕昌文报道，采前1周左右喷施0.05%的高效钙可增加果实硬度；李正国等报道，采前30d和15d各喷1次“绿芬威3号”（主要成分为Ca 20%、P 52.4%、S 6%、Zn 12%）1000倍液，有减缓桃果实失水和减轻腐烂的效果，在一定程度上延长了贮藏时间（张晓宇等，2008）。

（2）GA_3　采前GA_3处理可明显提高果实的硬度与耐藏性。如采前1个月用100mg/L GA_3处理后桃果实贮藏后硬度比对照高1倍。Dillon等用浓度为800mg/L的GA_3在盛花期给Flordasum和Shartatic两个品种的桃进行喷施，Flordasum可延长贮藏期10d，Shartatic可延长贮藏期24d。王贵禧等（1998）在研究中发现采前用GA_3 50mg/L、2,4-D 50mg/L、多菌灵2000倍混合液处理，可减慢桃果实在贮藏期间的生理代谢，并能较好地保持品质，腐烂和褐变指数分别比对照降低7.7%和4.0%。

崔志宽等（2013）对采后深州蜜桃用500mg/L赤霉素与300mg/L的水杨酸的混合溶液处理，可以显著降低桃果实的失重率，并能够显著降低丙二醛含量，可以有效地维持果实的硬度并能较好地控制果实的呼吸强度和丙二醛含量。

（3）1-MCP（1-甲基环丙烯）　马书尚等（2003）研究发现，秦光2号油桃和秦王桃采收后置于浓度约为1μL/L的1-MCP容器内，室温（20℃）下密封12h，0℃贮藏，能显著降低秦光2号油桃和秦王桃的呼吸速率和乙烯释放速率，减缓果实软化，减少果肉褐变，减轻桃低温伤害，但对可滴定酸和可溶性固形物含量无明显影响。

金昌海等（2006）对雨花三号桃果实采收后，在20℃下用0.5μL/L的1-MCP密闭处理24h，而后贮藏于聚乙烯薄膜塑料袋中，能够延缓果实后熟软化进程，降低了桃果实乙烯释放量，并抑制了果实快速软化阶段的ACC氧化酶（ACO）的活性。

及华等（2014）对采后深州蜜桃用1.0μL/L的1-MCP熏蒸和预贮（8℃、5d转入0℃）的方法处理，能够明显抑制桃果实冷藏期间的呼吸速率和乙烯释放速率，推迟呼吸高峰期的出现；同时延缓了果实软化，抑制可溶性固形物含量上升，降低了果实的褐变指数和腐烂指数。

(4) 壳聚糖　任邦来等（2013）对采后油桃果实用1.0%的壳聚糖溶液涂膜处理1min，有利于油桃保鲜，能抑制油桃果实失重率、腐烂指数及呼吸强度的上升，延缓油桃果实硬度、含糖量、维生素C含量、可滴定酸含量等的下降。曹雪慧等（2014）对采后大久保桃果实用4g/L抗坏血酸＋15g/L壳聚糖溶液浸渍涂膜、4g/L迷迭香＋15g/L壳聚糖溶液浸渍涂膜处理，保鲜效果明显。

第十五章

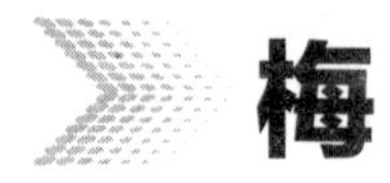

梅

第一节　控制新梢生长

1. 梅树枝芽生长特点

梅树和桃树一样，芽具有早熟性。梅幼年树每年抽发 2～3 次新梢，以春梢数量最大。成年结果树一般每年抽发一次春梢，不发生第二次梢，但在采后春梢仍可继续伸长生长。梅树新梢顶端有自剪现象，其顶芽为假顶芽。利用生长调节剂能明显地抑制新梢过量生长，使新梢节间缩短，茎粗增加，达到促进花芽形成、幼年树提早结果的目的。

2. 控制梅树新梢生长的技术措施

多效唑　对生长旺盛的梅树，当春梢长 5～10cm 时，喷洒浓度为 300～500mg/L 的多效唑溶液，可明显抑制新梢生长。在 7 月对梅树喷洒浓度为 300～1000mg/L 的多效唑溶液，能有效地抑制植株营养生长，促进花芽形成，提高果实品质（李百健，1996；李明，2002）。

对幼年梅树，土施每株 0.2～0.5g 多效唑，能明显地抑制当年新梢生长，使得新梢增粗，节间缩短（万国平等，1997）。但不可连年使用，通过观测梅树生长情况，确定下一次使用多效唑的时间。对于盛果初期梅树，当生长势偏旺，可选择穴施 0.125g/m^2 多效唑，1 株梅树约施多效唑 1.5g（有效成分），可有效地抑制新梢生长，促进花芽形成，提高果实品质（李百健，1996）。

第二节　防止提早落叶

1. 梅树落叶休眠特点

梅的落叶期比其他果树要早。在广东，9 月至 10 月上旬为正常落叶期，浙江、江苏则在 10～11 月。不同品种、不同树龄以及不同小气候条件下，正常落叶期会有差异。广东果梅在7～8月的夏季高温期，枝叶的生长停止，9月气温下降后，部分幼龄树及水分充足的梅园的部分枝条、枝梢能恢复生长一段时间，但相当部分植株夏季枝条停止生长的状态持续到冬季休眠。因此，有研究认为，夏季的高温可能是启动梅生长充实的腋芽进入休眠的因素。目前许多梅园落叶期提早现象非常普遍，树势衰弱、土壤过分干旱、病虫害严重、大气污染等因素都可导致落叶提前。但是，也有许多梅园存在落叶期延迟现象，使得树体不能及时进入休眠。提早或延迟落叶会影响花芽质量，导致来年结果不良。

2. 调节梅树落叶的技术措施

（1）多效唑　从春梢开始，通过合理施肥和根外追肥，喷洒浓度为300mg/L的多效唑＋30mg/L的核苷酸＋0.2%的高效叶面肥溶液，每次抽梢期喷洒一次，可提高叶片的质量和抗逆性，可防止果梅过早落叶。

（2）乙烯利　为了促进叶片按时自然落叶，可于9月中旬喷洒100mg/L的乙烯利＋500mg/L的多效唑溶液，或者在9月下旬喷洒浓度为100～150mg/L的乙烯利＋3%～5%的氯化钾溶液。

第三节　保花保果

1. 梅树开花结果特点

梅树是开花期早的树种，不同地域、不同品种的开花期相差很大。在广州地区，横核品种12月下旬初花，1月上旬盛花，1月中旬谢花，花期20～30d；南京，初花期在3月上旬，盛花期在3月中下旬，末花期在3月下旬至4月初。不同年份花期可相差10～20d。开花持续时间长短，与当时的气温关系密切，气温高时花期短，气温低时花期延长。如开花期温度偏高，花期偏短，对坐果不利。

果梅的开花量很大，但花器发育不完全的现象很普遍。花器中缺少雌蕊或子房枯萎、子房畸形、花柱短缩的花统称为不完全花。不完全花没有受精能力，开花后脱落。不完全花比例的高低与树体养分积累、花期早晚、气候影响有关，如结果过量、树体衰弱，落叶过早、贮藏养分不足，冬季偏暖、开花提前等，均会使得不完全花率提高。

果梅多数品种有自花不实现象，如广东的主栽品种横核、大核青自花授粉结实率低，两品种互作授粉树，结实率高。梅品种间授粉亲和力差异大，常有自花不实和异花授粉不亲和以及某些组合正交亲和而反交不亲和等现象。一些品种还有作父本授粉亲和，而作母本接受花粉亲和性窄之别。

2. 提高梅树坐果率的技术措施

（1）赤霉素　在连续阴雨条件下，花期喷洒浓度为20mg/L的赤霉素溶液、幼果期喷洒50mg/L的赤霉素溶液，可有效提高果梅的坐果率。张传来等（2006）在盛花期对金光杏梅喷洒 50mg/L 的赤霉素溶液，马文江等（2003）在黄杏梅花期喷 50mg/L 赤霉素，均提高了坐果率。

（2）防落素　在盛花末期喷洒浓度为 30mg/L 的防落素溶液，在第一次生理落果后到期第二次生理落果开始前喷洒浓度为 30mg/L 的防落素＋70mg/L 的复合核苷酸的药液，对果梅的保果效果良好。

在花期遇低温阴雨和花后低温，在盛花期连续喷洒 200mg/L 的防落素，可明显地提高坐果率，克服低温对坐果的影响。

（3）爱多收　在梅子开花前与结果后，用爱多收 5000～6000 倍溶液全株喷洒，可防止落花落果，促进果实增大。

（4）PBO　马文江等（2003）对黄杏梅于萌芽前 10d 喷施 250 倍 PBO，有效地提高了坐果率，比对照提高了 10％。

（5）萘乙酸（NAA）　邹涛等（2009）对树势均等的南高和莺宿两个梅品种，在果梅第 1 次生理落果前 3～4d（幼果横径 0.5～0.8cm）和第 2 次生理落果初期（幼果横径 1.2～1.5cm）期间，喷施 4mg/L 的萘乙酸（NAA），对果梅有明显的保果壮果作用，用后生理落果少，坐果率高，果实大而均匀，增产幅度较大。

（6）三十烷醇（TA）　邹涛等（2009）对树势均等的南高和莺宿两个梅品种，在果梅第 1 次生理落果前 3～4d（幼果横径 0.5～0.8cm）和第 2 次生理落果初期（幼果横径 1.2～1.5cm）期间，喷施 500mg/L 的三十烷醇（TA），对果梅有明显的保果壮果作用，用后生理落果少，坐果率高，果实大而均匀，增产幅度较大。

第四节　延迟花期

1. 梅树的抗寒性

梅树对冬季休眠需冷量和花前积温要求都不甚严格，因此开花期早。各年份由于冬季气温的差异导致梅树开花迟早不一致。暖冬年份开花早，冷冬年份开花迟。陈翔高等（1997）研究表明，盛花期平均气温和平均最高气温均与梅坐果率呈显著正相关，相关系数分别为 0.7533 和 0.7099，表现出梅盛花期旬平均气温高的年份，其坐果率也高。

果梅的不同器官在不同时期对低温的忍耐力不同。休眠的枝条可耐－25～－20℃低温，生长期的根尖在－5℃时发生冻害，大多数果梅品种的花在－6℃下经 60min 即受冻，幼果的临界低温则为－3～－2℃。因梅树开花极早，受气温影响较大，造成产量不稳定。特别是遇暖冬年份，提早开花，花期和幼果期易受霜冻危害。另外，此时昆虫活动较少，影响了梅花的授粉受精，从而造成减产。花期调节既可延迟果梅的花期，使其幼果避过霜冻，也适用于授粉树的花期调整，有助于授粉，以提高坐果率。

已有研究表明，由于赤霉素可代替低温打破休眠或代替低温、长日照诱导花芽分化，故可促进多种植物提前开花。章铁（1997）等对赤霉素对梅树开花和坐果的影响研究结果表明：9月初至10月中旬处理会使梅花始花期延迟；10月底至11月处理使始花期提前。胡惠蓉等（2003）研究表明，2000mg/L的赤霉素处理对江南朱砂等梅花花期具有调节作用，作用的方向与处理时间密切相关，10月底至11月处理提前，而1月处理又使始花期、末花期均延迟。

2. 延迟花期的技术措施

（1）GA_3　GA_3 处理适期为9月上旬至10月上旬的1个月时间内，用50～100mg/L的 GA_3 溶液喷洒，每隔10d喷布一次，连续喷3次，可延迟果梅花期5～15d，减少了梅花和幼果受霜冻危害，提高了坐果率。GA_3 过早处理效果低，而11月以后处理反而促进梅树提前开花，且连年处理对花期推迟作用没有累积效应（章铁等，1997；陈赞朝等，2008）。

（2）青鲜素（MH）　对青皮梅（广东梅系统）于9月中旬用1000mg/L的青鲜素（MH）溶液喷布，可推迟花期10～11d（刘星辉等，1998）。

（3）多效唑　对青皮梅（广东梅系统）于9月中旬用高浓度1500mg/L的多效唑喷布，可推迟盛花期8～19d，推迟终花期13～20d（刘星辉等，1998）；而用1000mg/L的多效唑溶液喷布，未见推迟花期。但两者处理均提高了来年青皮梅果实的坐果率。

第五节　调节果实成熟

1. 梅果实生长发育

果梅开花后5～7d完成受精过程，子房开始膨大，颜色转绿。未受精的子房转黄脱落。果实鲜重和干重的增长均呈双S形生长曲线。整个果实发育过程可分为3个时期：第Ⅰ期为迅速增长期，第Ⅱ期为缓慢增长期，又称为硬核期，第Ⅲ期为二次迅速增长期。第Ⅲ期是果肉增长的主要时期，此期果肉的增长量分别占果肉干、鲜总重量的74.1%和71.6%。梅果实在成熟前，果重增长迅速，但因为梅果实主要用于加工，不同加工品对梅果实成熟度的要求不同，多数加工品要求果肉有一定的硬度和脆度，有的要求果皮不着色，所以往往在褪绿期或着色前采收。

2. 调节梅果实成熟的技术措施

（1）乙烯利　在青梅核硬化前喷布两次250～350mg/L的乙烯利，即在2月中旬喷施第1次，间隔10d再喷1次，可使青梅提前5～6d成熟，且保持原有的品质（徐乃端等，1991）。

（2）GA_3　在2月中旬间隔10d连续喷施40～80mg/L的 GA_3 溶液2次，可延迟4～5d成熟，并能保持原有品质，有效减少落果，提高坐果率（徐乃端等，1991）。

第六节　贮藏保鲜

1. 梅果实采后后熟的研究

梅果属呼吸跃变型果实，青梅果实七成熟采收至着色前其内源乙烯释放量甚微，呼吸强度变化也不明显，但随着果实黄化的开始和后熟，乙烯释放量急剧上升，呼吸作用也明显，6～8d内出现跃变高峰。

采后最显著的变化之一就是果实迅速软化。与其他跃变型果实相比，梅果采后的软化具有其独特之处，既有别于成熟度变化与乙烯跃变高峰同时出现的鳄梨和香蕉果实，又不同于乙烯高峰出现在果实完熟之前的苹果和番茄等跃变型果实，其软化开始于乙烯上升之前，乙烯跃变峰出现在以软化为主的完熟之后。陆胜民等（2003）研究表明：采后3d内梅果乙烯产生甚微，但果肉硬度已在下降，5～7d内为乙烯释放迅速上升期，同时也是硬度快速下降期；在贮藏前期，梅果硬度的下降与果实内SOD、POD、CAT等抗氧化酶活性及膜脂过氧化产物MDA含量的显著变化一致，表明采后前期的梅果软化伴随着剧烈的氧化代谢活动；随着果实软化迅速加快，梅果组织的衰老程度进一步加大，至第7天MDA含量达到最高值，果实已基本上完全软化，说明此时梅果已完熟，进一步贮藏已不可能。

王阳光等（2002）研究表明：青梅果实采用气调包装和乙烯吸收剂处理，尤其是前者，能抑制果实呼吸强度和乙烯生成，从而避免了果实因呼吸过高而大量消耗自身的营养物质，也降低了果实因释放出大量乙烯而引发和促进自身衰老。处理果实的叶绿素含量较高，色泽较绿，果实硬度仍维持较强，延缓果实衰老。陆胜民等（2004）试验发现，乙烯吸收剂处理后的青梅果实的内源乙烯含量减少，同时叶绿素酶活性也受到抑制。相关性分析表明，内源乙烯含量与叶绿素酶活性呈显著正相关（$R=0.8204$），而叶绿素酶活性与叶绿素含量呈显著负相关（$R=-0.8990$）。这表明在青梅果实中，可通过抑制其乙烯释放，降低叶绿素酶活性，从而抑制叶绿素降解，延缓叶绿素含量的下降。

用GA_3处理也可以较好地保持梅果的颜色和硬度，抑制乙烯释放，降低呼吸强度。其原因可能是通过调节果肉内的激素平衡，减少了内源乙烯的产生。利用生长调节剂可降低或促进果实乙烯释放量，从而延缓或促进果实衰老。

2. 生长调节剂在贮藏保鲜中的应用

（1）GA_3　青梅采后在室温下用20～40mg/L的GA_3溶液浸3min，显著地抑制了呼吸速率的上升和果实的乙烯释放量，保持了果实的硬度，对青梅果实有保鲜效果（陆胜民等，2000）。

（2）乙烯吸收剂（硅藻土：$CaCl_2$：$KMnO_4$=1：1：1）　王阳光等（2002）对

七成熟青佳青梅品种果实采收后，先在4℃下预冷12h，然后用0.1%多菌灵浸果3min，晾干，再将果实直接装入0.06mm厚的聚乙烯薄膜袋内，袋中放置6g乙烯吸收剂（硅藻土∶$CaCl_2$∶$KMnO_4$＝1∶1∶1），置于温度为25℃、相对湿度为85%的培养箱中贮藏。可抑制果实呼吸强度和乙烯释放量上升，延缓果实叶绿素含量和ABA含量降低，保持果实较硬、色泽较绿，延缓果实衰老。

第十六章

李

第一节 控制新梢旺长

1. 李树枝芽生长特点

李树芽具有早熟性，新梢上的芽当年可以萌发，连续形成二次梢或三次梢，树体枝量大，进入结果期早。李树的萌芽力强，一般条件下所有的芽基本上都能萌发。成枝力中等，一般延长枝先端发 2～3 个发育枝，以下则为短果枝和花束状果枝，层性明显。密植李园、李幼树或旺树，易出现新梢生长过旺现象，造成枝叶密集、落花落果或花芽分化不良等问题。应用生长调节剂抑制新梢过旺生长是一项有效的措施。

李树应用多效唑处理能有效地抑制新梢加长生长、加粗生长和树冠高度，缩短新梢节间长度，且抑制作用随着土施量的增加和喷施浓度的增大有增强的趋势，并且能显著增加花束状果枝和短果枝数量，显著降低长果枝和中果枝数量。这些效应对有效地控制树冠，增加栽植密度，改善通风透光条件有重要意义。多效唑对促进花芽分化、提高单株产量具有显著作用，但对单果重没有明显的影响，对可溶性固形物含量有降低、对果实硬度有增加的趋势。

2. 控制新梢旺长的技术措施

(1) 多效唑

① 涂干法　涂干法是最有效、简便、经济和安全的方法。按照多效唑：水：平平加＝33.3：61.7：5 的比例，取 15％多效唑可湿性粉剂 333g，加入 617g 水溶解，然后加入已溶解的平平加 50g，搅拌均匀即可使用。在李树谢花后 20～30d 之间，选择晴天用毛刷蘸取配好的药液均匀地涂抹整个主干表皮（即从地面以上至第一主枝之间）。一般一年刷一次即可，翌年是否再涂视树势而定，使用时要摇匀药液（谢日星等，2001）。

② 土施　土施抑梢效果显著而持久，抑制作用一般可持续 2～3 年。土施多效唑的最佳时期应在落叶后至萌芽前，这段时间土施可显著抑制生长期的新梢生长，

增加产量和单果重。5月份施用只能稍微减少当年新梢生长；而8月份施用对当年新梢生长无影响，但对次年的新梢生长起明显的抑制作用。土施的适宜剂量以树冠投影面积每平方米0.5～1g（以单株计，幼龄树为1～1.5g，结果树为2～4g），剂量过高不仅会过度抑制新梢生长，而且能使果肉变粗，并在施用后第三年会因树势太弱而减产。吉洪坤等（2010）对杏李在发芽前，按树的地径土施浓度为1.2g/cm的多效唑，对杏李树的新梢加长、增粗、节间长度和副梢的生长均有明显的抑制作用。

③ 叶面喷施　叶面喷施抑梢效果迅速，但持效期短。一般喷1次作用不太明显，看树势连续喷2～3次才有显著效果。使用剂量以300～500mg/L较适宜，对幼树和无果树，在新梢长10cm时，使用较高浓度的多效唑喷施；对结果树，使用时期应在李生理落果期结束以后，看树势使用较低浓度的多效唑喷施。众多研究表明，在花期和生理落果期叶面喷布多效唑能引起生理落果，减少当年产量。

（2）PBO　欧毅等（2006）在青脆李上年采果后30d先喷1次300倍的PBO药液，再于谢花后3d和落花后30d各喷幼果1次300倍的PBO药液，可促发树体当年枝梢的抽生，并使枝条平均长度、节长和树冠减小，叶面积系数增加，当年枝梢抽生数量、枝梢平均长度、节长、树冠冠径及叶面积系数分别为对照的140.85%、68.39%、71.28%、90.95%、120.73%，优化了叶片和树冠性状，增强了叶片光合作用和提高光合产物输出率，促使叶片糖类向果实库中运转，增加坐果率，增进果实品质。

刘新社等（2007）对美国杏李在花前7～9d，即花蕾露红期和果实膨大期各喷1次200～250倍的PBO，节间变短，枝条增粗，新梢叶数增加，叶片变小但增厚、增重，叶色转深，有利于光合产物的制造和积累，促进果实可溶性固形物含量提高。

（3）矮壮素　为了控梢促进生殖生长，对生长过旺的浦江桃形李树，秋季地面株施10～20g矮壮素或春梢生长至10～30cm，喷布300～500倍的矮壮素。特别是初产期的树应用最普遍，因初产树长势旺、花量少、坐果率低。中老年树不应用。2009年浦阳街道沉湖村3年生桃形李试验调查，株施15g矮壮素平均坐果率为11.7%，株产13.2kg；不施的平均坐果率只有3.4%，株产3.4kg（陈再宏等，2011）。

第二节　延迟开花

1. 低温危害的原因和表现

李的花期较早，花器的生长发育、开花、坐果过程常受到晚霜、倒春寒、阴雨低温等不良气象因素的影响，使李的花器发育不良，不能正常地进行授粉受精，坐果率低下，时而造成李大幅度减产或绝收。霜害是在果树生长季由于急剧降温，水气凝结成霜而使幼嫩部分受冻。霜害发生主要是在自然降温条件下，极限温度降到0℃时，首先在细胞间隙内形成冰晶体，使细胞间隙中未结冰的溶液浓度变得高于细胞液，结果引起细胞内水分外渗，并在细胞间隙继续形成冰晶体。这就使细胞液浓度因不断失水而增高，原生质胶体因严重脱水而收缩，最终死亡。霜害对果树器官的危害主要有以下几种：①花器霜害。花器不同受害程度也不同，轻霜害时雌蕊和花托冻死，花朵照常开放，稍重时雄蕊冻死，严重时花瓣受冻变枯脱落。②幼果霜害。受冻轻时，果实中的幼胚变褐，而果实还保持绿色，以后逐渐脱落。有的幼果轻霜冻后还可继续发育，但生长缓慢，形成畸形果，近萼端有时出现霜环。受冻重时则全果变褐很快脱落。③嫩枝、嫩叶霜害。嫩枝、嫩叶受霜害后，变色、萎蔫、干枯、脱落。

李开花所需的有效积温低于抽梢所需的有效积温，因而与其他核果类果树一样，李树是先开花后抽梢。有研究表明柰李花粉粒萌发的适温为20～25℃，花粉发芽率可达17.5%～28.9%；0℃时花粉粒不发芽，10℃时萌发率为3.4%。若花期平均气温低，会导致花粉萌发率低，严重影响坐果。由于李的花期较早，延迟花期则可有效地避开低温危害。目前，用来延迟李树花期的生长调节剂主要有赤霉素（GA_3）、乙烯释放剂、生长素类、生长延缓剂或生长抑制剂等。

2. 延迟开花的技术措施

（1）乙烯利（CEPA） 乙烯利可能是延迟李树开花期较好的一种生长调节剂。在自然落叶前1～2月对叶面喷施200～500mg/L的乙烯利，能明显延迟李树花期。Webster研究指出，在落叶前的9月或10月喷250～500mg/L的CEPA能够推迟李树花期1～13d，但单用乙烯利会降低花芽质量和使开花坐果不稳定。在乙烯利中加入25～50mg/L的GA_3，能改善花芽质量，增加产量2～4倍，且对果实的品质和成熟期均无不良影响。如果将乙烯利浓度进一步提高虽明显延迟李树花期，但能降低花芽重量，使花芽变小，甚至造成叶片黄化、脱落、顶梢枯死和流胶。

（2）青鲜素 在李树芽膨大期，用浓度为500～2500mg/L的青鲜素药液喷洒，可推迟开花期4～5d。

（3）萘乙酸或萘乙酸钾盐 在预告有冷空气流或倒春寒时，为避免霜害的发生，在李树萌芽前对全树喷施250～500mg/L的萘乙酸或萘乙酸钾盐溶液，可推迟李树花期5～7d。或在李树开花前15d喷500mg/L的萘乙酸钾盐，可推迟开花15d左右。

（4）GA_3 GA_3是延迟许多果树花期的重要生长调节剂，但在李树上应用效果不尽如人意。有报道认为，在落叶前1～2月，单用GA_3叶喷对延迟李树花期无效。刘山蓓（2000）试验表明，叶面喷施GA_3延迟和延长柰李翌年花期有一定效果。赤霉素延迟延长柰李翌年花期最佳浓度为100mg/L，南昌地区处理最适时期为9月底。同时，叶面喷施GA_3能提高柰李翌年的坐果率和产量。何风杰（2007）

试验表明，10月9日，对槜李喷施100mg/L的赤霉素（GA_3），可延迟开花4d以上、花期也比对照延长了2d以上。

第三节　提高坐果率

1. 李树落花落果的原因

中国李和美洲李大多数品种自花不实，要用异花授粉，欧洲李品种可分为自花结实和自花不结实两类。李树的受精过程一般需要2d左右才能完成，如花期温度过低或遇不良天气，则需要延长受精时间。影响授粉受精的因素首先是树体的营养状况，其次是花期的气候条件，花期多雨可以冲掉柱头上的分泌物，或引起花粉粒的破裂，影响授粉，进而影响产量。中国李花粉发芽温度较低，在0～6℃时就有一定数量的花粉开始发芽，9～13℃时发芽较好。

李树开花至采收有四次落花、落果。第一次是在授粉后一周刚刚落花、子房尚未膨大时出现。原因是生殖器官不健全引起的，包括花芽发育不良，胚珠、花粉、花柱没发育好；另一方面虽然这些器官发育良好，由于气候条件或花器特性，授粉受精不良，子房不能发育，缺少激素而造成落花。第二次是在授粉后2～3周发生落果。原因是受精不良的子房产生激素不足。第三次是在授粉后4～6周，进入6月中旬，这次落果称6月落果，对产量影响严重。造成这次落果的主要原因就是同化营养供给不足，营养生长过旺，消耗养分过多，果实的胚未形成争夺养分的能力或这种能力低于新梢。第四次是采前落果，大约在采收前3周产生的落果现象。原因是这些品种形成的乙烯向果柄移动而导致果实脱落。

2. 保花保果，提高坐果率的技术措施

（1）*赤霉素*　通常在花期喷洒20mg/L或在幼果期喷洒50mg/L的赤霉素，可减少因气温不稳定或连续阴雨等引起的落花落果。在实际生产中，一般在谢花后4～6周（6月落果前）喷施50～100mg/L赤霉素，同时混用0.2%的磷酸二氢钾和0.1%的尿素，可获得良好的坐果率。但应用时应注意：低浓度的赤霉素喷施两次比喷高浓度的一次效果好，且应用赤霉素处理后会使第二年花芽量减少，故喷布浓度不能过高。

彭文云等（2001）在布朗李树盛花期喷30mg/L的赤霉素加300mg/L氯化稀土，隔5～7d连喷1～2次，可明显提高布朗李的坐果率，增加树体营养积累，有利于生产优质果。刘宁等（2010）试验表明大石早生李于盛花期喷0.3%硼砂或50mg/L的赤霉素，可显著提高坐果率。

（2）*防落素*　吴江等报道，在花谢70%后树冠喷布30mg/L的防落素能显著提高李的坐果率，且能增大果实，提高糖度。彭文云等（2001）在布朗李花有75%凋谢时喷布30mg/L防落素＋2000mg/L硼砂＋2000mg/L磷酸二氢钾，不仅提高了坐果率，而且加强了叶片光合作用，补充了树体营养，且花束状短果枝比例有所提高，为李树来年丰产打下了基础。

（3）PBO　在花蕾露红期用100～250倍液的PBO粉剂对树冠喷施，可有效地提高李树的坐果率，减轻因气温不稳定或连续阴雨等引起的落花落果。

刘新社等（2007）对美国杏李在花前7～9d（花蕾露红期）和果实膨大期各喷1次200～250倍的PBO，能够控制新梢的生长，增强杏李花芽分化能力，提高坐果率，增加树体产量。肖艳等（2002）试验表明，在上年香蕉李采后1个月喷1次300倍的PBO药液，翌年花后第2周和落花后第5周幼果期再各喷1次300倍的PBO药液，其生理落果大为降低，坐果率显著提高，单果重、果实的含糖量增加，果实品质得到一定程度改善，叶片叶绿素含量也有所提高。

（4）CPPU　欧毅等（2006）于青脆李谢花后3d和落花后30d各喷1次30mg/L的CPPU药液，明显提高了青脆李的坐果率和产量，并使平均单果重增加，CPPU处理果实的坐果率、平均单果重和单株产量分别为对照的207.97%、127.53%和223.31%。

肖艳等（2002）试验表明，在上年香蕉李采后1个月喷1次30mg/L的CPPU，翌年花后第2周和落花后第5周幼果期再各喷1次30mg/L的CPPU，坐果率大幅度提高。

第四节　疏花疏果

1. 李树合理负载量

李树开花期如天气晴朗，授粉受精良好，树势正常的植株坐果率可达10%以上。为提高大果比例，缩小大小年结果幅度，对着果过多的树要进行合理疏果。疏果宜在生理落果结束后的果实硬核期（5月中下旬至6月上旬）进行。疏果程度通常可按果实在每个基枝上的距离确定，短果枝和花束状果枝留1个果，中、长果枝及小果型品种间隔4～5cm留一个果，中果型品种间隔6～8cm留一个果，大果型品种间隔8～10cm留一个果。也可按叶果比留果，中果、小果型品种叶果比标准（15～20）∶1，大果型品种（20～30）∶1。

应用生长调节剂对李树进行化学疏果，至今未有满意的疏果剂应用于生产。据Dhar等（1984）试验，乙烯剂、萘乙酸（NAA）和西维因等都具有疏花疏果作用。Harangozo等（1996）用乙烯利、萘乙酸、多效唑在几个果园进行了疏果试验，发现不同种间、不同时期疏除效果差异大，但一般都增加了单果重和降低产量，对果实可溶性糖和酸含量无影响。

2. 疏花疏果的技术措施

（1）乙烯利　Basak等（1993）报道，花后2周喷布200mg/L的乙烯利疏果效果好。在结果过多年份，喷布乙烯利不仅能增加单果重，且促进成花，减轻隔年结果，对李树却无伤害。

（2）多效唑　在维多利亚李树盛花期（或6月初）用1000～2000mg/L的多效唑溶液喷施，可以疏果，使果实体积增大。

第五节　调节果实成熟与贮藏保鲜

1. 果实生长发育和采后生理

李果实的发育过程和桃、杏等核果类基本相同，果实生长发育的特点是有两个快速生长期（第1次速长期和第2次速长期），在两个快速生长期之间有一个缓慢生长期，呈双S形生长曲线。据河北农业大学杨建民等研究，大石早生李果实发育过程分为三个时期：第一期从落花后（4月13日左右）至5月15日，共1个月左右的时间。这一时期也叫幼果膨大期，从子房膨大开始到果核木质化以前，果实体积和重量迅速增长；第二期从5月16日至5月28日，为果实缓慢生长期。此期种胚迅速生长，果实增长缓慢，内果皮从先端开始逐渐木质化，胚不断增大，胚乳逐渐被吸收直至消失，此期为硬核期；第三期从5月29日至果实成熟，为果实的第二次速长期。这一时期果实干重增长最快，是果肉增重的最高峰。

李果实属于呼吸跃变型果实，于夏季高温季节采收后生理代谢非常旺盛，出现明显的呼吸高峰和乙烯高峰，加上皮薄多汁，果实极易受损伤或受病原菌侵染而腐烂。而采后贮藏过程中产生大量乙烯，乙烯能够促进李果实的后熟，同时引起李果实内部的生理失调，加速了果实的衰老，影响贮藏品质，缩短贮藏时间。程云清（2003）研究表明，海湾红宝石果实随采收成熟度的增加，其硬度和可滴定酸的含量逐渐降低，可溶性固形物的含量增加，乙烯高峰期提前，果实贮藏寿命缩短。果实在成熟过程中伴随着一系列的生理生化变化，如含糖量增加、含酸量降低、淀粉减少、鞣质物质变化导致涩味减退、芳香物质生成、果皮着色和果实软化等，导致果实的逐渐衰老。

2. 调节果实成熟的技术措施

（1）乙烯利　在李树成熟前1个月左右，喷洒浓度为500mg/L的乙烯利药液对多数李树品种果实具有明显的催熟作用。而对有些李树品种在谢花50%时喷洒浓度为50～100mg/L的乙烯利药液，既可增大果实的体积，又可提高果实的可溶性固形物。

（2）水杨酸（SA）　程云清（2003）将6月7日采收的海湾红宝石果实（半熟果，果实部分着色）和6月12日采收的李86-7果实（果实开始着色）在室温下静置24h后，用0.05mmoL/L的水杨酸浸果12h后取出沥干，然后装入0.03mm厚的聚乙烯薄膜袋内，不扎袋口，置于室温条件下贮藏。结果表明：水杨酸明显地抑制乙烯释放，果实乙烯释放量明显下降，增强了果实的贮藏性。

(3) 1-MCP　陈嘉等（2014）对四川青脆李采后用0.06mm厚的聚氯乙烯薄膜密封，在15℃下用体积分数为0.5μL/L的1-MCP处理12h后于（0.0±0.5)℃下贮藏，可使青脆李的贮期延长至72d，且褐变指数为7.13，果实品质好。Khan等分别采用体积分数为0.5μL/L、1μL/L、2μL/L的1-MCP处理Tegan Blue李，发现1-MCP处理体积分数越高，李果实贮藏期间乙烯的生成越少，其贮藏时间就越长；Li等也证实了高体积分数1-MCP处理对Royal Zee李贮藏期间乙烯生成的抑制效果较为明显（吴雪莹等，2015）。

(4) NO（一氧化氮）　朱丽琴等（2013）将盖县大李李果实将约4kg放置于20L可密封容器内，通入N_2充分排除容器内的氧气。通入NO和纯N_2在管道中按一定比例混合充入至1.013×10^5Pa的大气压，使NO体积分数依次为15μL/L。室温熏蒸1h后取出放在0.03mm的聚乙烯薄膜袋中，于（25±1)℃恒温箱中贮藏（相对湿度85%～90%），可显著抑制李果实的乙烯释放速率和呼吸强度，延缓了果实硬度的下降和可溶性固形物含量的升高，有效抑制李果实贮藏过程中转红，并显著保持贮藏过程中李果实香气成分。

第十七章

杏

第一节　控制树势，促进花芽分化

1. 杏树枝芽生长特点

杏树和桃树一样，芽具有早熟性。腋芽形成以后，如果条件合适，很容易萌发抽生副梢，以至形成二次、三次副梢。杏树的萌芽率和成枝率在核果类果树中是比较低的。剪口下一般可抽生1～3个长枝，2～7个中短枝。杏幼旺树，生长旺盛，枝梢极易徒长，影响杏树的花芽分化。采用B_9、乙烯和PP_{333}等生长调节剂来控制杏树营养生长，抑制茎部顶端分生组织区细胞分裂和扩大，使节间缩短，使营养生长与生殖生长的矛盾趋于缓和，有利短果枝的形成和生长，促进花芽分化。已有研究表明，杏树施用PP_{333}不仅使树体矮化紧凑，花量、百叶重、叶厚增加，且明显地增加了翌年单果重。这主要由于PP_{333}抑制了当年和翌年的营养生长，促进花芽分化，并有效地提高了叶片的光合强度，使果实内的糖类增多，从而提高单果重。

2. 控制树势，促进花芽分化的技术措施

（1）*多效唑*　在7月至9月上旬，对适龄不结果大树、幼旺树，可根据控势情况连续喷布2～3次500～1000mg/L的多效唑溶液，间隔期为15～20d，具有明显的控梢促花作用（王中林，2004）。在杏花瓣脱落后约3周，用1000mg/L的多效唑溶液叶面喷洒，可抑制树枝总长度，利于结果。秦基伟等（2009）研究表明，叶面喷洒多效唑仅适合于大小年严重的杏园。在杏树小年喷洒（只需控一年的梢），使用时间为4月下旬、5月中旬和6月中旬，连喷3次，使用浓度为500mg/L。4月中旬生理落果前期，不宜叶面喷施，否则果实全部脱落。

对于大棚栽培的盛果期大树，可在当年新梢长到10cm左右，叶面喷洒100～300mg/L的多效唑溶液，根据树势间隔10d左右连喷2～3次，可明显地控制当年树势，促进坐果。在果实采收完毕揭棚后，在秋梢旺长初期再喷200～300mg/L的多效唑2～3次，可达到控梢促花的目的，有利于次年优质花芽的发育。

发芽前土壤施用8～10g/株的多效唑能抑制杏树枝条生长，控制树冠作用明显，并有利于提高当年坐果率和提高当年成花率（郑红建等，2004）。或者花后3周在土壤中每平方米树冠投影面积使用15%多效唑可湿性粉剂0.5～0.8g的水溶液，可以控制枝梢生长，促进花芽分化。

秦基伟等（2009）研究表明，土壤施用多效唑对杏树新梢生长的抑制作用强烈，果实可提早成熟7～10d，其效应可持续3年，适合于盛产初期、管理水平中上、树势强旺、结果量偏少的树。使用时期以落叶后至开花前一个月最佳，采果后一个月内不宜施用。施用量为1～1.5g/m^2（每m^2树冠投影面积施用量），具体应用时，根据树龄树势而定，树龄小、树冠未封行的，施用量宜少，山脚背阴处生长偏旺树，可适当多施。

（2）PBO　PBO在杏树上应用一般每年喷施4次：第1次在杏树开花前1周喷施1次250倍液，第2次在新梢长出7～8片叶时喷1次150倍液，第3次在6月初喷1次250倍液，第4次在7月中旬喷1次250～300倍液，喷施时以药液浸湿叶片不滴水为宜。杏树喷施PBO后，可抑制新梢的旺长，增加营养积累，使节间变短，枝条略有增粗，提高短果枝比例，促进花芽分化和形成，提高成花率、坐果率和单果重，并能有效抵御低温及晚霜的危害（朱凤云等，2008）。刘新社等（2007）在美国杏花前7～9d，即花蕾露红期和果实膨大期各喷1次200～250倍的PBO溶液，可控制新梢生长，提高坐果率。生产上喷施PBO时，应增施有机肥，合理灌水，提高杏园营养水平，加强综合管理，才能充分发挥其增产效果。

第二节　延迟开花

1. 杏树的抗寒性

杏花期较早，此时冷空气活动频繁，经常发生晚霜危害。杏花期发生冻害后，首先表现的是雌雄蕊变褐发干，成卷曲状，失去授粉受精能力；花瓣组织结冰变硬，当气温回升后，花瓣由白色逐渐变成黄褐色，之后变成褐色枯萎脱落；受冻严重时子房逐渐凋萎皱缩，花梗基部产生离层，数日内脱落（李荣富等，2006）。有研究认为，盛花期到完成授粉受精为杏花期冻害的“受冻临界期”，此时发生霜冻最为严重。杏花期平均气温应在8℃以上，最适温度11～13℃。花期受冻的临界温度：初花期－0.9℃，盛花期2.2℃，坐果期－0.6℃。杏花期较早，常遇寒潮和晚霜，气温若长时间低于临界温度就易遭受冻害影响坐果（于振盈，1994）。

不同品种的抗寒性不仅与它们的起源地生态条件相关，还与其生长的生态环境及植株发育状况关系密切。通过对不同生态群品种的花期晚霜冻害田间调查研究表明，抗寒性的强弱顺序是：华北生态群特早熟品种群＞华北生态群老品种＞欧洲生态群（石荫坪等，2001）。晚霜对杏树的危害程度受树势、树龄及管理水平等因素的影响，受晚霜危害程度由重到轻的顺序为树势弱＞树势过强旺长树＞树势中庸树，幼龄树＞衰老树＞盛果期树，此外树体营养不良落叶早的树则霜害严重（张秀国等，2004）。一般开花早的品种遭受冻害严重，而开花晚的品种能躲过冻害或在冻害来临时仅有部分开花，受冻程度明显减轻。通过冻害率统计结果表明，杏花器官抗寒性与其本身所处的发育时期和发育迟早密切相关。同一品种不同时期的抗寒性为蕾期＞盛花期＞幼果期；在同一朵花中，不同花器抗寒性强弱为花瓣＞雄蕊＞雌蕊（李荣富等，2006）。岳丹等（2008）研究表明，杏树的 ABA/GA_3 比值与抗寒性呈正相关，红丰的抗寒性最强，骆驼黄次之，金太阳最弱，在冬季气温较低的地区应选择红丰作为主栽品种。应用生长调节剂，可延迟杏树花期，减轻晚霜危害。

2. 延迟杏树开花的技术措施

（1）青鲜素　在花芽膨大期，喷 500～2000mg/L 的青鲜素液，可推迟花期4～6d，并可提高杏树的抗性，保护 20%以上的花芽免受霜冻（王中林，2004）。

（2）萘乙酸　杏树萌芽前喷 250～500mg/L 的萘乙酸或萘乙酸钾盐溶液，可推迟杏树花期 5～7d。

（3）赤霉素　在 9～10 月份，喷 50～200mg/L 赤霉素液，可延迟杏树落叶期 8～12d，有利于花芽继续分化，推迟花期 5～8d，并能提高翌年杏树的坐果率（王中林，2004）。

（4）乙烯利　10 月中旬喷施 100～200mg/L 的乙烯利溶液，可推迟杏树花期 2～5d。若浓度太高，会引起流胶和落叶。

（5）丁酰肼　在杏树开花期喷 1500～2000mg/L 的丁酰肼溶液，可推迟花期 4～6d。

（6）氨基乙基乙烯甘氨酸（AVG）　杏树喷洒 AVG 后，能安全度过早春寒流、低温，延迟花期，确保杏子的丰产丰收。一般在发芽前喷洒，中花期品种用 0.5%浓度的 AVG 溶液，早花品种则用 1%，晚花品种用 0.1%。

（7）脱落酸（ABA）　在芽膨大期喷施 18mg/L 的 ABA，可在不影响仁用杏花蕾、花朵和幼果发育进程的情况下，提高抗寒力。

第三节　提高坐果率

1. 杏树落花落果的原因

多数杏树存在着“满树花、半树果”或“只见花、不见果”的现象，落花落果较为严重。杏树落花落果有三次高峰，第一次在终花前（4 月上中旬），落花率达 95%；第二次在幼果形成期（4 月中旬），落果率达 51.4%；第三次在硬核前（5 月上中旬），落果率在 18%以上（郭鸿英等，2004）。杏树落花落果除没有合理配置授粉树、自花授粉结实率很低及遭遇恶劣天气如早春冻害、花期气候干燥或遇雨等原因外，一个重要的原因是杏树花芽发育不完全，主要表现在雌蕊退化上。杏花存在雌蕊高于雄蕊、雌雄蕊等高、雌蕊低于雄蕊、雌蕊退化（败育）4 种类型。雌蕊高于雄蕊或与雄蕊等高的花可以正常结果，雌蕊若低于雄蕊则只有在授粉条件下可能坐果，而雌蕊退化的花则不能结果（徐秋萍，1994）。据调查，杏花退化率一般为 5%～15%，个别的高达 75%，不同品种、同一品种不同类型的结果枝存在一定的差异。仁用品种比鲜食、加工品种退化率低，如龙王帽退化花仅为 5.7%～11.2%，而大接杏则高达 69.8%；短果枝和花束状果枝比中、长果枝退化率低，龙王帽的短果枝及花束状果枝、中果枝、长果枝的退化花分别为 4.5%、9.6%、33.7%；衰弱树退化花高于强壮树 10%～30%（郭鸿英等，2004）。造成雌蕊退化的原因与上年结果过多或早期落叶使贮藏养分不足有关。一般衰老树的长果枝、秋稍或二、三次枝雌蕊退化较多。

2. 提高坐果率的技术措施

除前面所述的控制树势、促进花芽分化和延迟开花的措施以提高花芽的质量，避开恶劣天气，提高坐果率外，其他措施还有：

（1）赤霉素　花后 5～10d 喷洒 10～50mg/L 的赤霉素药液或者 15～25mg/L 的赤霉素＋1%蔗糖＋0.2%磷酸二氢钾药液，提高杏坐果率效果较好。于振盈（1994）在杏树盛花期喷施 50mg/L 的赤霉素，坐果率为对照的 146.5%。大棚杏在盛花期叶面喷 50mg/L 赤霉素或花后 5～10d 喷 10～50mg/L 赤霉素，可促进坐果（高华君，2003）。但有的试验表明，于盛花期对 10 年生荷苞臻、关爷脸、崂山红杏喷布 50mg/L、60mg/L、70mg/L 赤霉素，对坐果影响皆不显著（左长东等，1993）。刘宁等（2010）骆驼黄杏、串枝红杏于盛花期喷 50mg/L 的赤霉素，可显著提高坐果率。刘志刚等（2009）对巴旦杏于盛花期喷洒 40mg/L 的赤霉素，平均坐果率达到了 10%以上。

（2）PBO　朱凤云等（2008）于杏树花前 1 周、新梢长出 7～8 片叶、6 月初、7 月中旬各喷施 1 次 150～300 倍液的 PBO，使平均短果枝率比对照提高 25.1%，成花率提高 34.4%，坐果率提高 21.0%，单果重提高 18.8g，优质果率提高 15.9%。汪景彦等（2002）分别于花前 10d、6 月 9 日和 8 月 9 日各喷布 1 次 250 倍液的 PBO 药液研究表明：施用 PBO 后华县大接杏、骆驼黄杏的败育花减少 62.6%和 46.3%，坐果率提高 1.84 倍和 2.74 倍，单果重增长 17.9%和 33.3%，固形物增加 4.0%和 3.7%，且使华县大接杏果实斑点病的发病率减少 1.45 倍。

（3）2,4-D　杏在落果前 4～7d，用 10mg/L 的 2,4-D 溶液喷洒，可控制落果，有效期可以持续 14 周。刘志刚等（2009）对巴旦杏于盛花期喷洒 20mg/L 的 2,4-D，平均坐果率达到了 10%以上。

（4）青霉素　马锋旺等（1994）试验表明，在盛花期对曹杏喷布 100～500mg/L 青霉素，均可提高坐果率。其中 300mg/L 处理的坐果率的（7.85%）比对照（4.11%）高出 3.74%，而 100mg/L 处理的坐果率（6.63%）比对照高出 2.52%。

（5）稀土　刘宁等（2010）的试验表明骆驼黄杏、串枝红杏于盛花期喷稀土

1200倍，可显著提高坐果率。

(6) 萘乙酸　刘志刚等（2009）的试验表明对巴旦杏于幼果膨大初期喷洒30mg/L的2,4-D，保果效果好，坐果率比对照提高11.0%。

第四节　果实成熟调控

1. 杏果发育生理

杏果实在生长发育时呈现双S形的生长曲线，具有呼吸高峰，因而属于呼吸跃变型果实。王荣花等（2000）研究表明，正常发育的杏果实在落瓣后一周乙烯释放量和呼吸速率均较高，分别为12.3nL/(g·h)和40mg CO_2/(kg·h)，此期受精的子房和种子细胞迅速分裂。随着幼果的发育，乙烯释放量和呼吸速率迅速下降，第2周降至2.45nL/(g·h)和154.7mg/(g·h)。在以后的8周内，果实一直产生较低水平的乙烯［1.5～1.8nL/(g·h)］和呼吸率［100～40mg CO_2/(kg·h)］。第11周（6月10日），果实已具有成熟的色泽，乙烯释放量和呼吸速率稍有上升。进一步相关分析表明，呼吸速率和乙烯释放量具有显著的正相关性，相关方程：$y=0.173+0.017x(r=0.93)$。

乙烯在植物生长和发育过程中起调控作用，如种子的萌发、幼苗生长、植物开花、果实成熟以及器官衰老等。乙烯的调控作用主要是通过乙烯生成量的增加和组织对乙烯敏感性的改变而实现的。跃变型果实在发育过程中体内乙烯的合成有Ⅰ、Ⅱ2个系统乙烯。跃变前的果实对乙烯不敏感，但随着果实的生长发育，对乙烯的敏感性增加。果实对乙烯敏感性的增加被低水平的内源乙烯即系统Ⅰ乙烯所调节。杏果实属于跃变型果实，因此果实成熟前系统Ⅰ乙烯起主导地位。果实生长发育后期，由于成熟果肉对乙烯敏感性的增加，从而引起系统Ⅱ乙烯的产生，乙烯自我催化，大量生成，最后导致果实成熟。

有报道，GA_3能作为自由基的清除剂，抑制细胞膜脂过氧化作用，从而延缓植物叶片衰老。杏果成熟过程具有叶绿素降解、类胡萝卜素和花色素苷积累的特征，GA_3处理能有效地抑制不同成熟度杏果实采后叶绿素的降解，说明GA_3具有明显的延熟保鲜效果（郭香凤等，1999）。

2. 促进杏果成熟的技术措施

乙烯利　在硬核期，用浓度50～150mg/L的乙烯利溶液喷洒全树冠，一般可提早杏果实7～10d成熟。

采摘七成熟的杏果，在100mg/L乙烯利液中浸果5～10min，置于室温下3d，果实变黄，果肉变软，酸味消失，即可食用或上市销售，以减少集中采收时的销售压力（王中林，2004）。

3. 延缓杏果成熟的措施

(1) GA_3　郭香凤等（1999）对仰韶黄杏果实采后用200mg/L GA_3+0.1%多

菌灵的溶液浸果3min，然后自然晾干，装入厚0.03mm的聚乙烯薄膜袋（不扎口），置室内阴凉处堆放，室温保持在22～30℃。结果表明，具有延缓绿熟杏果实采后的成熟和黄熟杏果实采后衰老的生理效应，可使适期采收的鲜杏果实保鲜期达12d，比对照延长5～7d，好果率平均达85%以上。

（2）1-甲基环丙烯（1-MCP） 1-MCP是新型乙烯作用抑制剂。金太阳杏果实采后用0.35μg/L浓度的1-MCP熏蒸处理12h，能较好地保持果实的硬度，降低果实腐烂率，降低呼吸强度，对于维生素C、可滴定酸、可溶性固形物的保持也有较好效果（王庆国等，2005）。凯特杏果实采后用1.0μL/L的1-MCP处理后，可以显著地降低乙烯释放速率和呼吸速率，延长贮藏期（郭香凤等，2006）。曹建康等（2008）对火村红杏果实经浓度为1.0μL/L的1-MCP真空渗透处理后，于0℃贮藏2周再转到货架期（23～25℃）贮藏的研究结果表明：1-MCP处理能有效地抑制货架期杏果实呼吸强度和乙烯释放量，延缓果实硬度、可滴定酸和抗坏血酸含量的下降，抑制类胡萝卜素的合成积累和推迟果实色泽的转变。采后1-MCP处理明显延缓了货架期杏果实后熟软化，使果实的品质和风味更加突出。王瑞庆等（2013）对赛买提杏用1000nL/L的1-MCP 0℃条件下密封处理24h后，0℃条件下贮藏28d，可显著降低赛买提杏果实呼吸速率，延缓果实硬度和维生素C含量下降速率（$P<0.05$），但对果实SSC和TA含量影响不显著（$P>0.05$）；果实经1-MCP处理后进行气调贮藏，可显著延缓果实硬度、TA含量、维生素C含量下降速率，更好地保持果实颜色，保鲜效果优于单独处理。

（3）壳聚糖 杨娟侠等（2006）用1%和2%壳聚糖浸泡金太阳杏果5min，用厚度为0.03mm的聚氯乙烯保鲜袋包装，置于土建装配复合式挂机自动冷库中，贮藏库温－1～1℃，结果表明，与对照组相比，处理不仅能保持果实硬度、延缓果实腐烂和降低果实腐烂率，而且有效减少了果实可溶性固形物、可滴定酸与维生素C的损失。江英等（2011）用浓度为0.75g/L壳聚糖浸果实1min后进行冷藏，可降低梅杏的呼吸强度和失重率，抑制细胞膜透性和丙二醛含量的增加，保持较高的硬度、可溶性固形物、可滴定酸、维生素C含量，减少梅杏腐烂发生，从而延长贮藏期。

第十八章

樱　桃

第一节　打破种子休眠

1. 种子休眠的特性

樱桃种子采种后需进行湿藏保持其活力，且不同种间种子活力也有差别。如欧洲甜樱桃的种子干藏时间不能超过8d，否则将丧失活力，但中国樱桃种子在室内干藏7个月却仍能保持较高的生活力（辛力等，1985）。像其他核果类果树一样，樱桃种子只有经过一定时间低温层积处理以后才能打破休眠，萌发成正常苗木。一般中国樱桃需低温层积100～180d，欧洲甜樱桃150d，山樱桃180～240d，酸樱桃200～300d。经过层积的种子，经受一定的低温处理后，其内部抑制物质含量下降，促进物质含量上升，胚的基因得到活化，从而打破休眠状态。吉九平、陶俊等研究认为，脱落酸（ABA）和赤霉素（GA_3）的平衡对种子的休眠和萌发起主导作用。处于休眠状态的种子中的脱落酸（ABA）水平较高，而萌发状态期种子中的GA_3含量较高，细胞分裂素（BA）能促使ABA的降解。因此在错过层积时间或层积天数不足的情况下，用GA_3、6-BA等可部分或全部代替低温层积处理。

2. 打破种子休眠的技术措施

（1）GA_3　樱桃种子采收后立即浸于100mg/L的GA_3中24h，可使后熟期缩短2～3个月；或将种子在7℃冷藏24～34d，然后浸于100mg/L的GA_3溶液中24h，播种后发芽率达75%～100%。张建国（2000）对当年采收的毛樱桃种剥去核壳，以清水浸种24h，剥去种皮再用1000mg/L的GA_3浸泡5h后播种，发芽率可达56%。尹章文等（2008）将新鲜樱桃果实的果肉去除并用清水进行冲洗，然后将种子的核壳砸去，用浓度为100mg/L的GA_3浸泡48h，放入纯净湿砂中培养，能显著促进种子萌发，且发芽整齐。用200mg/L、300mg/L的GA_3处理效果不如100mg/L的好。艾呈祥等（2011）研究表明，低温层积处理可促进甜樱桃种子萌发，随着层积时间的延长发芽率提高；播种前用赤霉素浸种对种子萌发有促进作用。处理组合中以层积60d和90d，1500mg/L赤霉素浸泡10min和层积90d，

1000mg/L 赤霉素浸泡 10min 的种子发芽率最高，分别为 91.16%、92.18%和 90.11%，与其他处理组合的发芽率差异显著。

(2) 普洛马林　韩明玉等（2002）在层积前用 1.0～3.0μg/g 的普洛马林对马哈利樱桃浸种 24～48h，然后进行层积，即可达到较好的发芽效果。

第二节　扦插繁殖生根

1. 樱桃扦插生根

樱桃扦插有枝插和根插，枝插可采用硬枝扦插和绿枝扦插两种方法。绿枝扦插需配备弥雾设备，成本高，故生产上多采用硬枝扦插法。硬枝扦插宜在临近春季树液流动时进行（鲁中南地区在 3 月上中旬），绿枝扦插在 6～7 月下旬进行。绿枝扦插插条选用半木质化的当年生新梢，直径 0.3cm，过粗不易生根，过细营养不足。采后即剪成 15cm 左右长的枝段，只保留顶部 2～3 片叶，其下叶片全部摘除，随采随插。春季进行硬枝扦插插条，地面宜采取覆膜，有利地温提升，促进生根。为提高扦插成活率，扦插前可用生长调节剂处理。

王关林等（2005）研究发现，经 NAA 处理后，第 0～14d，插穗基部膨大，并在表面出现点状突起，切口有环状愈伤组织形成，确定此时期为插穗的愈伤组织和不定根原基诱导期；第 15～28d，膨大部位和点状突起处出现裂口并有少量根出现，确定此时期为不定根形成期；第 29～35d，经处理的绝大多数插穗生根，且生根范围扩大，生根率高达 94%、根最长达 2.84cm。说明从第 29d 起插条进入不定根的伸长期。用 IBA 处理，各生根时期比 NAA 处理约晚 2d，生根率为 87.7%。而对照组，这 3 个时期出现的更晚，且生根率低，仅为 25.0%。由此表明，植物生长调节剂可以提前或缩短樱桃插条的生根时间。认为生长调节剂激活插穗细胞内生化物质代谢，保证了细胞分裂和分化过程中所需的营养，从而促进不定根原基的形成，并发育成不定根。周宇等（2007）对不同樱桃砧木嫩枝扦插研究表明，毛樱桃和对樱的自身扦插生根能力较强，吉塞拉 5 号、吉塞拉 6 号和考特的自身扦插生根能力中等，而马哈利、草原樱桃、CAB 和欧李的自身扦插生根能力较弱。

2. 促进樱桃扦插生根的技术措施

(1) 萘乙酸　王关林等（2005）对当年生樱桃砧木（prunuspseudocerasus colt）的半木质化枝条用 100mg/L 浓度的萘乙酸处理插穗，生根率达到 88.3%。毛樱桃绿枝扦插，用 150mg/L 的萘乙酸处理 1h 或 200mg/L 的萘乙酸处理 0.5h，并用细砂作为基质扦插，可促进生根（张建国，2000）。对毛樱桃、对樱等樱桃绿枝扦插用 500mg/L 的萘乙酸药液速蘸 2～3s，可提高生根率（周宇等，2007）。

(2) 吲哚丁酸　王关林等（2005）对当年生樱桃砧木的半木质化枝条用

100mg/L 浓度的吲哚丁酸处理插穗，生根率达到 85%。毛樱桃绿枝扦插，用 100mg/L 的吲哚丁酸处理 2h 或 150mg/L 的吲哚丁酸处理 1h，并用炉灰作为基质扦插，可促进生根（张建国，2000）。

杨凤军等（2004）用秋起苗剪取的草原樱桃根段，选出直径大于 0.5cm，剪成 5～7cm，用 250mg/L 的吲哚丁酸浸泡 2h 或 100mg/L 的吲哚丁酸浸泡 4h，发芽率和生根率都较高。

王甲威登（2014）在半日光间歇弥雾果树育苗系统条件下，马哈利樱桃 1 年生健壮植株（高 80～120cm 当年生种子苗）上截取新梢做插穗，长度 15～25cm，保留 2～3 片功能叶，插穗基部用 2500mg/L 的 IBA 处理 30s 插到基质上，能够获得较好的生根效果，生根率高达 96%，平均生根 9.5 条，生根长度 8.08cm。

(3) ABT 生根粉　将中国樱桃插条下端（约 5cm）浸于 100mg/L 生根粉溶液中 4～5h，或用 1000mg/L 的生根粉药液速蘸 2～3s，均可提高生根率（周宇等，2007）。

(4) 根旺　周宇等（2007）试验表明，对多数樱桃品种绿枝扦插，用 50 倍液的根旺药液速蘸 2～3s，可提高生根率。

第三节　延长休眠期，延迟开花

1. 樱桃对温度的敏感性

樱桃是对温度反应较敏感的树种。当日平均气温达到 10℃左右时，花芽便开始萌动。日平均气温达到 15℃左右时便开始开花，花期 7～14d，长时 20d，品种间相差 5d。樱桃半天内致害温度为：花蕾期－2℃、花期－2.2～－1.1℃、幼果期－1.1℃（胡正刚，1993）。因此，多数年份樱桃从萌芽到幼果期间遭受冻害，轻则花器受损，重则花器或幼果失去生理活性。中国樱桃比甜樱桃花期早 20 多天，受害尤为严重，严重时绝产。应用生长调节剂延长樱桃休眠期，可使樱桃树萌芽、开花往后延迟，避开低温期。

2. 延迟开花的技术措施

(1) 乙烯利　正常落叶前 2 个月喷施低浓度的乙烯利（250～500mg/L），可推迟甜樱桃花期 3～5d。而高浓度乙烯利（2000～4000mg/L）虽可延迟花期，但往往造成叶片黄化、脱落，顶梢枯死和流胶等现象。

(2) 赤霉素（GA_3）　秋季落叶后喷布 50mg/L 的 GA_3 能延迟甜樱桃花期约 3 周，在冬季气温较温暖的地区还可推迟其萌芽期。

(3) 萘乙酸（NAA）　在 7～9 月施用 NAA 可延迟孟磨兰樱桃的花期 14d，叶芽萌动推迟 19d。在 8 月初用 100～200mg/L 的 NAA 处理既能延迟樱桃花期，又不会造成产量和叶面积明显减少。

第四节　控制枝梢旺长

1. 樱桃枝芽生长

樱桃的芽按其性质可分为花芽和叶芽两类。樱桃的顶芽都是叶芽，侧芽有的是叶芽，有的是花芽，因树龄和枝条的生长势不同而异。幼树或旺树上的侧芽多为叶芽，成龄树和生长中庸或偏弱枝条上的侧芽多为花芽。樱桃的萌芽力较强，但各种樱桃的成枝力有所不同。中国樱桃和酸樱桃成枝力较，甜樱桃成枝力较弱。一般在剪口下抽生3～5个中长枝，其余芽抽生短枝或叶丛枝，基部极少数芽不萌发而变成潜伏芽。樱桃幼树生长旺盛，控制不力当年生枝易徒长，影响花芽分化，容易造成树冠郁闭，结果期推迟。由于樱桃成枝力较低，下部芽不易萌发，容易出现枝条下部光秃现象。利用生长调节剂可以较好地控制幼树旺长，促进花芽形成，提高早期产量。

2. 控制枝梢旺长的技术措施

(1) *多效唑*　樱桃在萌芽前每平方米树冠投影面积土施1～2g的多效唑或新梢迅速生长期叶面喷施PP_{333} 200～2000mg/L均能较好地控制幼树旺长，促进花芽形成，提高早期产量。刘珠琴等（2013）研究表明，多效唑对中国短柄樱桃的新梢生长有良好的抑制作用，主要表现为抑制树体和枝条纵向伸长，促进新梢加粗，在一定浓度范围内促进新梢二次分枝。其中，以5月10日喷施2000mg/L的多效唑，或4月16日土施1.5g/m^2（每平方米树冠投影面积的施用量）的效果最佳。甜樱桃应用生长抑制剂多效唑，能有效地抑制樱桃枝条生长，缩短新梢生长长度，抑制副梢的发生和生长，而使枝条生长粗壮，同时加大干周增长，促进植株矮小。多效唑对开花结果有明显的促进作用，使花芽增加，花芽密集，坐果率提高，多效唑一般可用于3～4年生的树，1～2年生的幼树不宜施用。多效唑的施用方法，可以土施或喷施。土施可在3月份新梢萌芽前，每棵幼树用2～3g 15%的多效唑，长势旺的大树可用5g。在树冠外围垂直的地面上开浅沟，拌土施入，而后结合进行春季灌水。叶面喷洒一般在6月份，花芽分化前期，浓度为1000mg/L。土施比喷施反应更明显，作用可达2～3年。一般生长旺盛的幼树土施1次后即进入结果期，以后不必连年施用。对于生长过旺的大树，也适宜用多效唑（曹玉佩，2012）。

(2) *丁酰肼和乙烯利*　花后可先喷2000mg/L的丁酰肼，此后喷50～100mg/L的乙烯利，采收后再喷2000mg/L的乙烯利，可明显抑制生长，使接于乔砧上的樱桃每亩（1亩=667m^2）可栽植40株左右。

(3) PBO　樱桃在萌芽前每平方米树冠投影面积土施5～10g的PBO或新梢迅速生长期叶面喷施200～400倍PBO能较好地控制幼树旺长，促进花芽形成，提高早期产量。

(4) *普洛马林*（promalin）　甜樱桃芽萌动之前，在离地50～90cm的树干区段内进行定向刻芽，用毛笔蘸 1000mg/L 的普洛马林溶液涂于芽基部，对甜樱桃幼树成枝有很好的促进效果，处理的成枝率为 66.2%，比对照（17.3%）高出 48.9%（周兴本等，2006）。

（5）烯效唑（S_{3307}） 当樱桃春季新梢长 10cm 时叶面喷布 20mg/L 的 5% S_{3307} 溶液或在上年秋天土施 4g/株 5% S_{3307} 的基础上，再在春季叶面喷施，能明显延缓生长，增加花芽量，提高果实产量和品质（吕建洲等，1999）。

第五节 保花保果，防止采前落果

1. 樱桃坐果低的原因

一方面，不同樱桃种类之间自花结实能力差别很大。中国樱桃和酸樱桃自花结实率很高，在生产中无需配置授粉品种和人工授粉，仍能达到高产的要求。而甜樱桃的大部分品种都存在明显的自花不实现象，若单栽或混栽几个花粉不亲和的品种，往往只开花不结实，且甜樱桃极性生长旺盛，花束状结果枝难形成，自花授粉坐果率很低。另一方面，水肥不足或施肥不当。如果樱桃幼树期偏施氮肥，易引起生长过旺，造成适龄树不开花不结果，或开花不坐果；樱桃硬核期，新梢与幼果争夺养分与水分，幼果因得不到充足养分，果核软化，果皮发黄而脱落；花芽分化期因树体养分不足，影响花芽的质量，出现雌蕊败育花而不能坐果。或缺少微量元素，尤其缺硼时，樱桃结果树花粉粒的萌发和花粉管形成及伸长速度减缓，造成受精不良而落花。

田莉莉等（2001）观察，甜樱桃大量落果主要发生在花后 7～10d、花后 20～25d 和采前 10～15d。ABA 可促进离层的形成，促进器官脱落，但 ABA 的作用受 CTK、GA_S、IAA 的制约。Luckwill（1980）认为，落果与果实中 ABA/(CTK＋GA_S＋IAA）比值有密切关系。刘丙花等（2008）研究表明，红灯甜樱桃果肉内 ABA 含量及 ABA/(CTK＋GA_S＋IAA）比值分别在盛花后 5d、15d 和 35d 时出现高峰，且都在 15d 时达到最大值，这与甜樱桃的 3 次落果（花）时期相吻合（边卫东等，2001）。

2. 提高坐果率，防止采前落果的技术措施

（1）赤霉素 在盛花期每隔 10d 叶面喷布 20～60mg/L 赤霉素，连喷 2 次，可提高坐果率 10%～20%（周琳等，2000）。大棚栽培樱桃在初花期喷布 15～20mg/kg 赤霉素，盛花期喷布 0.3%尿素和 0.3%硼砂，幼果期喷布 0.3%磷酸二氢钾，对促进坐果和提高产量效果显著（马静，2004）。刘丙花等（2007）对 9 年生红灯甜樱桃于盛花期喷布 30～40mg/kg 的赤霉素，显著提高了坐果率，坐果率达 50%以上。赤霉素与 6-BA 配合施用，提高坐果率的效果比单独施用赤霉素更显著。20mg/kg 6-BA 与 30mg/kg 赤霉素配合使用时，坐果率高达 56.9%，比单独施用赤霉素提高 6.8

个百分点，比自然坐果率提高 21.2 个百分点。

（2）PBO　红灯、先锋、美早、滨库等大樱桃于初花期、盛花期各喷 1 次 250 倍 25%PBO 粉剂药液（若遇冻害则在幼果期再喷 1 次），可显著提高大樱桃坐果率，防止生理落果，并在霜冻条件下仍具有保花保果的效果（谢天柱等，2009）。

（3）1.8% 爱多收水剂　红灯、先锋、美早、滨库等大樱桃于初花期、盛花期各喷 1 次 5000 倍爱多收药液（若遇冻害则在幼果期再喷 1 次 250 倍液的 PBO），同样可显著提高大樱桃坐果率（谢天柱等，2009）。

（4）稀土　花期喷稀土微肥 200～300 倍液，可有效提高甜樱桃的坐果率（周琳等，2000）。

（5）萘乙酸　3 年生豫樱桃（中国樱桃）在采前 10～20d，新梢及果柄喷布 0.5～1mg/L 的萘乙酸 1～2 次，可有效地防止其采前落果。但浓度过大时易造成药害，造成大量的小僵果（王齐瑞，2004）。而雷尼尔甜樱桃在采前 25d 喷 40mg/L 的萘乙酸药液，可防止采前落果（田莉莉等，2001）。

（6）鱼肽素　在 10 年萨米脱大樱桃的花露红时、花谢 80%时、硬核时，叶面喷布 200 倍的鱼肽素 3 次，与对照喷清水相比，着果率提高 158.7%，单果重增加 11.4%，可溶性固形物提高 6.98%（姜学玲等，2012）。

第六节　促进果实肥大

1. 果实生长发育

樱桃果实生长发育的整个过程可分为三个时期，分别为：第Ⅰ速长期、硬核期、第Ⅱ速长期。红灯甜樱桃第Ⅰ速长期从盛花开始，约 2 周，果实纵、横径和单果重增加较快，且纵径生长大于横径；盛花后第 15～25d 为硬核期，内果皮木质化，胚和胚乳生长迅速，与果实的生长竞争营养，果实纵横径增长缓慢，单果重增长量小；盛花后第 25～40d 为第Ⅱ速长期，果实迅速膨大，且横径生长大于纵径，单果重增加迅速，这一时期果实生长量占果实总重量的 2/3 左右（刘丙花，2008）。

甜樱桃果实发育过程中，果肉和种子中 GA_S 和 IAA 含量的变化表现出明显的互为消长的关系，这与甜樱桃果肉和种子生长发育的消长规律相吻合，这种互为消长的生理特点，使甜樱桃果实中 GA_S 和 IAA 含量总体维持在较高水平上，对甜樱桃果实生长发育有积极的作用。而细胞分裂素、赤霉素和生长素在诱导细胞分裂、促进细胞生长及营养物质向果实转移等方面都具有十分重要的生理作用。甜樱桃果实发育的第Ⅰ、Ⅱ速长期，果肉中 ZR_S、IAA、GA_S 含量都处于较高水平，有利于果肉细胞分裂、伸长和果实发育所需的养分吸收；硬核期果实的发育主要集中于种子，种子中 ZR_S、IAA、GA_S 含量均达到最高值，有利于胚、胚乳的生长发育，增强了种子与果肉的养分竞争能力，有利于种子的发育成熟（刘丙花等，2008）。

2. 促进果实肥大的技术措施

(1) 赤霉素(GA_3) 曲复宁等(1995)在那翁甜樱桃果实生长第Ⅱ速长期的始期，用10mg/L的GA_3溶液直接喷洒果实及叶片，果实单果重比对照增加61.43%，果实直径比对照增加22.83%，果汁的可溶性糖的含量比对照提高13.93%，果实整齐度及着色程度均显著优于对照，且果实推迟成熟约1周。对9年生的红灯樱桃用10mg/L的GA_3在花后10d、20d均匀喷施果实和叶片各1次，与对照相比，单果重增大0.8g，可溶性固形物含量提高2.13%，酸含量降低0.11%。果实成熟期集中在花后第51～57d，80%的果实集中在2～3d内成熟(对照成熟期持续13d左右)，采收期集中在3～4d，避免了分次采收的弊端(吕秀兰等，2008)。

许晖等(1996)对甜樱桃黄玉于盛花后7d采用60mg/L的GA_3涂抹幼果，在果实成熟前果实纵横径大于对照，而果实最终成熟时果径与对照相比，无显著差异。处理有使果形指数增大、可溶性固形物含量提高，果肉硬度减小的趋势，且比对照提早成熟6d左右。大紫樱桃果实速长期用3000mg/L GA_{4+7}涂布果梗，可显著增大果实的纵横径、体积和单果重，且比对照着色早3d左右(姜远茂等，1995)。

生产上使用赤霉素，应根据实际确定使用时间、使用量，喷施处理虽然可以使单果重增加，但处理有可能使翌年的株产反而明显低于对照。这可能与赤霉素喷施处理促使营养生长过旺，从而抑制了花芽分化有关。

(2) 氯吡脲(CPPU、KT-30) 红艳甜樱桃在盛花期喷布1次5mg/L的CPPU，能极显著地提高樱桃的单果重，花后2周喷布1次5mg/L的CPPU也能明显增大果个，促进着色。而盛花期喷布10mg/L的CPPU处理，对果实生长有抑制作用(张运涛，1997)。那翁甜樱桃在花后13d喷布5～10mg/L的CPPU均能显著提高单果重，促进着色，10mg/L的浓度处理还能显著提高可溶性固形物的含量。同时发现5mg/L的CPPU使那翁的裂果率明显增加，而20mg/L的CPPU处理使裂果率明显减少(张运涛，1997)。

大紫樱桃盛花期用浓度为5mg/L的KT-30喷花序可显著显著增大果实的纵横径、体积和单果重，比对照着色早3d左右，而用10mg/L的KT-30时作用相反(姜远茂等，1995)。

谢花后两周，用氯吡脲5mg/L处理红艳和那翁樱桃果实，可使果实增大、单果重增加，促进着色。

第七节　调节果实成熟与贮藏保鲜

1. 乙烯与樱桃果实成熟

多数研究表明，甜樱桃属于非呼吸跃变型果实，在成熟及贮藏过程中其呼吸强度一直呈下降趋势。与呼吸跃变型果实相比，樱桃果实成熟及贮藏过程中的乙烯释放量很小。许多研究均表明，甜樱桃果实的成熟和衰老也与乙烯有关。Hartmann（1989，1992）的研究发现，甜樱桃果实后熟过程中乙烯释放量显著增大，并像呼吸跃变型果实一样积累ACC和MACC，未成熟甜樱桃果实采后乙烯释放量仍然保持在一个极低的水平上，但当果实进入后熟阶段时则大幅上升，直至果实达到完熟。对未成熟甜樱桃果实进行采后乙烯处理可以造成呼吸强度和乙烯释放量的提高。因此，认为乙烯可能是甜樱桃果实后熟及衰老进程的启动子。姜爱丽等（2001，2002）的研究结果也支持了这一观点。他们在甜樱桃果实的贮藏试验中发现，果实的乙烯释放量与贮藏效果之间存在着一定的相关性，贮藏效果较好的处理在贮藏过程中果肉乙烯含量均比同期的对照低，表明乙烯对没有呼吸高峰的甜樱桃果实的采后衰老也有一定的影响。

2. 调节果实成熟的技术措施

除前面讲的用赤霉素促进果实的生长，控制果实成熟期外，其他用生长调节剂控制果实成熟的措施有：

（1）乙烯利　中国樱桃采前1.5周喷施200～400mg/L的乙烯利溶液可显著促进果实的集中成熟，提前4～5d成熟，但用高浓度的乙烯利处理易引起采前落果（杨启灵，1998）。

（2）丁酰肼　中国樱桃在谢花后2周喷施3000mg/L的丁酰肼药液可使进果实提前2～5d成熟（杨启灵，1998）。盛花后两周，用2000mg/L的丁酰肼药液喷洒，可促进甜樱桃、酸樱桃的着色，使成熟期提前2～10d，且成熟度一致。

3. 贮藏保鲜

（1）1-MCP处理　宋要强等（2010）对甜樱桃品种艳阳果实在预冷过程中分别用1μL/L 1-甲基环丙烯（1-MCP）处理24h，用空气包装在厚度0.03mm的聚乙烯塑料袋中冷藏，与对照相比可以显著延缓艳阳樱桃可溶性固形物含量、可溶性蛋白和可滴定酸的降低，保持色泽和风味，降低腐烂率，提高保鲜效果；若1-MCP处理后，结合用复合气调（MAP，5% O_2 +10% CO_2 +85% N_2）包装在厚度0.03mm的聚乙烯塑料袋中冷藏的复合处理保鲜效果更好。胡树凯等（2013）以烟台大樱桃大红灯为试材，研究了4℃恒温条件下不同浓度1-甲基环丙烯（1-MCP）处理对大樱桃果实贮藏品质的影响。结果表明：0.2～1.0μL/L 1-MCP处理能抑制果实硬度、可溶性固形物含量、可滴定酸含量和维生素C含量下降，促进了可溶性蛋白质含量的升高，保持果实的风味，提高果实的商品率。其中0.5μL/L的1-MCP处理，贮藏效果最为明显，贮藏20d果实的品质指标明显的优于对照及其他处理，适宜于烟台大红灯的贮藏保鲜。

（2）二氧化氯　唐玲等（2014）以黑珍珠樱桃为试材，以3种浓度（20mg/L、40mg/L、60mg/L）的二氧化氯对采后樱桃进行熏蒸处理，分别用纸盒和外罩聚乙烯薄膜袋的塑料篮包装后于2～5℃的低温条件下贮藏，研究樱桃采后感官品质、生理指标及酶活性的变化。结果表明：二氧化氯处理能有效控制樱桃果实的呼吸强度和腐烂，保持果实颜色，减缓可溶性固形物（TSS）、还原糖（RS）、可滴定酸（TA）和维生素C含量的下降速率，抑制多酚氧化酶（PPO）、过氧化物酶（POD）的活性及丙二醛（MDA）含量的升高；其中，二氧化氯浓度为20mg/L，包装材料为纸盒的樱桃处理组保鲜效果最佳，贮藏至18d，腐烂率仅为17.34%，大部分品质及生理指标优于其他处理。

（3）壳聚糖及其衍生物　谢春晖（2009）研究表明，壳聚糖涂膜处理甜樱桃的最佳浓度在常温和冷藏条件下是不同的，常温下是1.5%，冷藏条件下是2.0%。通过实验可知，壳聚糖涂膜处理可以有效地延长果实的货架期，与对照相比常温贮藏时1.5%壳聚糖浓度涂膜处理的果实可以延长三天的货架期，冷藏条件下2.0%壳聚糖浓度涂膜处理的果实可以延长10天的货架期。陶永元等（2014）研究认为，茶多酚与壳聚糖复配对樱桃具有较好的保鲜效果；当壳聚糖浓度为1.5%、茶多酚浓度为2.0%时的保鲜液保鲜效果较好。

羧甲基壳聚糖是一类水溶性壳聚糖衍生物，较壳聚糖具有更好的生物及理化性能，在生物领域具有广泛应用前景。倪思亮等（2013）研究认为，用1%羧甲基壳聚糖对樱桃涂膜处理，樱桃保鲜效果最好，最大限度地降低了失水率和呼吸强度，有效保持了樱桃中可滴定酸和还原糖含量，延长了储存期。

（4）6-苄基氨基腺嘌呤（6-BA）　甜樱桃采摘后用10mg/L的6-BA药液浸果，在21℃条件下保存7d，可保持果梗绿色和果实新鲜，减少贮藏期的鲜重损失。

第八节　防止果实裂果

1. 樱桃果实裂果原因

Tucker（1934）报道，甜樱桃果实大的品种比果实小的品种易裂果。Knoche等（2000）研究表明，导致甜樱桃裂果的原因为表皮细胞膜的水分传导力，传导力越高的部位，裂果越严重，而果实越大，果顶部位的传导力越强，裂果也越重，这与Zielinski和Sekse结论相悖。另有报道表明，同一品种产量高、果个小的树体比产量低、果个大的树体裂果轻。果实硬度不同裂果程度不同，Christensen（1975）研究表明，果实硬度大的品种比硬度小的品种易裂果（魏国芹等，2011）。

果实内含物含量改变也会诱发裂果发生。与甜樱桃裂果相关的内含物主要包括内源激素、相关酶物质、膨胀素等。果实发育中后期，果实生长促进类激素含量升高是引起裂果的主要原因之一，这类激素的含量往往比正常果高，但有时因果实部位不同而异。脱落酸（ABA）含量高的品种易裂果，原因可能是ABA具有加速细胞衰老的功能，导致果皮易裂。果皮细胞水解酶类与氧化酶类对裂果影响明显，抗裂果品种果皮的果胶甲酯酶活性、果胶酶活性比易裂果品种果皮的酶活性高，超氧化物歧化酶（SOD）活性高的果实不易裂果，抗裂果品种中与细胞壁结合型的多酚氧化酶（PPO）、过氧化物酶（POD）活性明显偏低。膨胀素具有使细胞壁多糖网络疏松的能力，促进细胞壁的伸展，进而起到抗裂果的作用。果实渗透压对裂果也存在直接影响，渗透压越高裂果越严重（魏国芹等，2011）。

裂果严重影响了果实的品质。樱桃裂果是果实接近成熟时，久旱遇雨或突然浇水，由于果皮吸收水分增加膨压或果肉和果皮生长速度不一致而造成碎裂的一种生理障害。应用生长调节剂等技术措施可减少樱桃果实裂果，改善果实品质。

2. 减少果实裂果的技术措施

（1）萘乙酸　采收前30～35d喷布1mg/L的萘乙酸可减轻遇雨引起的裂果，并有效减轻采前落果。Takanori等（1992）报道，喷施0.5～2mg/L NAA可降低裂果率20%～40%，NAA和$Ca(NO_3)_2$混合使用，对减轻裂果效果更佳。

（2）氯吡脲　那翁甜樱桃在花后13d喷布20mg/L的氯吡脲均可减轻果实的裂果，促进着色，而对单果重、可溶性固形物等影响不大（张运涛，1997）。

第十九章

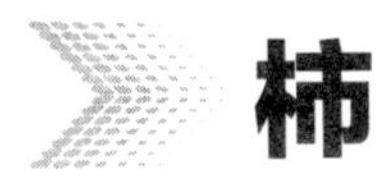

柿

第一节　打破种子休眠

1. 柿子种子休眠

具活力的种子处于适宜的萌发条件下而不能正常萌发，称为种子休眠。在生产上，若不能及时解除种子休眠，往往会出现发芽率低甚至出现隔年发芽的现象，严重影响了正常育苗工作。近十多年来，绝大多数研究者认为种子休眠可通过种皮处理、胚效应、低温层积、外源激素等加以解除，以促进种子萌发。从去皮种子发芽率高于未去皮种子可以看出，种皮上存在抑制种子萌发的物质（徐长宝等，2009）。去皮清水浸种的发芽率低于去皮激素处理，说明种胚中也存在部分萌发抑制物质。由此推断，柿种子可能是种皮休眠和胚休眠的双重类型。GA_3 能代替低温层积显著解除柿种子休眠，GA_3 和低温层积相结合效果更好，明显好于单独使用 GA_3 处理（徐长宝等，2009）。

2. 打破柿子种子休眠的措施

（1）GA_3　柿子种子经预处理后，4℃低温层积 10d，再用 500mg/L 的 GA_3 溶液浸泡 15h，对柿种子的发芽率和发芽势的影响均达到了显著性差异，发芽率提高了 42.3%，发芽势提高了 32.9%，发芽期也提前了 8d（徐长宝等，2009）。

（2）生根粉　已砂藏好的黑枣种子，分别用生根粉（ABT）6 号 50mg/L、7 号 50mg/L 浸泡 22h，均对苗木加粗生长和根系生长发育有促进作用，提高出苗率。其中，以 ABT 7 号综合效果较好（马秀丽，2005）。

第二节　控制枝梢生长

1. 枝梢生长特性

柿枝梢一般可分为结果母枝、生长枝、徒长枝和结果枝。结果母枝上的芽由上而下逐渐变小，分为混合花芽、叶芽、潜伏芽、副芽4种。花芽和叶芽从外形上难以区分，需在解剖镜下识别。

柿枝梢生长以春季为主，成年树一般一年只有一次生长，幼树和旺树有的一年可抽生2～3次新梢。柿芽春季萌发，生长达到一定长度后，顶端幼尖自行枯萎脱落，即发生自剪现象，使其下第一侧芽成为顶芽，故柿树无真正的顶芽，只有假顶芽。柿顶芽生长优势比较明显，能形成明显的中心干，并使枝条具有层性，这种特性尤以幼树期较为明显。幼树枝条分生角度小，枝多直立生长，进入结果期后，大枝逐渐开张，并随年龄的增长逐渐弯曲下垂。

2. 控制枝梢生长的技术措施

多效唑 4年生柿树，于6月上旬喷施1000mg/L的多效唑，有控制树体生长、增加短枝数量、促进幼龄柿树提早结果的作用（魏克明，1997）。叶召权等（2012）对3年生的金柿于春季新梢长到15cm时，进行叶面喷施900mg/L的多效唑1次，可极显著地抑制其营养生长，促进坐果，提高产量。

赵宗方等（1997）研究认为，4月中下旬，柿树按树冠投影面积每平方米土施多效唑1～2g，与对照相比，单叶面积、干周增长及次年的枝条生长量均有极显著的抑制作用，且能使柿枝开花期提早3～4d，果实成熟期提前20多天，明显降低结果枝成花节位，对果实大小、坐果率及当年的枝条生长量无显著差异。土施多效唑当年效果不及次年。

初果期大磨盘柿，按树冠投影面积每平方米土施0.5～1g的多效唑，可明显抑制营养生长，开张枝条角度，减少新梢二次生长，枝条粗度降低，叶面积变小，叶片厚度增加，百叶鲜重下降；同时，减轻了生理落果，提高了坐果率，且柿果着色提早9～10d，单果重增加，果实品质提高（赵印等，2001）。

第三节 保花保果

1. 柿树落花落果的原因

柿的落花落果一般情况下有3～4个较集中的时期。一是开花前的落蕾，二是谢花后3～5d开始的第一次生理落果，三是盛花后25～30d的第二次生理落果，四是在7月下旬至9月的落果。

造成柿树落花落果的原因可能与树体营养不良、受精不良、病虫为害枝条叶片和果实有关。包括施肥不合理，营养不足或过剩，生殖生长与营养生长不平衡；树势生长旺盛，结果较少，枝条直立；树势生长衰弱，结果过多，枝条纤细；2～4年生幼树，秋梢枝条不充实，花芽分化不完全；枝组重叠，枝叶过密，光照不足；修剪过重后，易引起生殖生长转向营养生长；花期和成熟期，长期阴雨等都会引起落果。柿有些品种不需授粉，子房能膨大形成果实，单性结实性好，如前川次郎、阳丰等品种，可适当少配授粉树［(15～20)：1］。有些品种必须进行异花授粉，果实才能发育，如富有、上西早生和御所系等品种，应适当多配置授粉树［(8～10)：1］。单一品种栽植（无授粉树），无（或少）种子的果实及果顶凹入的果实均易落果。梅雨季节高温高湿，采收前阴雨连绵，容易诱发炭疽病为害果实，被害果实容易形成褐斑硬化而脱落。8～9月柿蒂虫蛀食果蒂，柿蚧绵为害果面使果实早期变软采前脱落，造成落果减产。

2. 保花保果，提高坐果率的技术措施

(1) 赤霉素　柿树盛花期和幼果期各喷一次浓度为50mg/L的赤霉素，能有效增加花量和坐果率，同时结合防病虫喷药加入0.2%～0.3%的磷酸二氢钾进行根外追肥，补充树体对磷钾养分的需求，效果更好（叶永发，2003）。恭城月柿幼果期（4～5月）喷布15mg/L的赤霉素，可提高坐果率（汪中群，1997）。花后幼果期喷赤霉素400～600mg/L，并混用0.5%～1%尿素、硼肥和磷酸二氢钾等，能有效提高坐果率，减少落果（范启荣，2002）。盛花期喷30mg/L的赤霉素，可提高坐果率20%左右（张广福等，2005）。新次郎甜柿盛花期喷1次80mg/L赤霉素可显著提高坐果率，果实可溶性固形物、维生素C和鞣质含量与对照无显著差异，但喷赤霉素可明显减小单果重（孙山等，2003）。

(2) 稀土　花期叶面喷施稀土1000～1500ng/L的稀土加0.3%尿素混合液，能提高柿树坐果率，增加产量。此外对翌年花芽形成亦有较好的促进作用，提高成花率（安广驰，1994）。盛花期喷1000mg/kg的稀土加0.3%的尿素和硼砂，可提高坐果率20%左右（张广福等，2005）。

(3) 吲哚乙酸（IBA）　在幼果期用1000mg/L的IBA涂果顶或涂萼片可防止柿子生理落果。

(4) 2,4-D　在盛花期喷施5～10mg/L的2,4-D药液，可以防止生理落果并促进幼果膨大。

(5) 芸薹素内酯（BR）　在开花前3d对雌花蕾喷洒1次0.1mg/L的芸薹素内酯，14d后再喷1次，可提高柿子坐果率，防止生理落果。

第四节　促进果实膨大

1. 植物激素与柿果发育

柿果的果实鲜重、干重的增长均为双S形曲线，分幼果迅速生长期、缓慢生长期和成熟前膨大期3个阶段。第一阶段从坐果后延续2个月左右，生长较快，此期果实已基本定型，主要为细胞分裂阶段；随后即进入第二阶段，生长较慢；成熟前1个月左右进入第三阶段，生长又稍加快，此期主要为果实细胞的膨大及养分的转化。生长全过程约150d。

许多研究结果证实，生长素、赤霉素和细胞分裂素促进子房、花托等的细胞分裂作用。平田尚美等（1978）报道，平核无柿子在花后8～10d生长素IAA的活性最高，花后14d急剧下降，花后110～120d略有增加。生长素与生理落果紧密相关，低浓度IAA可能导致落果（山村宏等，1975）。花后10d，喷施合成的IAA到平核无上，可减少落果。内源赤霉素类物质是细胞膨大的必需激素。长谷川耕二郎等（1987）用GA膏处理柿果梗，结果促进幼果膨大。郑国华等（1990）研究表明，平核无柿果中GA_3活性从开花时逐渐升高并达到高峰，花后14d又迅速降低直到成熟。

柿果在细胞分裂期CTK有高活性，特别是在细胞分裂盛期，CTK的活性最高，细胞分裂停止期到果实成熟期CTK的活性降低。因此，CTK在果实发育前期起重要作用。大量研究证明CTK有促进细胞分裂的作用。盛花后10d，用CPPU处理柿果促进柿果增大的效果非常显著（王立英等，2002）。

2. 促进果实肥大的技术措施

（1）6-苄基氨基腺嘌呤（6-BA） 甜柿次郎于花后10d喷施100～200mg/L的6-BA药液，可促进果实膨大，提高果实横径、纵径和果形指数、果实单果重（范国荣等，2005，2006）。

（2）氯吡脲（CPPU） 甜柿次郎、禅寺丸于花后10d喷施，10～25mg/L的氯吡脲药液，能显著促进果实的膨大，提高果实的果形指数和果实单果重；采收时延迟退绿，着色期提高果皮花青素含量（范国荣等，2004）。在盛花后10d喷洒10mg/L的氯吡脲液，可防止落果，促进果实膨大。

第五节　柿果采后贮藏和脱涩

1. 柿果实成熟

对柿的呼吸类型研究已有许多报道，一般认为涩柿属呼吸跃变型果实。张国树（1991）研究认为火柿、木柿的成熟过程中有明显的呼吸跃变峰，受乙烯调节，属跃变型果实。张子德等（1995）以磨盘柿为试材的研究也出现类似的结果，且果实软化速度的加快先于呼吸跃变峰的到来。田建文等（1991）则认为柿具呼吸峰，但呼吸峰出现时果实已变软，硬度小于$2kg/cm^2$，应属后期跃变型果实。日本学者板村裕之等（1991）认为平核无在后熟过程中有乙烯峰和呼吸峰的出现，属呼吸跃变型果实，而高田峰雄等（1982）研究发现，甜柿品种富有在不同的成熟期采摘，具有明显不同的呼吸动态，采收早的有呼吸峰，成熟采摘时无呼吸峰，在成熟的不同阶段用乙烯处理，均可增加呼吸速率，诱导内源乙烯大量生成，因此认为富有既不属于跃变型果实也不属于非跃变型果实。岩田隆在对2个涩柿品种、2个甜柿品种的呼吸动态观察中发现，在成熟过程中均有呼吸峰出现，但出现的时间较晚，在完熟后期，这与苹果等跃变型果实不同。由此可见，柿的呼吸类型比较独特，品种间的差异很大，因此，到目前为止仍然存在着一定的争议（李灿等，2003）。

柿成熟过程中，其内源激素含量发生了很大变化。柿刚采收时乙烯含量较低，之后内部乙烯浓度出现高峰，并且乙烯峰先于呼吸峰出现，表明乙烯对呼吸跃变有诱导和促进作用（张国树，1991）。在贮藏过程中 GA、CTK、IAA 含量均降低，其中 GA 变化最大，前三周降低一半以上，与此相反乙烯和 ABA 含量逐渐升高，乙烯在第五周出现高峰。田建文等（1994）等认为柿刚采收时，组织抗性比较大，虽然果实内含有一定量的 ABA 和乙烯，但不能诱发后熟，后熟过程中，GA、CTK、IAA 逐渐降低，ABA 和乙烯积累，同时组织抗性逐渐减少。当 ABA 或乙烯达到促进呼吸增高的阈值时，一方面促进呼吸强度提高，另一方面反过来诱发系统产生更多的乙烯和 ABA，使果实逐渐达到完熟。乙烯作为成熟激素，与柿子的软化有着密切的关系。目前控制乙烯生成的一些措施如 1-MCP 处理刀根早生柿、乙烯吸收剂贮藏富有柿等，均可延缓硬度下降。

柿果实的涩味来自于其中的鞣质，是诸多水果果实中鞣质含量最高的水果，相当于其他水果的十多倍甚至几十倍。关于柿果实脱涩的机理，研究者们普遍认为是由有涩味的可溶性鞣质缩合、凝聚变成不溶性鞣质所致的。目前，有关涩柿果实脱涩鞣质聚合的研究可归结为两种假说。其中一类即缩合学说，认为柿果实在脱涩过程中处在缺氧或无氧状态下，激活乙醇脱氢酶，产生大量的乙醛，促使具有涩味的可溶性、低分子鞣质缩合，形成不溶的高分子缩合类鞣质，使涩味消失。另一类是凝胶学说，即柿果实在脱涩过程中与果肉中的果胶、多糖发生凝胶反应，形成凝胶，使涩味消失（柴雄等，2012）。

2. 柿果实采后贮藏保鲜的技术措施

（1）1-MCP　用 0.5μL/L 的 1-MCP 在密闭容器中处理火柿果 12h，然后通风，可显著抑制果实乙烯释放，延缓其跃变出现时间，推迟 ACO（ACC 氧化酶）活性峰及呼吸跃变，抑制采后初期 ACO 的活性及呼吸速率的上升，并能阻止硬度的下降，推迟其成熟软化，延长贮藏期（朱东兴等，2004）。用 0.5μL/L 的 1-MCP 在密闭容器中处理甜柿品种阳丰果实 12h，然后通风，可延缓贮藏和货架期间甜柿果实的软化、抑制呼吸速率和可溶性固形物含量的变化，但对乙烯释放速率的作用不一致（胡芳等，2007）。用 1μL/L 的 1-MCP 在密闭容器中处理火晶柿果 24h，然后通风，可推迟乙烯释放高峰、呼吸高峰的时间，延长火晶柿果的贮藏时间；若 5d 后再用同浓度的 1-MCP 处理 1 次，则能更有效地延迟柿果的后熟和衰老，延长火晶柿果的贮藏时间（庄艳等，2007）。

（2）赤霉素（GA_3）　在 20℃ 下用 50mg/L 的 GA_3 溶液浸泡扁花柿果实 10min，不但推迟柿果实呼吸高峰和乙烯高峰的出现，而且还抑制了柿果实 PE（果胶酯酶）、PG（多聚半乳糖醛酸酶）和 β-Gal 酶（β-半乳糖苷酶）活性的增加，延缓纤维素和原果胶降解以及水溶性果胶含量增加，保持果肉硬度，延缓柿果实的软化进程，延长贮藏期限（罗自生，2006）。用 150～300mg/L 的 GA_3 溶液滴于一串铃柿果柿蒂处，每果 8 滴，可显著地抑制 ACCC（1-氨基环丙烷-1-羧酸）的积累，降低 EFEE（乙烯形成酶）的活性，从而显著降低了柿果实内源乙烯的生成，乙烯峰值出现的时间比对照推迟了 20d，抑制了柿果实硬度的下降，果实采后前期用高浓度的 GA_3 处理对柿果实硬度下降的抑制作用更好（黄森等，2006）。选择成熟度一致、大小均匀、无机械伤的方柿果实，在 20～60mg/L 赤霉素溶液中浸 2min。可延缓柿果实采后贮藏期还原糖含量及硬度下降，尤其是 60mg/L 赤霉素溶液可明显地延缓柿果实后熟，有利于延长货架寿命（夏红等，2005）。付润山等（2010）研究表明，采后富平尖柿果实用 60mg/L 赤霉素（GA_3）溶液浸 2min 后取出晾干，用 0.03mm 厚的聚乙烯保鲜袋包装，置于纸箱，常温贮藏，果实的贮藏时间分别比对照延长了 10d，可有效延缓柿果实的后熟软化，延长其贮藏期限。

柿果采前一个月至一周内，用 50～100mg/kg GA_3 喷果，可增加果实的抗病性，减少贮藏期间黑斑病的发生，抑制果实的软化，提高果实耐贮性。柿果经 GA_3 处理后，可溶性固形物含量提高，但对可溶性鞣质的减少影响不大。郑国华等（1991）在极晚熟品种宫崎无核果实发育第二期末叶面喷施 100mg/kg GA_3，结果明显抑制了果实的生长、着色、糖的积累和果实软化。

（3）乙烯吸收剂　乙烯吸收剂为高锰酸钾。一般将高锰酸钾饱和溶液浸泡到吸水量大、微孔较多的载体（如膨胀珍珠岩、活性炭、蛭石等）上，贮藏环境中的乙烯可被附着的高锰酸钾氧化掉。铁粉与吸水剂混合能吸收环境中的 O_2，$NaHCO_3$，与柠檬酸混合，彼此互相反应释放出 CO_2。将以上三种试剂共同使用，可有效地控制环境的气体成分。用乙烯吸收剂、硅窗袋、CO_2 释放剂处理柿果，柿果可被保鲜 3 个月以上（俞秀玲等，2003）。将火柿果实放入装有 20g 乙烯吸附剂（吸附有 $KMnO_4$ 的球状分子筛）的聚乙烯袋内，扎口，能有效地清除贮藏环境中的乙烯，降低果实的呼吸速率和乙烯释放速率，抑制 PG、PE 和 CX（纤维素酶）的活性，有效地延缓果实硬度的下降速率（黄森等，2006）。

（4）萘乙酸（NAA）　付润山等（2010）研究表明，采后“富平尖柿”果实用 20mg/L 萘乙酸（NAA）溶液浸 2min 后取出晾干，用 0.03mm 厚的聚乙烯保鲜袋包装，置于纸箱，常温贮藏，果实的贮藏时间分别比对照延长了 4d，可显著延缓果实硬度的下降进程，有效降低果实呼吸强度和乙烯释放量，且呼吸高峰和乙烯高峰的出现明显迟于对照；果实多聚半乳糖醛酸酶（PG）活性的升高受到抑制，从而延缓了原果胶的降解以及水溶性果胶含量的增加，阻碍了果实的软化进程。

3. 涩柿脱涩措施

（1）乙烯利　当果实达到可采收成熟度时，用乙烯利 500mg/L 有浓度喷洒柿果，10d 内果实可以全部转为黄色，15d 即软化脱涩。

将达到可采收成熟度的果实采下，浸入 300～800mg/L 浓度的乙烯利溶液中，几秒后即取出，晾干后按常规存放，经 3～5d 可食用上市。但浸液法存在严重的缺点，即柿盖与果实接触处容易流水，贮藏性极差，导致果实货架期短。此外，当富有甜柿果实横径平均日增长量超过 0.3mm 时，树上喷洒 25mg/L 乙烯利溶液，促熟效果也较明显（郑国华等，1991）。

（2）CO_2 *脱涩法* 利用高浓度 CO_2 产生缺氧的环境，诱导产生乙醇，乙醇在乙醇脱氢酶的作用下变成乙醛，乙醛与可溶性鞣质发生反应使其变成不溶性树脂状物质而使柿果实脱涩。CO_2 脱涩分诱导期和自动脱涩期，诱导期需要 CO_2 的存在，当诱导过程进行到一定程度后柿果实进入自动脱涩期，此时可在空气中自动脱涩，不需要 CO_2 的诱导。CO_2 脱涩法能够很好地保持果实的硬度，但脱涩后柿果肉质一般，不能体现优质品种柔嫩润滑的口感，易产生褐变（柴雄等，2012）。95%CO_2 脱涩 3d 即可完成，且能较好地保持柿果硬度，脱涩程度均一，且操作简单（张雪丹等，2013）。

第二十章

枣

第一节　促进插条生根

1. 枣树扦插生根机理

植物根据插穗不定根发生部位的不同，可将生根类型划分为4种，即潜伏不定根原基生根型、侧芽或潜伏芽基部分生组织生根型、皮部生根型和愈伤组织生根型。潜伏不定根原基生根型是插穗再生能力最强的一种类型，属易生根型，愈伤组织生根型是难生根的类型。有时，同一种果树往往兼具有两种或两种以上的生根类型。张淑莲等发现，枣嫩枝的根原基主要发生在接近带状厚壁组织的韧皮部内，少量发生在皮层薄壁组织和愈伤组织。田砚亭等认为，圆铃枣既有皮部生根，又有愈伤组织生根，属综合类型。皮部不定根在插后2周左右从皮部内生出，而愈伤组织生根则需要经过细胞脱分化，形成愈伤组织，再分化形成维管束，维管束系统连接并发育成不定根。陈国强等在研究黄口大枣扦插时认为，枣树属于愈伤组织生根植物，插条脱离母体后，切口形成的愈伤组织进一步分化成输导组织、形成层和生长点，以后依赖良好的环境条件和适宜的激素刺激，才能形成根原基。

生长素对插穗的生根起显著的作用。一般来说，IAA在低浓度时有促进芽的形成、增进细胞分裂的作用；激动素在低浓度时，有刺激IAA促进生根的作用；细胞分裂素强烈促进芽的分化，但一般对根的孕育没有刺激甚至有抑制作用；赤霉素可以调整核酸和蛋白质合成，并因此干扰而抑制根的发生（张娟等，2004）。郑先武等（1995）研究表明，用外源生长素（NAA）处理金丝小枣根萌条，显著地提高了生根率并促使提前生根，明显地引起内源激素（IAA）含量保持较高水平。认为外源生长素（NAA）处理引起了插穗内部IAA的大量积累，由于形成层处细胞对生长素非常敏感，生长素直接作用于形成层细胞，引起了形成层细胞的分化和分裂，形成了根原始细胞。吲哚乙酸（IAA）对细胞的伸长有促进作用。

2. 促进枣树扦插生根的技术措施

（1）吲哚丁酸（IBA）　灰枣双芽嫩枝扦插技术是把当年生已半木质化的萌蘖

枝、侧枝或主枝延长枝，剪成长10～15cm，每条带两个芽眼。上剪口距芽眼5mm，插条粗度以3mm左右为佳。插条剪好后，将其下部5cm左右枝段在1000mg/L的纯吲哚丁酸稀释液中速蘸15～30s（叶片不蘸药液，以便生根），立即插入蛭石和珍珠岩的混合基质苗床中，喷透清水，生根效果良好（薛兴军等，2006）。

据试验，华北地区在6月下旬到7月底，采当年生根蘖条枣头或二次枝，长度15～40cm，留顶芽及中上部叶片，用激素（IBA 2000mg/L＋2,4-D 20mg/L）速蘸5s后插入苗床中，并搭设小拱棚和阴棚，保持棚内气温25～30℃，相对湿度85%～95%，扦插30d后生根成活率可达85%以上（薛皎亮等，1995）。IBA对提高枣头扦插生根率效果最好。据试验，用IBA 1000mg/L处理10s，生根率达93.8%。

大灰枣、梨枣、玲枣、团枣、宁阳葛石鸡心枣、蒙阳大雪枣等品种在春天大地解冻后，在枣树四周刨深20～30cm的条沟或环状沟，边刨边断根，适宜育苗的根直径为0.5～2.5cm。注意不要切断直径4cm以上的根，以免伤害母树，且粗根也不能用于育苗。插根长度以10～15cm为宜，下端削成马耳形，上端横切，50根一捆，下端平齐后进行生根剂处理。用吲哚乙酸稀释液（100mL加水10kg）浸泡16～18h，浸泡深度4～6cm，扦插成活率达到70%～95%（宪岳等，2001）。

（2）萘乙酸（NAA） 枣头插条用800mg/L的NAA浸醮10s，可促进生根和发根变长的效应（薛皎亮等，1995）。张华（2002）用圆铃枣当年生枣头的先端部分做插条，插前用NAA处理插条，要用400mg/L的稀释液，至少浸泡2h以上再扦插。插后每天喷雾补水5～10次。结果插条生根率达85%以上，但根系长而少，效果不如生根粉。

大灰枣、梨枣等品种根插，宜用根直径为0.5～2.5cm，根长度为10～15cm的，下端削成马耳形，上端横切，50根一捆，下端平齐后用萘乙酸稀释液（100mL加水10kg）浸泡16～18h，浸泡深度4～6cm。用此法生根需40～80d，成活率为70%～95%（宪岳等，2001）。

（3）ABT生根粉 枣头扦插生根，用50mg/L的ABT1号生根粉浸30min可促进扦插生根（薛皎亮等1995）。张华（2002）用圆铃枣当年生枣头的先端部分做插条，插前用50～100mg/L的ABT 1号生根粉速蘸30s，插后每天喷雾补水5～10次，插条生根率达85%以上，且根系短而多，移栽成活率达97%。用生根粉处理，根短而多，在切口及其以上1～2cm范围内呈簇状爆发型分布，效果优于NAA处理。

大灰枣、梨枣等品种，直径为0.5～2.5cm、长度以10～15cm的根，50根一捆，用ABT生根粉1号（将ABT生根粉1号1g溶于50mL酒精中，加清水950mL，再加水15kg）浸泡2～8h，扦插成活率达80%～98%（宪岳等，2001）。

（4）GGR7 从5年生冬枣树上剪取当年生健壮枣头作插条，长15～20cm，留先端两节和1个枣头顶芽剪断，下端紧贴二次枝剪截。采用50mg/L的GGR7浸泡插条1h，可使其发根率达85%左右，而对照生根率为0.8%（郭洪涛，2007）。

第二节　抑制新梢生长，促进花芽分化

1. 枣树枝芽生长和花芽分化

枣树的芽为复芽，由一个主芽和一个副芽组成，副芽生在主芽的侧上方。主芽形成后一般当年不萌发，为晚熟性芽。主芽萌发后有两种情况：一是萌发后生长量大，长成枣头；二是生长量很小，形成枣股。副芽随枝条生长萌芽，为早熟性芽，萌发后形成二次枝、枣吊和花序。

与其他落叶果树相比，枣树具有萌芽晚、落叶早的特性。不同地区枣树萌芽期有差异，自南向北萌芽期逐渐推迟。萌芽后枣股顶端主芽生长1～3mm后停止生长，其上副芽萌发形成枣吊。枣吊开始生长较慢，此后生长迅速，到5月中旬生长达到高峰，开花后生长减缓，大部分枣股上的枣吊在6月中下旬停止生长，枣吊生长期为50～60d。随着枣吊增长，新叶不断出现，枣吊下部叶片不断展开、长大、停止生长。枣吊停长后不久，最上部叶片也停止生长。枣吊基部和顶端的叶片均较小，中部叶片较大。在河北中部，10月下旬开始落叶，枣吊也随之脱落。

枣树的花芽分化不同于其他果树。其花芽分化的特点为：①当年分化，多次分化，随生长分化。一般是从枣吊或枣头的萌发开始，随着生长向上不断分化，一直到生长停止才结束。对一个枣吊来说，当其萌发后幼芽长到2～3mm时，花芽已经开始分化，其生长点侧方出现第一片幼叶时，其叶腋间就有苞片突起发生，这标志着花芽原始体即将出现，随着继续生长，基部的花芽也加深分化。当枣吊幼芽长到1cm以上时，花器各部分已经形成。随着枣吊的生长进程，先分化的花先开放，随后继续分化的花陆续开放。②花芽分化速度很快，花芽分化持续期相当长。一个单花的分化期约为8d，一个花序的分化期约为8～20d。一个枣吊根据其生长期的长短，分化持续时间可达1个月左右，一个植株的分化期则长达2～3个月。这种花芽分化持续期长、多次分化的特点也造成了物候期重叠，养分竞争激烈，导致果实成熟期不一致、营养消耗量大等缺点。

2. 抑制枣树新梢生长，促进花芽分化的技术措施

（1）多效唑　于花前（枣吊长到8～9片叶时），幼龄树（1000mg/L）、成龄树（2000～2500mg/L），每年喷施1次多效唑；也可土壤撒施。在靠近树干的基部挖沟撒施，每株施多效唑1.6～1.8g，然后盖土填沟。喷施多效唑后可抑制新梢生长，使叶片增厚、色深，促进生殖生长，提高坐果率，而对果实大小和形状无明显影响。

（2）丁酰肼　在花前，幼树喷施2000～3000mg/L的丁酰肼，成龄树喷施3000～4000mg/L的丁酰肼1次，或用2000mg/L的丁酰肼喷两次，能抑制植株枝条顶端分生组织生长，使新梢节间变短，生长缓慢，枝条加粗。

（3）矮壮素（CCC） 在花前（枣吊长到8～9片叶时）每隔15d喷施一次2500～3000mg/L的CCC溶液，共2次；或采用根际浇灌，每株用1500mg/L的CCC溶液2.5L。可使枣树矮化，节间缩短，叶片增厚，抑制枣头、枣吊生长，促进花芽分化，提高坐果率。

（4）烯效唑+青鲜素 张献辉等（2014）研究表明，北疆红枣垦鲜枣1号在二次枝摘心完毕后，喷施烯效唑50mg/L＋青鲜素500mg/L 1次，能促使枣吊木质化，单株枣吊木质化率达到99.8%，木质化枣吊结果多、果型大，能抑制枣头及二次枝新梢的萌发，减少了人工除萌的强度，摘心生产率是CTK的2.2倍；而喷施烯效唑100mg/L＋青鲜素500mg/L 1次，摘心生产率为CTK的2.75倍，极大地降低枣园摘心工作的强度，使摘心工作实现省力化。

第三节 提高坐果率

1. 枣树落花落果及其原因

枣树是多花果树，据统计一株盛果期的金丝小枣树每年有花蕾37万～50万个。一般的枣树坐果率仅为0.1%～1.0%，因此落花落果严重。枣树生理落果根据落果先后分为早期落果和采前落果。早期落果是指花后1～2个月内，幼果在发育过程中发生脱落，各种枣树均有发生，落果高峰是6月落果。南方在5月下旬以后，如重庆永川仙龙镇张家基地从5月20日开始到6月20日结束，出现两次落果高峰。枣树果实成熟期采前落果程度因树种、品种而异。

枣树落花落果与品种、树势、开花多少及授粉受精状况、内源激素水平、肥水供应等有关。①大部分枣树品种能自花授粉，但自花品种配置授粉树可显著提高坐果率。对雄蕊发育不良，则必须配栽授粉树。②不同树势对冬枣的落果程度有影响。贾晓梅（2004）研究表明，强树的总落果量＞弱树＞中等树。③枣树花芽分化的特点影响落花落果。枣树枝叶生长与花芽分化、开花、幼果发育同步进行，导致营养生长与生殖生长争夺养分竞争激烈，从而导致落花落果的严重发生。④枣树花期和幼果期需要适宜的温湿度，温湿度过高或过低都不利于开花结果。枣树在22～25℃进入盛花期，花粉发芽授粉受精以24～26℃为宜，温度过低（20℃以下）或过高（36℃以上）均对授粉受精不利。空气湿度过低（50%以下）对授粉受精也产生不利影响，出现“焦花”而脱落。阴雨连绵，雨水浸花时间过长，也会大大降低花粉生命力影响授粉。⑤花器中内源IAA和ABA是影响枣自然坐果率的主要因素。自然坐果率高的板枣花朵中，IAA含量高，ABA含量低，因而发挥了IAA在幼果发育早期防止脱落的作用（毕平等，1996）。生长素阻碍了离层的形成，产生了防止落果的作用，同时满足了发育中子房通过临界期对生长素的需要。自然坐果率低的壶瓶枣花朵中IAA含量较低，而ABA含量却较高，这样就产生了不利于坐果的激素平衡状态。脱落酸是重要的抑制剂，果实发育初期阶段如果含量过多会造成落花落果。花期喷施外源 GA_3 不但可以提高坐果率，而且能够加强花朵子房作为生理库的作用，使子房吸收更多的糖类，以减轻生理落果（毕平等，1996）。陶陶（2012）研究认为在米枣果实的整个生理落果期间，正常果中 GA_3 和 IAA 含量始终都高于同期落果中的含量，而作为抑制生长的 ABA 在落果中的含量却高于相应的正常果。同时，在米枣的落果高峰期尤其是在第一个落果高峰期，都伴随着 GA_3、IAA 含量的下降和 ABA 的上升。米枣果实内低含量的 GA_3、IAA 和高含量的 ABA 是米枣落果的原因。

2. 提高枣树着果率的技术措施

（1）GA_3　在枣树每一花序平均开放 5～8 朵花时，用 10～15mg/L GA_3 + 0.5%的尿素溶液全树均匀喷洒 1 次，可提高着果率 1 倍左右。金丝小枣盛花末期用 15mg/L 的 GA_3，间隔 5～7d 连喷 2 次，1 个月后调查，坐果率为对照的 189%（武之新，2001）。在大枣树的盛花期，喷施 GA_3 10～15mg/L，坐果率比对照分别提高 17%～21%（毛静琴，1992）。在山西大枣盛花中末期喷施 10～30mg/L GA_3，坐果率比对照提高 30.9%～51.9%（张化民等，1993）。在冬枣盛花期喷 1～15mg/L 的 GA_3、0.05%～0.2%的硼砂、0.3%～0.4%的尿素混合水溶液，可有效提高冬枣结果率（袁金香等，2007）。生产上使用时应注意：花期应用一定浓度的 GA_3 可明显提高坐果率，但花期和幼果期多次过量使用 GA_3 反而会出现负面效应，如导致枝条徒长、枣吊增长、坐果过多、过密、枣果畸形、果皮增厚及品质下降等，一般在花期喷 GA_3 1～2 次为宜（郭继进等，2004）。盛花期喷施 20mg/L 的赤霉素对米枣保果具有明显的效果，落果率比对照落果率低 8.5%（陶陶，2012）。

（2）2,4-D　花期喷施 5～10mg/L 的 2,4-D 溶液，对新乐大枣、郎枣等均有不同程度提高坐果率的效果（郭裕新，1982）。在盛花初期或盛花期的大枣或小枣树上喷施 5～10mg/L 的 2,4-D，能提高坐果率 15.4%～68%（张化民，1993；樊宝敏，1995）。山西黄土丘陵的大枣在花期喷布 5mg/L GA_3 加 25mg/L 2,4-D 加营养液，可显著提高坐果率，增加单果重（毛静琴，1992）。

武之新（2001）在冬枣上的试验结果表明，盛花期使用 2,4-D，坐果率比对照提高 20%左右，但浓度不宜超过 10mg/L，否则易产生药害。冬枣的花器和叶片对 2,4-D 特别敏感，稍不慎就会烧叶、烧花，故尽量不用。

山东省果树研究所在金丝小枣和郎枣的花后用 30～60mg/L 的 2,4-D 全树喷施，可减少落果 31%～41%，而且还可促进幼果快速膨大，增加单果重，增产幅度达 10%左右。

（3）萘乙酸（NAA）　在大枣树上用 NAA 15～30mg/L 浓度全树喷施，坐果率比对照提高 15%～16%（张化民，1993）。在金丝小枣盛花末期全树喷施 10mg/L 浓度以下的 NAA，效果不显著；喷施 10～15mg/L 浓度时显效；喷施 15～20mg/L 时可提高坐果率 15%～20%；喷施 20mg/L 以上时会抑制幼果膨大，或引起大面积落果（武之新，2001）。

金丝小枣采前40d和25d左右各喷布1次50～80mg/L萘乙酸或其钠盐，预防风落效果显著。试验表明，浓度为20～30mg/L时，后期防落率可达83.6%；低于这个浓度、防落效果不明显；浓度在50mg/L以上时，虽然防落效果好，但使用时间过早，会影响后期果实膨大，使用时间过晚，会影响后期果实成熟和适期收获（武婷等，2008）。于小枣采收前30～40d（即8月10～20日左右）喷布60～70mg/L的萘乙酸溶液，可防止枣树后期生理落果（翟广华，2006）。萘乙酸不能与石灰、磷酸二氢钾等混用，使用时应注意。

（4）*IAA和IBA*　在大枣盛花末期用IAA 50mg/L和IBA 30mg/L分别喷施全树，坐果率分别提高25%～45%和17%（张化民，1993）。

（5）*防落素*　金丝小枣盛花末期用20mg/L的防落素溶液喷施全树，坐果率可提高25%～30%；使用20～40mg/L防落素溶液，坐果率可提高40%～70%；使用50mg/L以上的防落素溶液，坐果率可提高70%以上。

（6）*稀土*　在枣树盛花初期，日均温升至20℃以上时，全树喷施100～500mg/L的稀土，对提高枣树坐果率、改善枣果品质均具有明显效果。于初花期和盛花期各喷一次300mg/L稀土，可提高枣树坐果率28.37%～55.88%，且坐果整齐，采前落果轻，黄皮枣少，提前2d着色，含糖量提高（季玉杰，1994）。300mg/L稀土加15mg/L GA_3 在金丝小枣的盛花期混合喷施，坐果率比对照提高100%（贾慧君，1993）。

（7）*三十烷醇*　三十烷醇是通过提高酶的活性和新陈代谢水平而起作用。据陕西省果树所试验，在枣树盛花初期喷2次1mg/L的三十烷醇，可提高坐果27%～35%；生理落果期喷1次0.5～1mg/L，可减轻落果17%～28%，并能促进果实膨大。

（8）*枣丰灵（主要成分为赤霉素、6-BA）*　在幼果期全树喷施枣丰灵1号（用少量的酒精或高浓度白酒将1g枣丰灵1号溶解，再加水25kg），既能显著防止幼果脱落，又可促进幼果快速膨大。8月上旬末调查，百果鲜重比清水增加20.6%。在金丝小枣幼果期施用复混剂枣丰灵2号或枣丰灵5号1g，用酒溶解后，兑水25～35L全树喷洒，幼果的防落率高达85%～90%，且果实膨大速度加快（武婷等，2008）。

金丝小枣的发育中、后期，使用枣丰灵2号或枣丰灵5号有明显防落效果。8月中旬，枣色变白前40d和25d左右各使用1次，每1g兑水35～50L全树喷洒，防落率高达85%～90%。但喷施不宜过晚，否则会引起返青晚熟（武婷等，2008）。对冬枣，也可以用枣丰灵2号或枣丰灵5号防止后期落果，并促进后期果实膨大。这项措施对坐果晚、果个小的枣园特别有效。对果个正常的冬枣要慎用，特别是雨水较多的南方，使用过晚或浓度过大会引起裂果。

盛花期喷施40mg/L的枣丰灵对米枣保果具有明显的效果，落果率比对照落果率低3.7%（陶陶，2012）。

第四节　促进果实肥大和成熟

1. 枣果实生长发育

枣花授粉受精后果实便开始生长发育。虽然枣树花期长，坐果早晚不一致，但果实停长期相差不多。枣果实的生长发育一般可划分为迅速生长期、缓慢生长期和熟前生长期三个时期。冬枣从子房膨大开始的第50～78d果实生长速度逐渐放慢，直至停止生长。果肉质地逐渐致密，果核细胞逐渐石化变硬，并在14d内完全硬化，种仁萎缩退化。当果实形态已经达到固有的大小，果皮底色则由浅绿变白绿，果面由片状着色逐渐发展到全红，果肉由白熟变脆熟以至完熟，表现出固有的风味。生产上应在脆熟期适时采收，以保证枣果商品质量和贮运性能（梁志宏，2003）。

罗华建等（2002）研究表明，台湾青枣果实生长发育过程中，生长类内源激素的含量高峰较果实体积、重量增长高峰略早，说明生长类内源激素不仅对细胞增殖、增大有作用，而且对树体养分分配及流向等也起重要作用。其中，细胞分裂素作用主要是在花后1～3周，GA_{1+3}主要在花后1～3周和7～9周，而生长素IAA由始至终都起重要作用。细胞分裂素在果实发育中的作用主要是促进细胞分裂并与IAA协调增加果实“库源”；GA则主要是促进IAA合成并与IAA共同促进果实维管束发育和调运养分等。

彭勇等（2007）研究表明：ZR（玉米素核苷）和iPA（异戊烯基腺苷）在沾化冬枣花器官发育过程中起着重要作用。花和果实的发育过程中，各氮素指标与细胞分裂素（ZR+iPA）的变化可显著分为3个阶段：一是从显蕾期至瓣平期，此期细胞分裂素和各氮素指标迅速上升，达到最高峰；二是从瓣平期到硬核时（花后45d左右），此期各指标迅速下降至最低点；三是从硬核时至采收，此期果实内各氮素指标缓慢回升，细胞分裂素（ZR+iPA）出现一高峰后下降。

灵武长枣、中宁圆枣从白绿期至全红期，果肉硬度缓慢降低，与果实可滴定酸含量、可溶性固形物、总糖和蔗糖含量均呈极显著的正相关（魏天军等，2007，2008）。

2. 促进枣果实肥大的技术措施

（1）CPPU　台湾青枣在落花期及15d后各喷1次5mg/L的CPPU，能够拉长台湾青枣果径，增大果实，对提高平均单果质量和果实品质具有明显的作用，并且增强了抗逆性，但要严格掌握用药时间、用药剂量和用药次数（罗富英等，2006）。

（2）*植物细胞激动素混剂*　青枣在落花期及15d后各喷1次5mg/L的植物细胞激动素混剂可促进果实增大，平均果实横径和纵径比对照提高了14.53%和10.88%，平均单果重比对照提高了41.3%，大大增加了产量，且显著提高了果实品质，增强了青枣的抗逆性（李再峰等，2004）。

（3）枣丰灵　在幼果期全树喷施枣丰灵1号（用少量的酒精或高浓度白酒将1g枣丰灵1号溶解，再加水25kg），既能显著防止幼果脱落，又可促进幼果快速膨大，8月上旬末调查，百果鲜重比清水喷施增加20.6%（武婷等，2008）。

3. 促进枣果实成熟脱落的措施

使用乙烯利催落技术采收枣果，效果显著。具体方法：在采收前5～7d，喷洒150～300mg/L的乙烯利加0.2%的洗衣粉（作黏着剂），喷药时间上午10点以前和下午4点以后，每株成龄枣树喷4～6kg药液为宜，喷药要均匀周到。喷后第二天即开始生效，第四天使果柄离层细胞逐渐受到破坏而解体，轻摇树枝果实即可全部脱落（樊宝敏，1994）。用乙烯利催熟的效果取决于当时的气温和品种。在果实成熟较好、气温较高的情况下，适宜浓度为200～300mg/L。对鲜食枣，建议一般不用乙烯利催熟（武婷等，2008）。对于干制金丝小枣，采用400mg/L的乙烯利水溶液，在采收前8d喷布，能够起到节省人力、提高工效，减轻树体损伤，同时提高果品质量，缩短晒干时间等多种效果。但施用浓度不能过高，否则容易引起枣树落叶（董书君，2003）。

第五节　防止裂果

1. 枣裂果发生的生理

枣裂果的发生时期多为枣着色期至脆熟期（个别品种除外），着色前及完熟期一般不易发生裂果或者裂果较轻。枣裂果与气候、土壤条件、水、矿质营养、品种、组织结构、内源激素等因素有关，其发生是多因素相互作用造成的。裂果是一种机械断裂的物理过程，随着果实的发育，果实中水势降低，吸水能力增加，果皮细胞衰老、凋亡，丧失对水分的选择性吸收功能，一旦果实表面发生积水，在水势梯度的驱动下，水分大量进入果实，致使果实膨压增大，其超过果皮的承受力就会引起裂果。因此，果实吸水和果皮承受力等因素都会影响果实的抗裂能力（许建庆等，2014）。

果实中各类内源激素的含量以及它们之间的平衡与裂果的发生密切相关。曹一博等以易裂品种俊枣和抗裂品种圆铃枣为试材研究发现，果实生长发育后期俊枣果肉中的IAA积累较多，而抗裂品种圆铃枣果肉及种子中ABA含量显著高于易裂品种；俊枣果肉及种子中（GA_3＋IAA＋ZT）/ABA的值较高，类似的发现也出现在荔枝中。邱燕萍等研究发现，易裂荔枝植株果皮与果肉（IAA＋GA_3＋CTK）/ABA的值均高于裂果少的植株，尤其在果肉中更加明显。这可能是因为生长素含量高，造成生长不平衡，使果肉生长快，从而导致裂果加剧。李三玉等在研究玉环柚中发现，各个时期果实顶部果皮中IAA、GA、ABA及乙烯含量基本上都以易裂果的扁圆形玉环柚为高；但在易发生裂果的时期，却以不裂果的梨形玉环柚为高，表明果实发育后期 GA 含量对于果皮的生长有重要的作用。而后期喷施相应浓度的 GA_3 可强化果皮后期的生长力，缓解裂果率的发生（许建庆等，2014）。

2. 枣裂果化学防治

幼果期（山西晋中市 7 月初）开始，每 10～15d 喷施一次 3000～5000mg/L 的氯化钙或硝酸钙。白熟期每 10d 喷施一次 25mg/L 的 GA_3 和 300 倍液的 KH_2PO_4，均有较好的防裂效果（许建庆等，2014）。

刘承德等（2014）在骏枣盛花末期（6 月 20 日）喷施 20mg/L 赤霉素＋0.5mg/L 噻苯隆，并在幼果期（7 月 5 日）喷施噻苯隆 1.5mg/L，与对照比较能极显著提高花序坐果率、枣吊平均坐果数、单果重、单株产量、单产、果实总糖、还原糖、黄酮和维生素 C 含量，极显著降低采前落果率、采前裂果率、总酸含量，增加果实色泽。

第六节 采后贮藏保鲜

1. 枣果实采后成熟衰老生理

呼吸作用是鲜枣采收后最主要的生理活动。寇晓虹等（2000）以大荔圆枣、襄汾圆枣、婆婆枣、金丝小枣、大白枣 5 个鲜枣品种为试材，半红期采收后进行研究，结果表明，枣果耐藏性与呼吸强度呈负相关（$r=-0.671$）。薛梦林等（2003）认为，不同品种的枣果呼吸强度不同，同一品种成熟度不同，呼吸强度也存在一定的差异，呼吸强度随成熟度的增加而提高。枣果采后呼吸变化较复杂，目前对枣果呼吸类型的看法不一致，多数研究表明，枣果实属非跃变型果实。Kader A 等、陈祖钺、王文生和张崇浩研究认为，枣应属于非跃变型果实；寇晓虹等（2000）研究认为，大白铃、金丝小枣、大荔圆枣、襄汾圆枣、婆婆枣 5 个品种采后，呼吸强度变化平缓，均无明显呼吸高峰出现，应属非跃变型果实；文颖强（2002）研究认为，梨枣为非跃变型果实；薛梦林等（2003）研究认为，梨枣、金丝小枣、帅枣、木枣可能为非跃变型果实；庞会娟（2002）和邹东云（2004）认为冬枣为非呼吸跃变型果实；张培正等（1995）研究认为，圆铃枣应属跃变型果实；任小林（1994）研究认为狗头枣可能属于跃变型果实；张桂等（2002）和薛梦林等（2003）认为冬枣为呼吸跃变型果实。上述结果表明，枣品种不同，其呼吸类型可能不同，这还有待于进一步研究。

寇晓虹等（2000）研究表明，不同品种间乙烯释放量差异显著。贮藏期间大白枣乙烯量处于较低水平，襄汾圆枣乙烯释放量高，而大白枣的软化率显著高于襄汾圆枣。乙烯释放量与枣果软化没有必然联系，软化的枣果乙烯释放量并不一定大。张崇浩（1986）对长小枣的测定表明：在 25℃下，采后枣果中的内源 GA_3 含量呈下降趋势，而采后 ABA 含量较高，并且用 ABA 溶液处理枣果，乙烯释放量无明显变化。ABA 可能激发了与成熟有关的一系列生理过程，因而激发了枣果实的成熟（张崇浩等，1988）。而 GA 则有延缓呼吸高峰出现的作用。赵鑫（2003）研究发现，冬枣在贮藏衰老过程中受 IAA＋GA_3 与 ABA 两者平衡的控制。IAA＋GA_3 占优势时，衰老延缓；而 ABA 占优势时，加速衰老。常世敏等（2004）采用外施 GA_3 处理，延缓了采后冬枣的转红，延长了冬枣的贮藏保鲜期，但是张桂等（2002）在研究冬枣的贮藏保鲜时认为 GA_3 的处理保鲜效果不佳。薛梦林等（2003）采后用 GA_3 处理，可以较好地保持冬枣的硬度，抑制了乙醛、乙醇含量的上升以及乙醇脱氢酶和多酚氧化酶的活性，降低了呼吸强度和乙烯释放速率，推迟了酒化和褐变的发生，但对枣果维生素 C 含量的影响效果不明显。

2. 枣采后贮藏保鲜的技术措施

（1）赤霉素　冬枣采后用 50μg/L 的 GA_3 溶液浸泡 30min 后，于（0±1）℃环境中存放，能抑制枣果 POD（过氧化物酶）、SOD（超氧化物歧化酶）以及 CAT（过氧化氢酶）活性下降，降低丙二醛（MDA）积累，从而抑制枣果的成熟衰老，效果明显（赵鑫等，2003）。脆枣采后用 GA_3 30mg/L 处理，较好地保持了硬度，抑制了乙醛、乙醇含量的上升以及乙醇脱氢酶和多酚氧化酶的活性，降低了呼吸强度和乙烯释放速率，推迟了酒化和褐变的发生（薛梦林等，2003）。陈凤霞等（2007）于枣果采收前喷布 10～15mg/L 的赤霉素，对枣果呼吸、后熟、衰老起到积极的抑制作用，提高采后果实的贮藏性。

（2）1-MCP　台湾青枣采后用 250μg/L 的 1-MCP 处理果实 24h，常温下贮藏，有效地抑制了果实腐烂和褐变。乙烯合成受到显著抑制，乙烯高峰出现延迟，超氧化物歧化酶（SOD）和过氧化物酶（POD）活性提高，从而减缓了丙二醛（MDA）的积累和细胞膜透性的升高（白华飞等，2004）。

冬枣采后用先用 500μg/L 使百功浸泡 5min，晾干后再用 500nL/L 的 1-MCP 密闭熏 24h 后，0℃冷库中贮藏，延缓了果实转红，而且降低了果实腐烂（李红卫，2003）。冬枣采后常温下用含有 1000nL/L 的 1-MCP 气体的塑料帐内室温密封 24h，能够延缓冬枣在常温贮藏过程中硬度的下降，提高可溶性固形物含量、延缓维生素 C 含量降低（龚新明等，2009）。研究表明 1-MCP 处理虽能明显地降低乙烯释放速率，但对冬枣半红期前的呼吸速率无明显作用，在半红期后反而促进了呼吸，表现出其呼吸不依赖于乙烯的特性。由此推测，1-MCP 对枣果实呼吸速率的影响因品种、成熟度等因素而异。

将成熟度为果面 3/4 红的九龙金枣用 600nL/L 的 1-MCP 熏蒸处理 24h，置于－1～0℃冷库中贮藏，相对湿度 90％～95％，可抑制九龙金枣 PG、PPO、POD 活性和增强 CAT 活性的作用，使叶绿素、抗坏血酸以及果实硬度得以较好地保持，贮藏 100d 好果率 90％（雷逢超等，2012）。

（3）壳聚糖　刘会珍等（2013）研究表明，冬枣用壳聚糖（20g/L）涂膜＋热水处理（50℃，20min）处理，保鲜效果好，能有效地保持冬枣的贮藏品质，延长货架期，该处理贮藏 25d 后的果实烂果率仅为 40％，失重率和呼吸速率分别为

6.68%和91.4mgCO_2/(g·h)，果实硬度和维生素C含量分别为9.23kg/cm^2和2.57mg/g。刘香军等（2015）对灵武长枣在浓度2%的壳聚糖涂膜液中浸泡3min，并装入PE袋中，在（0±0.5)℃、90%相对湿度（PE袋中）的条件下贮藏60d，对灵武长枣的保鲜效果佳，保持硬度，硬度为11kg/cm^2；失重率仅为9%，是对照处理的1/4；可滴定酸含量为1.5%。谢春晖等（2010）对冬枣果实采后用1.0%的壳聚糖涂膜剂中浸泡40s，形成均匀的薄膜，取出自然风干，放在保险盒中用市售PE保鲜膜密封，置于（0.0±0.5)℃冷库中保藏，可降低呼吸强度，硬度、可滴定酸含量和维生素C含量下降最缓慢，降低腐烂率。

（4）溶菌酶复合涂膜　鲁奇林等（2015）对采后鲜枣用质量分数为0.05%、0.5%、1.5%的溶菌酶、氯化钙、甘氨酸混合溶液涂膜30s，待溶菌酶复合液在鲜枣表面完全浸润后捞出，沥干（约45min）后，即可在鲜枣表面形成透明、均匀的溶菌酶复合保鲜膜，装入打孔（4×Φ5mm）厚度0.18mm，20cm×30cm CPP包装袋中，于（0.0±0.5)℃的冷库中贮藏，保鲜效果佳，经过90d的贮藏，可延缓鲜枣果实中可滴定酸含量的下降和颜色变化以及还原糖含量上升；降低质量损失和乙醇积累量；减缓丙二醛含量的上升和硬度的下降；防止维生素C、cAMP和总黄酮等营养物质的流失，损失率最高可比对照组低42.48%。

第二十一章

板　栗

第一节　控制枝梢生长

1. 板栗枝芽生长特点

板栗枝条顶端有自枯性，无真正的顶芽，其顶芽实际上是顶端第一个腋芽，称假顶芽。芽按其性质、作用和结构可分为混合花芽、叶芽和休眠芽。混合花芽又分为完全混合花芽和不完全混合花芽。完全混合花芽着生于枝条顶端及其以下 2～3 节，芽体肥大、饱满，芽形圆钝，茸毛较少，外层鳞片较大，可包住整个芽体，萌芽后抽生的结果枝既有雄花序也有雌花。不完全混合花芽着生于完全混合花芽的下部或较弱枝顶端及其下部，芽体比完全混合花芽略小，萌发后抽生的枝条仅着生雄花序而无雌花，称为雄花枝。着生混合花芽的节不具有叶芽，花序脱落后形成盲节。芽体萌发后能抽生营养枝的芽称为叶芽。幼旺树的叶芽着生于旺盛枝条顶部及中下部；进入结果期的树，则多着生于各类枝条的中下部。板栗芽具有早熟性，健壮枝上的叶芽可当年分化，当年萌发，形成二次枝、三次枝及四次枝。

栗树枝梢上的芽具有明显的异质性和生长的先端优势。着生于生长枝前端几节的芽发育比较充实，多抽生为强枝，母枝越壮则所抽强枝也越多。如任其自然生长，则枝梢顶部抽生的强枝每年向外延伸，经过多年后，容易使树冠外围过密而内膛空秃。同时由于分枝级数过多，则生长减弱，树冠中细弱枝增多而强枝减少，最后势必导致树势衰弱，大枝枯顶。因而必须进行合理修剪，以控制分枝数量，调节养分的分配，维持较强的树势。

多效唑能有效地抑制板栗植株新梢的生长，在其适当的浓度下对板栗植株新梢的叶片生长、结果枝雌花的发育不产生影响。由于板栗植株的枝条生长受到控制，其叶片所生产的营养物质转向提供枝条增粗和果实的生长，从而促进了板栗植株枝条的增粗，并提高了结实率。由于枝条生长缓慢，营养集中，致使板栗树体的枝条冬芽发育良好，为翌年开花结果打下了基础。

2. 控制枝梢生长，促进花芽分化的技术措施

(1) 多效唑　5 月上中旬，树冠叶面喷施浓度为 1000～1500mg/L 的多效唑，至叶片滴水为止，15d后再喷一次，能有效地抑制板栗植株枝条的生长，与不喷施多效唑的对照相比，其板栗植株的枝长生长量可减少56.2%～65.9%，而枝粗增加0.09～0.11cm，板栗的结实率提高17.4%～22.2%（杜春花等，2009）。6年生板栗土施9～18g的多效唑，能有效控制板栗幼树枝梢徒长（吴肇致等，2003）。春季发芽前每平方米树冠投影面积土施1.0g多效唑（有效成分为15%），既可适度抑制新梢生长，又使枝梢芽体大而饱满，同时增加5.9%左右的果枝率和26.7%的果枝结棚量，减少结果枝上雄花序数（王延娜等，2007）。对旺长低产的板栗树萌芽前后每株土施多效唑4g，可抑制枝条生长，使新梢节间变短，粗度增加，叶片增厚，叶色浓绿，产量提高（叶召权等，2004）。

二年生板栗实生树喷施浓度为6-BA 50mg/L＋PP_{333} 1000mg/L或KT 1mg/L＋PP_{333} 1000mg/L 1次，不仅能显著提高板栗实生树花芽分化量和雌花簇数，还能促进40%的实生苗至少提早1年开花结果（王广鹏等，2008）。

（2）B_9　杨剑等（2002）试验表明，在4月26日迟栗幼树喷布B_9 2000mg/L＋0.5%尿素＋0.3% KH_2PO_4，其作用在很多方面类似于PP_{333}，能显著地增加干粗、球果数，有利于形成良好的树冠及幼树早期丰产。

（3）PBO　节节红板栗雄花序刚开始露出时，整株喷洒600mg/kg的PBO溶液，至叶片滴水为度，能显著抑制新梢伸长生长，对雄花序数、雌花数及结棚数无显著影响（徐建敏等，2007）。

（4）矮壮素　4～9月对板栗幼树喷施100～200mg/L的CCC，能有效抑制板栗新枝徒长，促进营养物质积累，并能促进新枝的增粗（郑江蓉等，2006）。

（5）烯效唑（S_{3307}）和芸薹素内酯（BR）　小红油栗在萌芽展叶期（4月8日左右）喷施S_{3307} 100mg/L和初花期（5月29日左右）喷施BR0.01mg/L，可显著提高叶片中的叶绿素、可溶性糖和淀粉含量，对板栗树体有明显的矮化作用，使果枝变短、变粗，叶面积变小，叶厚度增加，叶鲜质量、干质量增加，能提高板栗的座蓬率、蓬质量、蓬均粒数和出实率。小区试验比对照增产18.23%，大区示范试验增产率为13.78%～15.60%（黄新华等，2010）。

第二节　控制性别分化

1. 板栗花芽分化特点

板栗是雌雄异花同株植物，混合芽具有可塑性，在一定条件下可以转化。李中涛等（1964）认为，板栗花芽分化从新梢抽生开始，至次年春季前开花，分化期长达10个月，板栗雄花序主要在芽形成的当年6～8月分化，混合花序（雌花序）在冬季休眠后至萌芽前分化，是在已经分化有雄花序的芽内进行的。一般正常果枝（一次果枝）5～15节之间都有雄花序，雌花序一般只着生在其上部的1～3个雄花序内（夏仁学等，1998）。王风才等（1978）对板栗芽的解剖研究指出，板栗雌花序分化可以分为两种情况：一种是典型的成龄结果母枝（即上年强结果枝），其雌花序原基于春季萌芽期发生并发育；另一种情况是通过摘心刺激或因生长势过旺而形成的二次结果枝，这类芽的雏梢发育期短，随着生长锥的延伸分化渐次分化出侧芽、雄花序和雌花序。雌花的形态分化期，从萌动开始到长成苞叶需 3～4 周。

在板栗花芽分化期间，容易形成雌花的部位保持着较高的 ZR、GA 水平和较低的 IAA、ABA 水平以及较高的（ZR+GA)/(IAA+ABA）值，而不易形成雌花的部位则基本相反（雷新涛等，2002）。在花序生长期，1、2 花序基部保持较高的 ZT 和 GA 水平，1、2 花序顶部和 5、6 花序则保持较高的 IAA 和 ABA 水平（季志平等，2007）。说明较高含量的 ZT、GA 有利于雌花序生长，较高含量的 IAA、ABA 则有利于雄花生长。

板栗花芽分化有一定的可调控性。雷新涛等（2001）研究表明，GA_3、CEPA 对板栗花的性别分化有着显著的影响，GA_3 促进了板栗雌花的形成，CEPA 则相反。GA_3 处理后板栗叶片的光台强度一直处于上升状态，呼吸强度上升一定幅度后，维持较高水平，同时也提高了叶绿素含量。而 CEPA 处理后，叶片的光台强度开始时上升，但随即呈下降趋势，其峰值略高于对照，但后期水平却较低，也使叶片呼吸强度处于较低水平。

2. 控制性别分化的技术措施

用植物生长调节剂控制板栗性别分化，除前面介绍的用 PP_{333} 处理，表现出促进雌花分化、抑制雄花的趋势外，还有以下的措施：

（1）赤霉素（GA_3） 在板栗新梢长 5～20cm，雄花序长 0.5～1cm 时的 4 月下旬，连续 2d 各喷一次 200mg/L 的 GA_3，对板栗花的性别分化有着显著的影响，GA_3 能促进了板栗雌花的形成（雷新涛等，2001）。GA_3 处理后使板栗雄花序节位减少，雌花数增加，提高了板栗花的雌雄比例。朱长进等（1992）认为 $GA_3$200mg/L 尽管能增加结实率，但主要表现为促进新梢伸长生长，抑制雌性成花，降低雌雄比例，显示出雄性化趋势。另有研究认为，GA_3 在板栗上促进枝梢伸长生长的作用更强，从而抑制雌花分化，表现出促进营养生长和抑制生殖生长的作用，因而在板栗上应避免使用。

杨国顺等（2001）研究表明，GA_3（50mg/L，100mg/L）和 6-BA（100mg/L）可显著提高雌花分化率，降低雄花与雌花的比值；乙烯利（50mg/L、100mg/L 和 150mg/L）对板栗雌花分化具有极明显的抑制作用，而较低质量浓度（50mg/L）具有促雄作用。

（2）青霉素 朱长进等（1992）研究表明，板栗萌芽后用青霉素（100～150mg/L）可提高树体氨代谢水平和光合强度，显著促进板栗的雌花分化和新梢的加粗生长，抑制雄花分化和新梢伸长生长，与陈顾伟等（1997）结论一致。但较高浓度的青霉素（300～500mg/kg）虽也有促雌抑雄效应，同时也刺激新梢的伸长生长，对提高树体氨代谢水平、光合强度和新梢加粗生长效应不明显。青霉素和 N、

P营养元素对板栗花的性别分化也具协同调控效应，其中过磷酸钙、青霉素是影响板栗雌花数及新梢加粗生长的主要作用因子，而尿素作用则不显著，其理想的组合为1.0kg过磷酸钙+100mg/kg青霉素，不但显著地增加了板栗雌花数、新梢粗度及结棚数，而且对板栗雄花数量和新梢伸长生长有一定抑制作用。

（3）板栗调花丰产素　在4月下旬至5月上旬，用板栗调花丰产素（主要成分为哌拉西林）100mg/L药液进行全树喷洒，至树叶滴水为止，可使板栗枝粗增加10.91%，长度降低21.2%，雌花增加83.1%，雄花减少37.95%，单果重提高9.92%，产量提高67.24%，且成熟提早。

第三节　控制空苞

1. 板栗空苞的原因与内源激素

板栗授粉受精后，常有一部分刺苞生长到核桃大小时，中途停止生长，一直保持绿色，形成空棚（空苞）。板栗雄花多，雌花少，雄花数目是雌花的400倍，大量浪费树体营养，空苞现象多，是生产中普遍存在的现象。板栗空苞率一般为15%～30%，有的高达60%～90%，甚至整株为空苞，造成板栗产量低而不稳，影响板栗生产。关于空苞产生的原因，归纳起来主要有3种观点。第一种认为空苞是板栗品种遗传特性决定的。表现为有些品种空苞很少，有些品种空苞率很高。第二种观点认为空苞是开花期授粉不良引起的。板栗为异花授粉植物，自花结实率很低。单栽植的品种，结实率低，空苞率高；自花授粉树空苞率平均达18.3%，而用亲和力强的花粉进行异花授粉可大大减少空苞；以各品种的混合花粉授粉后，空苞率平均为0.4%。第三种观点认为是营养不良引起的。由于树体满足不了栗子生长发育所需的营养，因此有一部分胚胎停止发育而产生空苞。也有研究认为，硼和磷是与板栗空苞形成直接相关的两种矿质营养元素。当土壤中有效硼含量高于0.48mg/kg时，空苞率低于8%，硼含量低于0.094mg/kg时，空苞率达80%以上（赵苏娴等，2011）通过花期喷硼，特别是土壤施硼，都能明显地降低空苞率（高新一，2009）。磷对栗树的营养生长，雌花分化和有机物积累起决定性作用，在根际土施或根外追施磷肥均可显著减少空苞率。高产板栗树结果母枝和结果枝以及雄花母枝含磷量、树体平均含磷量均显著高于低产树。外源植物生长调节剂和矿质营养元素的适当配合对板栗雌花数量及结实性能有显著影响（赵苏娴等，2011），周志翔将芸薹素内酯（BR）、多效唑、磷酸二氢钾、硼酸以适当浓度配合进行叶面喷施，可使板栗平均空苞率由30.70%降至9.03%。

曾柏全等（2005）研究认为，内源激素的含量与板栗空苞有显著的相关性，正常板栗GA_{1+3}含量花后一直上升，至25d出现明显峰值，且在花后10～25d增加非常明显；空苞板栗GA_{1+3}含量没有明显增长。花后GA_{1+3}含量快速上升并达到一定的值有利于板栗胚胎的正常生长。正常板栗花后细胞分裂素（iPA_s）值持续增长，至25d出现峰值，空苞板栗其值在花后15d内缓慢下降，后持续明显地下降。可见花后iPA_s含量上升有利于板栗胚胎的正常生长，花后ABA含量降低有利于板栗胚胎发育。

板栗空苞现象的重要原因在于花后胚胎发育中途停止。调节板栗生长发育期的子房内源激素含量到适于板栗胚胎正常发育的水平，这将是解决板栗空苞现象的重要手段和途径。外源激素的变化可以直接影响到内源激素。因此可以通过喷洒有利于板栗果实发育的外源激素来达到增产的目的。

2. 控制板栗空苞的技术措施

（1）*硼肥*　土壤施硼，以春季施为宜。由于山区灌水较困难，一般选择7月份雨季施硼，按树冠投影面积施用20g/m^2。虽然对当季没有明显效果，但对第2年有效，且施1次5年内都有明显的效果。由于吸收养分的细根大部分在冠幅下的土壤中，宜采用沟施或穴施方式，深度在30cm左右（吕家发，2007）。

开花期叶面喷施硼肥。用0.3%硼砂，均匀地喷在雌花和叶面上，喷施2次，效果明显。对空苞率高的可适当增加喷硼浓度。叶面喷施硼肥是一种快速的方法，但其效果远不如土壤深施，可能是板栗叶片蜡质层厚，叶面吸收较困难的缘故（吕家发，2007）。

（2）GA_3　安广驰等（1993）在板栗花期对红栗叶面喷布$GA_3$50mg/L，可降低空苞率17.5%，但其效果远不如喷稀土或硼。纪晓农（1994）连续3年花期喷布GA_3 50mg/L，可使板栗空棚率下降45.8%～68.8%。杨其光等（1982，1985）用GA_3 50～500mg/L涂抹栗芽可大大减少雄花序数，起到增雌减雄的效果。

（3）*稀土*　安广驰等（1993）花期喷施400mg/L稀土，板栗结苞率提高58.2%，空苞率降低70.2%，产量增加43%。纪晓农（1994）喷施1000mg/L稀土，空苞率下降66.4%，提高产量39.1%。而李体智等（1994）认为花期喷稀土浓度以500mg/L为宜，可提高坐果率50%以上，且果个增大，产量增加37.5%。

（4）*疏雄醇*　据试验报道，当板栗雄花序全部长出，最上方的雄花序长达1～2cm时，以醇类配成的疏雄醇1000倍液，进行树冠周密喷洒，雄花序第4天开始萎蔫脱落，第7天达到脱落高峰，第12天基本落完，其疏雄率在80%以上；但对雌花序无不良影响，更不会脱落，增产率达20%～30%；栗果实平均单粒重增加1g，成熟期提前5～8d。

第四节　催熟和贮藏保鲜

1. 内源激素与采后生理

板栗属呼吸跃变型果实，采后在贮藏过程中的生理状态大致分为3个阶段：第一阶段是入库初期至11月份，这段时间呼吸作用比较旺盛，生理代谢强；第二阶段是从12月份开始，呼吸作用明显降低，说明板栗种子进入生理休眠状态；第三阶段是从2月份开始，呼吸作用开始回升，说明板栗种子休眠已经解除（王贵禧等，1999）。一般理论认为：果实贮藏期适当低温能显著抑制果实的呼吸强度。

植物激素的种类和数量对林木种子的休眠和萌芽起着决定性的作用。内源激素的变化是休眠期解除与否的一个重要标志。当休眠解除后，生长素和细胞分裂素含量增加，此时板栗进入萌芽状态。王贵禧等（1999）于3月份取样检测，砂藏板栗的胚芽已萌发，其IAA、GA_3和ZT都处在较高的水平，ZT已达270ng/100g。冷藏板栗的IAA、GA_3和ZT含量也较高，ZT达140ng/100g，具备了萌芽的激素条件。而在贮藏后期将温度降至临界低温（$-4\sim-2$℃），可明显抑制内源激素的合成，ZT和IAA处于微量水平，GA_3的含量也仅为冷藏板栗的一半。说明普通的低温贮藏不能有效地抑制板栗种子的生长素和细胞分裂类激素的合成，临界低温措施对抑制内源激素的合成、延长板栗的休眠期有良好的效果。吴猗等（1993）通过对冷藏期间板栗胚内激素含量的变化的研究认为，-2℃冷藏过程中，板栗胚内ABA、IAA和CTK_s的含量随着时间延长而变化，CTK_s的含量逐渐升高。经CO_2处理后，随着时间的延长CTK_s的含量逐渐降低，而ABA的含量则与此相反。这说明CO_2对冷藏板栗的萌芽有明显的抑制作用。目前认为，普遍存在于种皮、胚乳和胚内的ABA是促进休眠的物质，GA和CTK_s则具有解除休眠促进萌发的作用（杨小胡等，2004）。IAA在休眠过程中的功能还不明确，有研究提出IAA可能与解除休眠无关，仅与萌发的过程有关。

2. 板栗催熟的技术措施

青栗蒲经2000mg/L的CEPA溶液浸泡后堆积覆盖塑膜，开裂速度加快，果实着色好，室温下砂藏，烂果率显著降低（杨其光等，1992）。

3. 板栗贮藏保鲜措施

（1）萘乙酸　用0.05%高锰酸钾和0.02%萘乙酸混合液浸泡，对推迟板栗的发芽期，延长贮藏期，可取得较好的效果（谢林等，2005）。用1000mg/L浓度NAA溶液浸果3min，可抑制板栗发芽（康明丽等，2002）。

（2）2,4-D　板栗用0.05%的2,4-D与托布津500倍液，浸果3min，既能减少腐烂，又能抑制板栗发芽。虽然经2,4-D处理的栗果有残毒不能食用，但对长时间保持优良板栗种质还是有意义的（杨其光等，1992）。

（3）B_9　板栗用1000mg/L的B_9溶液浸果，既能减少腐烂，又能抑制板栗发芽，达到贮藏的目的。

（4）壳聚糖　杨娟侠等（2013）以完熟的红果2号板栗，采后在库温为-2℃的冷库预冷24h，用1.5%的壳聚糖进行涂膜处理30s，自然晾干后装入0.3mm PVC保鲜袋中，在$-1\sim1$℃的冷藏，能够抑制淀粉酶和POD酶活性的下降，栗果腐烂率和失重率明显降低，能够保持板栗果实本身的抗衰老能力，延长了贮藏保鲜时间和最大限度地保持了板栗果实品质。徐芬芬等（2010）研究表明，青扎板栗壳聚糖涂膜最佳处理为15mg/mL浸果30s，结合0℃条件板栗可贮藏101d，商业品质良好。

第二十二章

核　桃

第一节　促进愈合，提高嫁接成活率

1. 核桃嫁接愈合生理

郗荣庭等对我国的核桃嫁接深入研究后认为，核桃嫁接的愈合过程可分为五个时期，即：愈伤组织未形成期、愈伤组织分化期、愈伤组织连接期、形成层分化和连接期、维管束分化期和连接期。核桃嫁接的愈合过程是：在嫁接后的5d之内几乎没有愈伤组织形成。接后5～7d韧皮部射线和韧皮部细胞、未成熟的木质部射线和木质部薄壁细胞、韧皮部和周皮内的薄壁细胞开始分裂和形成愈伤组织。认为愈伤组织的形成有三个部分：第一部分是韧皮部及其射线，未成熟的木质部细胞和射线；第二部分是形成层细胞；第三部分是韧皮部和周皮层之间的薄壁细胞。愈伤组织连接通过砧木皮层的外层与接穗皮层的内层、接穗木质部外层与砧木皮层的内层，在15d左右连接起来。新形成层的分化和连接产生于砧木木质部细胞外的1～2层和产生于接穗木质部细胞外的3～5层的愈伤组织的一部分形成最初的形成层，并开始在砧穗之间形成弯曲和不规则的连接，并向内分化木质部和向外分化韧皮部，使砧穗结合紧密，最后形成弯曲的维管束。

核桃是嫁接技术要求高、成活较难的果树。高焕章等认为休眠期接穗内某些酚类物质的存在和生长素类物质的缺少是嫁接成活率低的主要原因。激素在嫁接成活过程中，起着非常重要的调节作用。通过对砧穗愈合过程中内源激素（IAA和ABA）的动态测定表明，IAA和ABA是通过二者间动态平衡（IAA/ABA）对嫁接起作用的。高浓度的IAA及IAA/ABA有利于输导组织的分化（董朝霞等，2013）。

2. 促进核桃愈合，提高嫁接成活率的技术措施

（1）IAA　邢永才等（1988）试验表明，采用丁字形芽接法，接穗随采随用，嫁接时将取下的芽片蘸入63mg/L的IAA处理药剂中，稍停后取出，可以显著提高嫁接成活率。美国翰森用IAA 500mg/L溶液处理接穗1s，成活率达100%（杨文衡等，1987）。

(2) NAA 高焕章(2005)研究表明,NAA水溶液对核桃嫁接愈合体有显著的加快愈合、促进成活的作用。建议鲁光品种使用50mg/L、元丰使用30～50mg/L、香玲使用70mg/L的NAA水溶液浸泡嫁接愈合体,可显著地提高嫁接成活率。在自然条件下,6月15日至6月30日为核桃方块芽接的适宜期,嫁接后增喷NAA水溶液30～50mg/L、BA 5～25mg/L水溶液,以后每隔3～5d喷1次,共喷3～5次,可提高嫁接成活率10%～22%;而增喷NAA 30mg/L加BA 15mg/L混合水溶液,嫁接成活率提高至92%(高焕章,2004)。

邢永才等(1988)试验表明,采用丁字形芽接法,接穗随采随用,嫁接时将取下的芽片蘸入250～500mg/L的NAA处理药剂中,稍停后取出,可以显著提高嫁接成活率。美国翰森用NAA 100mg/L水溶液处理接穗1h,成活率达100%(杨文衡等1987)。梁玉堂等(1984)的核桃子苗嫁接试验表明,播种前用250mg/L萘乙酸和250mg/L吲哚乙酸混合液浸蘸胚根,能使近子叶柄的下胚轴粗度增加到4.5cm左右,且侧根发达。嫁接时,将子叶柄放在250mg/L萘乙酸液中浸蘸,可抑制嫁接成活的萌蘖的产生,并促进新根生长。

(3) IBA 李明亮等(1990)的试验表明,接穗削面快速浸蘸250mg/L IBA,可以促进核桃枝条愈伤组织的形成,从而大大提高核桃室外小苗枝接成活率达41.9%,而对照(蘸清水)仅为9.7%。

(4) BA 邢永才等(1988)试验表明,采用丁字形芽接法,接穗随采随用,嫁接时将取下的芽片蘸入48mg/L的BA处理药剂中,稍停后取出,可以显著提高嫁接成活率。

高焕章(1993)的愈伤组织诱导试验表明,用BA与GA不同浓度水溶液处理接穗削面,愈合率呈极显著差异。最佳配方为BA 40mg/L+GA 40mg/L,嫁接愈合率为69.3%,是对照的2.3倍。

第二节 控制营养生长,促进结果

1. 核桃枝条生长发育

核桃树生长旺盛,进入结果期较晚。一般实生苗栽植后到进入结果期需7～10年,如果采用嫁接苗栽植,最快需3～5年。在核桃栽植区,特别是沿山平地,由于土层较厚、土壤肥沃,很容易年年旺长,只长树不结果。

核桃一年生枝条可分为营养枝、结果枝和雄花枝三种。营养枝是只着生叶片,不能开花结果的枝条。依其长度,可分短枝、中枝和长枝。结果枝系由结果母枝上的混合芽抽发而成的。雄花枝为只着生雄花芽的弱枝,仅顶芽为营养芽,不易形成混合芽。核桃枝条的生长,受年龄、营养状况、着生部位及立地条件的影响。一般幼树和壮枝一年中可有二次生长,形成春梢和秋梢。二次生长现象,随年龄增长而减弱。一般来说，二次生长过旺，木质化程度差，且消耗树体营养，不利于枝条越冬。

利用生长调节剂适当地抑制营养生长，促进生殖生长，在生产上具有重要现实意义。

2. 控制营养生长，促进结果的技术措施

（1）多效唑　对树势过旺、雌花量偏少的树，可在 4 月或 9 月土施 15%多效唑可湿性粉剂，每平方米树冠投影面积用量 2～3g；或在 6～9 月喷施 15%多效唑 150 倍液 2～3 次，能有效抑制树体营养生长（冯光林，2008）。

朱丽华（1993）在 8 年生嫁接核桃上的试验表明：春季新梢长 15cm 左右时，叶面喷施 1000～2000mg/L 的 PP_{333}，可显著抑制核桃树的营养生长，新梢长度、节间长度分别比对照（喷清水）降低 61.5%，21.4%。单株坚果数和产量分别比对照增加 57.9%和 64.9%，而对坚果品质影响不大。1994 年试验表明，5 月初每株土施 4g 以下，或 5 月底（新梢长 15～20cm）叶面喷施 2000mg/L 以下的 PP_{333} 时，对核桃营养生长的抑制效应随用药量的增加而增强，产量随用药量的增加而提高。综合考虑生长和产量两方面因素，施用剂量以叶面喷施 2000mg/L 和土壤浇施 3g/株效果较好。施用时期以新梢生长早期为好，相同剂量分次施用效果好于一次性施用，土施效果优于叶面喷施。花后喷 1000mg/L 的 PP_{333} 可显著增加核桃短枝数量，降低树冠，增加雌雄花量，提高产量。

（2）矮壮素　贾瑞芬等（2007）试验表明，矮壮素对核桃新枝生长具有显著的影响。在抑制核桃的营养生长上，建议使用矮壮素浓度为 200mg/L。在使用中，必须严格控制浓度，浓度过高会影响光合作用。另外，矮壮素用作坐果剂，虽能提高坐果率，但降低了果实品质。在实际生产中，可考虑与硼酸混合使用，既可提高坐果率，增加产量，又不致降低果实品质。

（3）乙烯利　在枝梢生长前期间隔 15d 喷 2 次 500～1500mg/L 的乙烯利，能降低核桃幼树树高，促进幼树提早结实。其中，以喷布 1500mg/L 的乙烯利效果最好（霍晓兰等，2003）。

（4）B_9　霍晓兰等（2003）试验表明，花后喷布 1000mg/L 的 B_9，不影响核桃树的营养生长和生殖生长。在枝梢生长前期间隔 15d 喷施 1 次 2000～4000mg/L 的 B_9，共 2 次，能降低核桃幼树树高，缩小干周，促进幼树提早结实。

（5）萘乙酸（NAA）　花期用 50～125mg/L 的 NAA 涂干，可不同程度提高坐果率，经试验用 75mg/L 浓度涂干，4 年平均提高坐果率 33%以上（袁新征，2012）。

第三节　调节雌雄花比例

1. 核桃花芽分化和花芽性别分化

核桃属雌雄异花同株植物，且表现较强的雌雄异熟性，即同一植株上雌花与雄花花期不一致。多数品种雄花先开，称为雄先型；部分品种雌花先开，称雌先型；也有数品种雌雄花同时开，称雌雄同熟。核桃的雌雄异熟性决定了核桃栽培中配置授粉树重要性，不配置授粉树或栽培地附近无授粉树的，通常不能正常结果。

核桃花芽分化同其他果树一样受遗传物质、内源激素的平衡、营养物质的积累、栽培条件和芽体对外界刺激反应敏感程度等的影响。韩其谦等（1985）和夏雪清等（1989）研究指出，核桃雌花芽分化有如下特点：①分化持续期长，历时近1年；②花期各部分分化历时差异大；③整个发育过程中花萼退化；④属子房下位花。张志华等（1995）对比研究雌先型和雄先型品种的雌雄花芽分化及开花特点指出，雌花芽的分化，雌先型品种较雄先型品种开始分化早。在各个时期的分化上，雌先型品种始终领先于雄先型品种，在休眠前雌先型品种分化至花瓣期，雄先型品种仅分化至苞片期。雄先型品种在雄花芽分化的各个时期上领先于雌先型品种。

关于激素平衡因子对花芽形成的机理，目前尚不清楚。童本群等（1991）对三年生核桃树雌花芽和营养芽中内源激素研究表明，在雌花芽生理分化期雌花芽和营养芽中内CTK、GA_3、IAA和ABA的水平用相对量表示为：雌花芽＋、－、－、－；营养芽－、＋、＋、＋（＋表示相对高的，－表示相对低的量）。雌花芽分化是四种激素作用于芽分生组织的某一特定平衡结果，CTK/GA_3比值与这些组织形成花原基的理论和实际能力有正相关的关系。董硕（2008）研究表明，在核桃雄花生理分化期间ZR（玉米素核苷）/GA（赤霉素）、ZR/IAA、ABA/IAA和ABA/GA比值较低，而ZR/ABA比值较高；雌花分化需要低的ABA/IAA和ZR/GA比值；其他激素间的比值在雌雄花发育中未表现出规律性的变化，表明它们对雌雄性别的影响可能较小。

2. 调节花芽分化，控制雌雄比例的技术措施

（1）BA　Ryugo K. 等（1992）试验表明，核桃品种希尔（Serr）在新梢旺盛生长的6、7月份喷施25～50mg/L的BA，对促进雌花发育，防止雌花脱落有一定效果，其效果相当于冬季疏雄。Rouskas D. H. 等（1993）试验表明，在哈利（Hartley）和福兰克蒂（Franguette）两个品种上，7月份喷施10mg/L和1000mg/L BA，能刺激芽发育，增加每个侧枝上的坚果数。

（2）*整形素（9-羟基-9羧酸芴的衍生物）*　刘魁英等（1993）试验结果表明，整形素可有效地增加核桃雄花败育的数量，一般可降低雄花量10%左右，但并不引起核桃花芽的性别转化，也不影响核桃花的重量和混合芽与雄花量的比例，以及雄花的数量。

（3）*多胺*　李晓东（2002）研究表明，在核桃雌雄花芽生理分化期用0.0001～0.001mol/L的Put（腐胺）、0.0001～0.001mol/L的Spd（亚精胺）喷布处理，能够调控早实核桃（辽宁1号、中林5号）花芽分化向雌性分化转变，表现出促雌抑雄的双重效果，但随处理浓度的降低，处理效果下降。

第四节 促进果实成熟和脱青皮

1. 核桃果实成熟特性

果实适时采收是一个核桃生产非常重要的环节。只有适时采收，才能实现核桃优质高产目标。核桃果实外有总苞，总苞内包被着坚硬种壳（核桃壳）和种仁。核桃总苞与种仁的成熟期不一致，往往种仁先熟，总苞后熟。核桃必须达到完全成熟期才能采收。采收过早，青皮不易剥离，种仁不饱满，出仁率低，加工时出油率也低，而且不耐贮藏；采收过晚，则果实易脱落，同时果实青皮开裂后停留在树上的时间过长，也会增加受霉菌感染的机会，导致坚果品质下降。核桃果实成熟标志是青果皮由深绿变为淡黄，30%顶部开裂，30%青果皮易剥离，个别果实脱落，此时的核桃种仁饱满，幼胚成熟，子叶变硬，风味浓香，为采收适期。所以在核桃近熟期，应该注意观察核桃的发育状况，真正做到适时采收。核桃果实的成熟期，因品种和气候条件不同而异，其具体采收期应根据影响核桃成熟早晚的多种因素来确定。

张志华等（2000）对核桃果实成熟过程中呼吸速率、乙烯释放量和内源激素IAA（吲哚乙酸）、ABA（脱落酸）、GA_3（赤霉素）、ZR（玉米素核苷）、Z（玉米素）含量的变化进行了测定，结果表明：除种仁中Z含量较高外，青皮中其他激素水平均高于种仁。随着果实的成熟，IAA、GA_3、Z、ZR含量及乙烯释放均呈下降趋势，而青皮中ABA含量则逐渐增加。果实成熟后青皮中GA_3和种仁中Z含量明显增加，果实乙烯释放量明显增高，采后果实的乙烯释放量增加更为迅速。研究证实，呼吸速率与乙烯释放量变化基本相同，采后用乙烯利处理的果实呼吸速率增加明显。

2. 促进果实成熟和脱青皮的技术措施

（1）乙烯利　在核桃树出现少数裂果时，喷布500～1000mg/L乙烯利（加洗衣粉0.1%～0.2%作黏着剂），3d后果皮变为黄绿色，6～7d裂果可达95%以上，能提前采收14～15d，但落叶提早，对翌年开花坐果不利（郭平毅等，1993）。在核桃采前10～20d喷施500～2000mg/L乙烯利，使果柄外形成离层，青果皮开裂，然后用机械震动树干，使果实震落到地面。此法的优点是，青皮容易剥离，果面污染轻。但薄皮核桃只能用人工摘果法，且采用树上喷乙烯利催熟，常导致严重落叶（蔚瑞华，2009）。霍晓兰等（2003）研究认为，在核桃采前2～3周，树上喷布125mg/L乙烯利和250mg/L（或500mg/L）萘乙酸混合液，可使青果皮开裂率达100%，而落叶率仅20%左右，与正常人工采收落叶率相近，从而为核桃采收提供了新的依据。

核桃采收后用0.3%～0.5%乙烯利浸泡或浸蘸采下的成熟核桃果实，脱青皮效果良好，离皮率可高达95%以上（霍晓兰等，2003）。果实采收后，将采摘下的果放在通风良好的地方，向青皮果喷洒3000～5000mg/L的乙烯利溶液，充分搅拌使每果均匀沾药，在温度30℃、相对湿度80%～90%条件下，3～4d离皮率达95%以上。乙烯利催熟时间的长短和用药浓度大小与果实成熟度有关。果实成熟度高用药浓度低，催熟时间也短（蔚瑞华，2009）。

（2）催红素　王宇萍等（1998）研究表明，应用催红素进行核桃脱青皮，效果极显著。在备好青皮核桃的盆中盛入10～20L水，然后加入2～4mL催红素，搅匀，关严门窗。3～5d后，核桃发泡膨胀，有的已裂开，此时用脚踩或用木棍敲打，即可完全脱去核桃的青皮。

第二十三章

银 杏

第一节 打破种子休眠

1. 种子成熟生理与内源激素变化

银杏种子属于典型的后熟类种子，种子脱离母体后，并不具有萌发能力，需要一个后熟过程。研究表明，胚后熟是银杏种子休眠的主要原因。银杏种子脱落时种子几乎被胚乳所充满，胚极小。采收后随胚的生长呼吸强度迅速上升，是典型的采后呼吸高峰型种子。层积过程实质上是种胚不断生长的过程。种子胚的发育过程中代谢方向与萌发方向是基本一致的，内源激素变化对代谢也有重要影响。

ABA 和 ZR_S 在 7 月初之前达到高峰，至 8 月底下降到极低水平，由于脱落酸和细胞分裂素能够促进糖向果实的转移（李宗霆等，1996；吕英民等 1999），受此影响种内还原糖也先于淀粉出现并快速积累，8 月底迅速下降，二者表现出高度一致性；而此间（7 月初至 8 月底）却是淀粉迅速增加时期。还原糖与淀粉之间的这种消长变化与种子生长发育密切相关（王建等，2000）。早期还原糖的增加有利于种子的快速生长，种子形态发育后期淀粉的大量积累为种胚的后熟奠定了物质基础。采后和层积过程中，种子还原糖含量、淀粉含量增加，淀粉含量至翌年 2 月初开始减少。蛋白质的变化出现 2 个峰值，分别在形态成熟期和受精前期。低温层积阶段，蛋白质含量略有降低；层积达到一定阶段，蛋白质与还原糖含量增加，淀粉含量急剧下降，α-淀粉酶、过氧化氢酶的活性不断增强，休眠得以解除，种子开始萌发。

邢世岩（1993）研究表明，赤霉素（GA_{1+3}）、脱落酸（ABA）和细胞分裂素（ZR_S）在银杏种子后熟过程中扮演着重要角色，在诱导细胞分裂、促进细胞伸长及营养物质向果实转移等方面都具有重要的生理作用，与板栗（樊卫国等，2004）类似。银杏授粉后因受花粉的刺激，种子中 GA_{1+3} 含量迅速增加，受精期达到高峰，至种胚快速生长期仍保持较高的水平；GA_{1+3} 处于较高水平，有利于种子细胞分裂、伸长和发育所需的养分吸收。ABA 在 8 月 30 日（受精期前后）直线下降，种胚形成和发育过程中仍持续下降，GA_{1+3}/ABA 值持续增加，ZR_S/ABA 则经历一个上升和下降的过程。说明 GA_{1+3} 是种胚分化和发育的关键性物质，这种变化特点在很多果树上也有类似报道（张上隆等，1999；牛自勉等，1996；周志翔等，2000）。研究发现，7 月 20 日后 ZR_S 直线下降，8 月 30 日（受精期前后）最低，9 月 20 日（种子成熟脱落前后）又到达较高水平直，至 10 月 20 日（胚分化期）再次下降，ZR_S 含量与种子生长尤其是胚发育缺乏相关性。但 ZR_S 对银杏胚乳和配子体发育是必需的，而配子体发育又是胚发育的营养源泉。说明各种激素之间以及对种子发育的调控存在复杂的相互关系，其调控作用的方式、部位及与其他因子的相互关系尚待进一步探讨（曹帮华等，2006）。

2. 种子催熟和打破种子休眠的措施

（1）种子催熟　周宏根（2001）研究表明，采收前 10d 左右（9 月 13～15 日），用 400～700mg/L 的乙烯利喷洒银杏，随浓度增加，催落效果愈好，各处理与对照相比，相差十分明显。到 9 月底为止，喷乙烯利处理的脱落率达到 88.84%～97.40%；在喷药后 4～8d 进入脱落高峰，绝大部分果实在此期间脱落，达到 75.33%～76.75%；在 5～6d 脱落最集中。原因是：喷药后的一定时间内，随时间的增进，释放乙烯增加，乙烯催熟果实，使果柄产生离层而脱落，果实成熟度愈高，催落效果愈显著。

采收前 10d 左右（种子已达到形态成熟）前喷洒乙烯利 500mg/L，采后 4d 呼吸高峰到来，第 6 天外种皮软化，容易去皮；且贮藏 90d，除霉变率稍高外，浮水率、失水率、硬化率都较低，还原糖、蛋白质、脂肪、淀粉、蛋白质含量保持较高水平，达到适宜于以食用为目的的贮藏（冯彤等，2005）。

（2）促进种子发芽　3 月中下旬，对已完成后熟的银杏种子用 500mg/L 的赤霉素（GA_3）浸种 48h，可显著提高发芽率，银杏种子发芽率和发芽势分别提高 33.3%、24.9%，而且幼苗生长健壮，同时还能降低烂种率、提早发芽（蒋林等，2000）。

李然红等（2012）对银杏种子用 1500mg/L 的赤霉素溶液或 50mg/L 的氯化钙溶液中处理 48h，均能提高银杏种子的发芽率。

第二节　促进扦插生根

1. 银杏扦插繁殖

银杏采用扦插繁殖苗木，不但出圃时间短，而且能节约种子、保证品种的纯正及苗木的性别，生产降低成本。但缺点是长势较弱，抗逆性较差，黄酮等化合物的含量不如实生苗，而且大面积育苗时很难保证有充足的插穗来源。扦插繁殖的方法有硬枝扦插和嫩枝扦插。

硬枝扦插于秋末冬初或早春，采用树龄在25年以上的1～2年生木质化枝条扦插繁殖。一般认为，2年生枝条比1年生枝条扦插效果好。剪插穗时，下端的剪口宜在底芽中间或紧靠底芽，可以利用芽中所含的生长素，促进生根。

嫩枝扦插于7月上旬枝条呈半木质化时，采当年生幼嫩长枝扦插。半木质化插穗与木质化插穗、未木质化插穗相比，含有一定的营养物质，较高的IAA含量，较低的ABA含量，高淀粉酶活性和较低总氮量，扦插生根率最高。处理插穗时，一般只保留穗端2～3片叶。一方面，可以进行光合作用，合成营养物质；另一方面，减少插穗水分蒸腾，枝条不易萎蔫。嫩枝比硬枝含内源激素多，内源抑制物少，基部切面细胞分生能力强，代谢作用强，但营养物质含量不如硬枝，插穗水分蒸腾往往过度而凋萎死亡，而且来源较硬枝短缺。

用外源生长素浸蘸插穗基部，可使插穗变软，皮部膨胀，代谢加强，有利于愈伤组织的形成和不定根的产生。插穗基部用生长素处理后可使插穗养分和其他物质加速集中于切口附近，为生根提供物质基础，还可促进插穗的光合作用（贾蕾等，2004）。所用生长素种类、浓度、浸泡时间应视实际情况而定，当插条组织幼嫩时，应适当降低浓度。

2. 促进扦插生根的技术措施

（1）吲哚丁酸、吲哚乙酸　梁清湛（1994）采用吲哚丁酸1000mg/L速浸10s，生根率为95%。银杏硬枝扦插，插条从生长健壮的50年生以上成龄树上采集，然后在100mg/L吲哚乙酸的溶液中浸泡愈伤组织1～2d，可提高生根率（成代华，1998）。

（2）萘乙酸　取银杏当年生芽体饱满的半木质化枝条中部，用800mg/L的萘乙酸速蘸2s，插穗平均生根率为85%，主根数为5.3条，主根长为2.65cm（王春荣等，2009）。从3年生银杏树上选取生长健壮、无病虫害的1年生枝条作为插条，把剪好的插条，按底部朝下，放在250mg/L的萘乙酸溶液中浸5s，成活率达95.7%（孙兆永，1994）。银杏硬枝扦插，插条从生长健壮的50年生以上成龄树上采集，然后在30mg/L的萘乙酸浸泡愈伤组织1～2d，可提高生根率（成代华，1998）。20年以下银杏为母树的1年生枝条为插穗，在800mg/L的萘乙酸中速蘸后，扦插在河砂：草炭为1：1的基质中成活率高达88%（程贵兰等2014）。

（3）ABT生根粉　李群等（1995）用ABT 1号生根粉100mg/L浸泡插穗基部1h，成活率为80.10%。蔡建国等（1998）用ABT 1号生根粉100mg/L浸泡插穗基部1h后，扦插在植物立体培养器上，生根成活率高于70.0%。同时，苗木的叶绿素、生长素、赤霉素、细胞分裂素含量均有增加。梁清湛（1994）采用ABT 1号生根粉1000mg/L速浸10s，生根率为90%。银杏硬枝扦插，插条从生长健壮的50年生以上成龄树上采集，然后在100mg/L的ABT 1号生根粉溶液中浸1d可提高生根率（成代华，1998）。银杏半木质化嫩枝用生根促进剂ABT 1号生根粉100mg/L处理1h，可提高银杏生根率与生根数，平均生根率达93.3%，平均生根数为9.4根（杨喜林，2012）。

第三节　组织培养

1. 激素与银杏组织培养

银杏传统的育苗方法为实生繁殖、扦插繁殖、嫁接繁殖等。但这些方法的繁殖率低、周期长，如果想短期内得到大面积栽培的银杏苗，组织培养是有效可行的方法。至今，国内外对银杏的器官培养、胚培养、细胞培养等方法都作了研究。

银杏快繁中除氮、磷、镁对器官发生和体胚发生起着重要的作用外，激素也起着重要的作用。银杏快繁较易成功的外源激素大多为6-BA和NAA，而且它们的比值关系有时候不太符合组培中的激素杠杆理论，即细胞分裂素/生长素比值高有利于不定芽的产生（陈颖等，2006）。如在用未成熟胚诱导胚状体时BA/NAA=1.0，有的甚至NAA的浓度大于BA的浓度，如Laurain D在对小孢子进行培养时IAA为11.4μmol/L，而KT为0.93μmol/L，IAA/KT=12.2。但大多数的研究表明，银杏的外植体快繁所需的激素中细胞分裂素较生长素类更重要一些，如Laurain D将未成熟的合子胚在只含有6-BA的1/2MS或MS上诱导出体胚。陈颖等（2006）研究表明，银杏的子叶在只含有KT 2.0的MS培养基中也有不定芽的发生。Laurain D认为外源生长素对银杏小孢子产生胚来说不是绝对的要求，只是添加生长素可以增加胚形成的数量。而且用NAA/6-BA>1以上对未成熟的合子胚进行诱导，以后培养过程中不需添加生长素才有体胚的发生。这些结果说明，内源生长素可能在银杏的不同外植体中含量不同，有的较高，有的较低。

2. 生长调节剂在银杏组织培养上的应用

（1）茎尖培养　银杏茎尖组织诱导愈伤组织和胚茎，一般选用经过改良的White培养基：White+BA 0.5～1.0mg/L+NAA 0.5mg/L+NH_4Cl 5.34mg/L+白糖4%；生根培养多选用N6培养基：N6+2,4-D 3.0mg/L+BA 1.0mg/L+NAA 1.0mg/L+白糖3%+琼脂0.5g。据试验，在不加2,4-D而添加NH_4Cl的White培养基上，银杏茎尖组织的芽诱导率为83.1%，有时还能诱导生根（于震宇等，2004）。光照和温度对植物的形态建成有着重要的调控作用，银杏茎尖培养时，培养温度以25～29℃为宜。

（2）胚培养　幼胚培养的培养基，以N6和MS为基本培养基，常用的3种芽胚培养基的组成是：N6+KT 1.0mg/L+NAA 1.0mg/L+白糖3%+琼脂0.5%；MS+BA 3.0mg/L+NAA 0.5mg/L+白糖3%+琼脂0.58%；MS+2,4-D 2.0mg/L+LH 300mg/L+白糖3%+琼脂0.5%。生根培养基为：White+2,4-D 2.0mg/L+NH_4Cl 5.34mg/L+LH 300mg/L+白糖+4%活性炭0.05%+琼脂0.5%。把有芽的胚培养块转入此培养基上6～10d后，就能从芽上长出根，形成完整的小植株（于震宇等，2004）。

银杏成熟胚培养最常用的培养基是White培养基。银杏胚在White，WS培养基上，胚萌芽率可达100%，在WS培养基上，胚生长状况较好。诱导胚萌发生长素一般用2,4-D。低浓度生长素有利于银杏胚萌发、抽梢生长，高浓度生长素易诱导产生愈伤组织。在WS培养基上，2,4-D 1.0mg/L与活性炭（0.2%）同时加入，有利于胚萌发成正常苗，且促进根系生长（于震宇等，2004）。

第四节　提高银杏叶用产量

1. 银杏叶用栽培研究

以收获银杏叶为经营目的银杏园，称之为银杏叶用园。银杏叶内因为含有价值极高的黄酮类和内酯类化合物而成为药品、保健、化妆品和饮料等重要的工业原料，近十多年来，国内外兴建了大面积的银杏叶用园。为了取得高产优质的银杏叶，就需要在建园品种、土地条件、密度及栽培管理措施等方面走集约经营、定向培育之路。

银杏产叶量的高低很大程度取决于植株发枝量的多少。银杏幼树顶端优势强，成枝率低。邢世岩等（1997）报道，1年生实生苗无枝条产生，2年生实苗成枝率也仅13%。康志雄等（1999）测定2年生实生苗成枝率11.1%。银杏枝条有长枝和短枝之分，长枝年生长量20～100cm，短枝每年仅延长1～2cm。从叶用银杏栽培目的看，成枝率低是制约产叶量提高的主要因素。因此，生产上急需研究通过化学或人工调控手段来打破顶端优势，提高成枝率，促发长枝，达到提高产叶量的目的。

2. 提高银杏叶用产量的技术措施

（1）*点枝灵*　康志雄等（1997）试验结果表明，在2年生实生苗试验中，点枝灵处理其新梢数增加36.8%～55.8%，单株叶重增加36.3%～45.8%；1～3年生实生苗不同苗龄和处理时间其促梢效果有所差异。点枝灵处理时间以3月中旬芽未萌动为好，不宜太早。

（2）*吲哚乙酸*　银杏幼苗移栽后，用250～500mg/L的吲哚乙酸溶液喷布叶片，可极显著地提高银杏苗高，较大程度地增粗干径，同时也能增加银杏苗叶片数（王燕等，2002）。

（3）*稀土*　谢寅峰等（2000）的研究结果表明，50mg/L稀土液处理对银杏苗木叶蛋白质、可溶性糖和总黄酮含量有显著促进效果，与对照相比，分别提高了33.0%、29.0%和48.6%；100mg/L稀土液处理对叶绿素含量促进效果最佳，达16.8%，使叶片产量提高了11.64%，而400mg/L浓度处理则起抑制效果，蛋白质、叶绿素和总黄酮含量分别减少26.7%、19.3%及3.4%。

自5月上旬苗木旺盛生长时期开始，每半月喷1次300～1000mg/L的稀土溶液，连喷3次，喷施量以全面喷湿叶片以不滴水为度，可以明显促进苗木生长，其中1000mg/L浓度处理，使1年生苗的苗高、地径分别增加46.2%、24.8%；2年生苗木的苗增加65.4%、25.2%（赵兰勇等，1999）。

第五节　克服大小年

1. 银杏种实发育和大小年成因

银杏从授粉至种实成熟需140～150d。在广西桂林，银杏雌花于4月上、中旬开花，4月中、下旬出现幼果，8月下旬至9月上旬种实成熟。银杏种实的纵、横径和单粒重的累积生长都呈单S形曲线。银杏外种皮中IAA、GA_3和ABA含量高于种仁中含量，其差异达到显著或极显著水平；无论是胚珠，还是外种皮和种仁，其IAA和GA_3的含量都高于ABA含量；银杏胚珠、外种皮及种仁中IAA、GA_3、ABA含量的变化基本与细胞和种实的生长发育变化相一致，IAA和GA_3含量明显上升时，种实开始旺盛生长；IAA、GA_3和ABA含量出现全年最大值时，种实进入旺盛生长阶段，胚乳组织形成，薄壁细胞中的淀粉数量增加，种实生长旺盛末期到来（施婷婷等，2006）。

银杏形成大小年结果现象是由于树体营养失调、授粉过量、品种间成花差异、种植密度不当、雄株数量少、不良的气候等因素的影响造成的。银杏为雌雄异株，需异花授粉，自然授粉受各种气象条件的限制，如下雨及风力、风向等因素都直接影响授粉的效果，造成授粉不均、授粉不良，产量低，大小年现象严重，品质差。为了确保高产、稳产、优质，核用园中除采取人工辅助授粉等措施外，植物生长调节剂的应用也是其中的一项措施。

2. 保花保果，提高坐果率的技术措施

（1）多效唑　盛花期对银杏雌株叶面喷施500～1000mg/L的多效唑溶液，能够明显提高坐果率，有效增加来年成花数量，可使来年花量增加43.1%～102.6%（王建等，2001）。

（2）B_9　盛花期对银杏雌株叶面喷施500～2000mg/L的B_9溶液，能显著提高坐果率，抑制银杏营养生长（王建等，2001）。

（3）GA_3　在梅雨季节来临之前，使用GA_3 50～200mg/L溶液对银杏种实进行浸果，平均坐果率为73.3%～80.3%，比对照（66.0%）提高7.3%～21.4%，并且种核鲜重不减，即在保持银杏种核商品性的同时能增产26%～32%（俞菊等，2005）。

（4）2,4-D　在梅雨季节来临之前，使用100mg/L的2,4-D溶液对银杏种实进行浸果，平均坐果率为83.4%，比对照（66.0%）提高17.4%，并且种核鲜重不减（俞菊等，2005）。

（5）稀土　银杏结果树在5月中下旬授粉后地面施用40%改性稀土2g/株或叶

面喷施 300～800mg/L 的稀土溶液，均能不同程度地提高银杏坐果率，增加单果质量，提高产量；而且明显提高银杏果实的品质和果实总糖、淀粉、蛋白质的含量。银杏林使用低浓度稀土溶液，能促进树体营养生长，新梢增粗、增长，叶片厚度明显增加，从而提高了叶片质量，增强了光合作用的能力（李晓铁等，2009）。

3. 疏花疏果

可用 100～200mg/L 的萘乙酸溶液喷施。喷施后能使 30%～50%的果实在 7～10d 内脱落。药剂疏果前，最好在一个枝上作少量试验，试验成功后，再应用于全树。药剂疏果，还要适时，疏果过早，还看不到是否有必要的疏果；疏果过迟，植株养分消耗过多，收不到疏果的效果（韦记青等，2006）。

黄林平（2014）研究表明，在花期喷洒不同浓度的乙烯利和石硫合剂，可以控制果实的形成，让树体不结实。乙烯利浓度以 400mg/L、800mg/L 为佳，浓度为 1200mg/L 时会出现药害；喷洒石硫合剂以 0.5%、1%的效果较好；在果期喷洒乙烯利和石硫合剂，对果实的形成影响不大，对果实的重量、大小有一定的影响，喷洒药物后，土壤的 pH 值稍有增加，有效氮、速效磷降低，细菌、真菌、放线菌数量降低。

第二十四章

葡萄

第一节　促进插条生根

1. 葡萄枝条扦插生根原理

由于葡萄枝蔓的节或节间皮层下面的中轴鞘与髓射线交接部分的细胞能分裂形成不定根，故大多数葡萄品种能通过枝蔓扦插繁殖苗木。葡萄枝蔓贮藏营养物质的多少与生根量有密切关系。葡萄枝蔓的节内贮藏的营养物质较多，生根量也多，反之生根量则相对较少。从枝龄上看，一年生枝蔓和嫩枝生根较好，而多年生蔓生根较差。葡萄不同种类再生不定根的能力不一，欧洲种葡萄和美洲种葡萄比山葡萄、圆叶葡萄容易发根；同一种类的不同品种间扦插生根难易也互不相同，如巨峰系品种中，藤捻就是一个较难扦插生根的品种。

葡萄枝蔓的节间不能产生不定芽，所以扦插条必须要有一个饱满的芽。葡萄的根不能产生不定芽，因此葡萄不能用根插。植物生长调节剂可诱导葡萄根原基的形成，促进插条根的发生量增加，提高插条的成活率，促进苗木生长健壮。葡萄的枝蔓在其形态顶端抽生新梢，在其形态下端抽生新根，这种现象称为“极性”，扦插时要特别注意不能倒插。

2. 促进插条生根的生长调节剂

目前生产中促进葡萄插条生根的植物生长调节剂主要有：①吲哚丁酸（IBA），对葡萄插条生根具有显著作用，扦插不易生根的葡萄品种，用吲哚丁酸处理后能促进生根；②AB生根粉，使用的浓度为50mg/L，浸泡4～8h；③萘乙酸（NAA），既能促进生根，又会抑制插条芽过早萌发，从而缩短插条萌芽与新根产生的时间差，提高扦插成活率，常用浓度为100mg/L，浸泡8～12h。

3. 使用方法

促进葡萄插条生根常用浸沾法，又因浸沾时间长短和剂型不同分为以下3种。

(1) 快浸法　采用吲哚丁酸或吲哚乙酸1000mg/L高浓度溶液。使用时取1g吲哚丁酸用少量酒精溶解，然后加水1kg，即为1000mg/L吲哚丁酸溶液。把配制好的溶液放在平底盆内，药液深度为3～4cm，然后将一小捆一小捆的插条直立于容器内，浸5s后取出晾干即可扦插于苗床中。此法操作简便，设备少，同一溶液可重复使用，用药量少，速度快。

（2）*慢浸法* 将吲哚丁酸配制成25（易生根的品种）～200mg/L（不易生根品种）溶液，再将插条基部浸入药液中8～12h后取出扦插。此法浸沾时间长，大批量插条时需较多的容器，用药量大。红地球葡萄嫩枝用3-吲哚丁酸150mg/L，浸泡1.5h，生根率达92.5%、生根量24.0条/株，生根长11.3cm，生根效果较好，嫩枝扦插成活率达92.0%（段玉忠等，2014）。难生根的野生毛葡萄插条，用150mg/L的吲哚丁酸药液浸泡插条基部5cm处24h，扦插在河砂：珍珠岩：泥炭体积比为1：1：1的混合基质上，同时经过根部加温，插条缠膜，基质覆膜等综合技术措施，生根率可以达到67.5%（薛进军等，2012）。

红地球葡萄葡萄嫩枝用GGR6号绿色植物生长调节剂用150mg/L，浸泡1.5h，生根率达94.8%、生根量为28.0条/株，生根长14.8cm，生根效果较好，葡萄嫩枝扦插成活率达94.0%，扦插成活率比对照提高54.0%以上（段玉忠等，2014）。

（3）*沾粉法* 先把吲哚丁酸配制成粉剂，即取1g吲哚丁酸，用适量95%酒精或60°烧酒溶解，然后再与1000g滑石粉充分混合，酒精挥发后即成1000mg/L的吲哚丁酸粉剂。扦插时先将插条基部用水浸湿，再在准备好的吲哚丁酸粉剂中沾一沾，抖去过多的粉末，插入苗床中。

使用时应注意吲哚丁酸的药效期。吲哚丁酸溶液的有效期仅有几天，而吸入滑石粉中的吲哚丁酸活性可保持数月，故水溶液最好现配现用，以免失效。

第二节　提高坐果率

1. 落花落果原因

葡萄花授粉受精后，子房膨大，发育成幼果，称为“坐果”。生理落果结束，坐住的果占总花蕾数的百分率称坐果率。坐果率因品种不同而有较大差异，如巨峰为13%左右，康拜尔为36%左右。葡萄盛花后2～3d开始生理落果，生理落果高峰多在盛花后4～8d，落果轻重取决于品种特性、花期气候条件及栽培技术状况。在相同条件下，巨峰葡萄生理落果较其他品种严重。

巨峰等葡萄品种，落花落果比较严重，其主要原因为：①新梢营养生长过旺。葡萄在萌芽后2～3周内，植株所有器官（萼片、雄蕊、雌蕊等）的生长和分化主要依靠树体内上一年贮藏的养分。葡萄花器官分化、新梢生长和根系生长同时进行，因此相互争夺贮藏养分比较激烈，而新梢争夺养分的能力比花序强，因此如果新梢生长过旺，则花器发育得不到充足的养分而引起胚珠发育不良，或不完全花增多，花粉萌芽率降低，从而导致大量落花落果。此时如控制新梢生长，可使贮藏养分流向花器官。②巨峰葡萄的花粉管生长比其他品种慢。在受精过程中一般品种花粉管到达胚珠珠孔的时间为1～2d，而巨峰则需4～6d，因此巨峰葡萄由于花粉管生长比较缓慢，有些花粉管尚未达到珠孔前，胚珠已成熟，从而错过受精机会，导致受精不良，故落花落果率较其他品种严重。

2. 提高坐果率的技术措施

（1）丰果乐　浙江大学园艺系根据葡萄这一生长特点，经过多年反复试验，成功地研制高效植物生长调节剂丰果乐，对提高巨峰葡萄的坐果率具有显著的效果，目前已在全国各地的葡萄产区广泛应用。

丰果乐是植物激素与多种巨峰葡萄花果生长必需的营养素混合配制合成的新型植物生长调节剂，在巨峰葡萄开花前一周左右进行叶片喷洒1次，能抑制新梢营养生长过旺，提高叶片光合能力，植株体内糖类积累增多，确保花器发育得到充足的养分，花器发育健全，同时丰果乐又可促进巨峰葡萄花粉管的生长，提高受精能力。因此喷洒丰果乐后，坐果率可提高66.4%，即使巨峰葡萄花期遇上蒙蒙细雨，效果也十分显著。除此之外，丰果乐还能增大果粒，使用后果实提早成熟，糖度提高，品质得到改善。

使用丰果乐时应注意：喷后24h内如遇雨，最好补喷一次；喷药时，叶片正反面都要喷湿；忌与其他物质或农药混合使用，以免减效。此外，葡萄喷洒丰果乐后，落花落果明显减少，把发育较不完全的小花、迟开的弱花等都保留下来了，坐果率大幅度提高，但这些小花、弱花存在先天不足，喷洒丰果乐后虽然保住，但果实发育不完全，将来都成为小圆粒，所以当果穗发育到一定程度，在正常疏果期应将小圆粒疏去，以促使留下的果粒大而均匀。

（2）丰甜灵1号　据应用研究结果表明，巨峰葡萄花前一周树冠叶面喷布丰甜灵1号（浙江农业大学园艺系研制）生长调节剂，可缓和树势，促进受精，提高坐果率。一般可提高坐果率0.5～3倍，尤其在花期天气状况不佳的情况下（如遇阴雨天气），效果更显著。

（3）矮壮素　矮壮素可以抑制新梢生长，使枝蔓节间缩短、叶面增厚、叶色加深。开花前5～10d葡萄叶面喷200～500mg/L矮壮素，对提高着果、增加穗重、减少大小粒、使果穗整齐与美观具有显著效果。玫瑰香葡萄开花前7d，喷液0.2%～0.5%的矮壮素溶液1次，能抑制主、副梢生长过旺，提高产量；在玫瑰香葡萄盛花前7d，用0.1%～0.2%的矮壮素溶液喷花穗或浸蘸花穗，可提高坐果率22.3%，使果穗紧凑，外形美观，果粒大小均匀一致（马桂珍等，2008）。早熟葡萄品种京亚花前喷施浓度500倍液10%的矮壮素，能提高座果率，抑制二次梢生长（郑春梅，2011）。矮壮素的使用与树势有关，通常负载量小可以适当提高浓度，提高坐果率；对花序较多、树势较弱的则要降低使用浓度。

（4）多效唑　多效唑对葡萄新梢有良好的抑制作用，同时可提高坐果和穗重。但多效唑对葡萄的抑制作用消失后，往往会出现“补偿生长”的现象，生长反而超过对照。另外对于有些品种的处理可导致着色稍差，可溶性固形物含量有所下降。具体使用方法：土壤施用时以每平方米 1.0～1.5g 为好，叶面喷施时以 1000～2500mg/kg 为好，抑制效果可维持 20d 左右，注意“补偿生长”现象的发生。在巨峰葡萄盛花期或花后 3 周，叶面喷布 0.3%～0.6%多效唑，能明显抑制当年或第 2 年的新梢生长，增加单枝花序量、果枝比率和产量，但第 3 年的产量有所下降；土壤施用每平方米 0.5～1.0g 有效成分，能明显延缓地上部分生长，增强根的活性和提高根冠比；在新梢枝条 2 叶期，用多效唑 0.05%～0.1%涂抹枝条（长度 1cm），可明显抑制 3～10 节的节间长度。

（5）助壮素　助壮素能显著抑制副梢生长和节间伸长，减少生长量，同时也可提高坐果率，增加穗重，尤其可以提高含糖量。试验表明，红色紫色品种，可以提高 2°左右。但助壮素的使用可使果粒变小，成熟期推迟，着色率有所下降。具体使用方法：以开花前或浆果膨大后期喷施 500～1000mg/kg 为好。花期喷 100～120mg/L 能增产；始花期喷 500～800mg/L 可明显抑制副梢生长，提高坐果率；浆果膨大期喷 500～1500mg/L 于副梢和叶片上，可显著抑制副梢生长，使养分集中于果实，提高果果含糖量和产量，促进上色，提早成熟。

（6）PBO　PBO 在葡萄上的使用时间一般在花前和花后。第 1 次于花前 7～10d（新梢有 8～11 片大叶）喷施，树势较强时喷 50～80 倍 PBO 液，中等强树喷 100～150 倍液，中庸树喷 200～250 倍液。每亩用 PBO 的量为棚架栽植园 250g 左右、篱架园 375g 左右，对于干旱地区或长势较差的树其用量可减半。第 2 次施用在花后 20d 左右进行，对于酿酒品种应在秋季旺长时再喷 1 次，其喷施浓度和用量与第 1 次相同。处理后不仅可提高坐果率，而且能促进果粒细胞体积增大，使粒重和产量明显提高（赵庆华等，1998）。

（7）萘乙酸　在葡萄豌豆粒大时，用 300mg/L 萘乙酸浸蘸果粒，可提高坐果率。用萘乙酸 1 万～2 万倍于采前间隔 1 周左右喷洒或浸果穗 1～2 次，可防止葡萄落果（王立忠，2009）。

（8）比久（B_9）　早熟葡萄品种京亚花前喷施浓度 500 倍液 5%的比久可湿性粉剂，能提高坐果率，抑制二次梢生长（郑春梅，2011）。

第三节　促进花序伸长

1. 促进花序伸长的目的

葡萄生产中，某些品种由于坐果率较高，致使果穗紧密，果粒着色不匀，并极易感染果实白腐病和灰霉病。栽培上通常用人工疏粒来缓解这一问题，不仅费时费工，而且增加了投入成本。针对这种状况，目前生产中普遍应用植物生长调节剂赤霉素来促进葡萄花序伸长，以利于果穗疏果和整形，促进果粒膨大与着色，减少病害侵入机会，提高产量，降低生产成本。据杨治元（2004）研究表明，应用赤霉素将花序拉长后，疏果用工量可减少50%左右；同时果粒紧密度降低，果粒着生松散，有利膨大；此外，花序拉长后，花序内部可照射到阳光，从而花期的灰霉病、穗轴褐枯病显著减轻，产量增加。

2. 促进花序伸长的技术

（1）适宜使用品种　藤稔、高妻、金峰、无核白鸡心、京秀、红地球、美人指等坐果性能好的品种，可用生长调节剂拉长花序，巨峰等坐果性能差的品种、里扎马特等果穗分枝松散型的品种、奥古斯特等果穗不紧密的品种则不宜使用。

（2）使用方法

① 时期　利用赤霉素促进花序伸长，花序拉长程度与赤霉素使用期有关。使用早花序拉得长，使用晚花序拉长不明显。晁无疾等（2003）于3年生棚架红地球葡萄开花前10～15d（花序10cm长时）用2万～4万倍美国奇宝赤霉素浸渍花序后，与对照相比，花序拉长6.5～9.6cm。杨治元（2004）于双十字V形架葡萄新梢长25～30cm（6～7叶）用4万倍美国奇宝赤霉素浸沾花序后，至6月19日调查，与对照相比，维多利亚、无核白鸡心、奥古斯特、美人指、先锋1号、SO4砧藤稔、SO4砧高妻、矢富萝莎葡萄的花序分别拉长6.4cm、5.6cm、5.2cm、4.9cm、4.5cm、3.6cm、2.9cm、2.6cm。梁玉文等（2009）用15000倍美国奇宝赤霉素+保美灵分别于红地球葡萄花序分离期、谢花后10d浸蘸花（果）穗4s、10s，与对照相比，花序拉长8.08cm。不仅显著促进花（果）穗伸长，而且能增大果粒，促进果实着色，增加果穗重，果粒大小均匀，颜色亮丽，果梗鲜绿。张静等（2013）研究表明，夏黑葡萄花前15d，用GA_3 5～15mg/L浸蘸花穗可使果穗松散拉长，减少果粒挤压、裂果，并在一定程度上保证果实品质。

② 浓度　据试验，美国奇宝赤霉素优于国产赤霉素。使用浓度：对多数品种而言，美国奇宝赤霉素为40000倍，即1g 1包的奇宝兑水40kg。奇宝是可溶性粉剂，直接溶于水，不必用酒精溶解；国产赤霉素为5～10mg/L。此外，根据品种敏感程度，适当提高降低使用浓度，经试验后应用。王庆莲等（2014）研究表明，盛花期前14d，紫金早生葡萄以25mg/L GA_3、金星无核葡萄以100mg/L GA_3进行蘸穗，能促进无核葡萄花序轴伸长、果实膨大和提早成熟；同时也能提高果实的品质，使无核葡萄的可溶性固形物含量、固酸比和可溶性糖含量提高，酒石酸含量降低，效果显著。吴小华等（2012）研究表明，GA_3与6-BA组合比单独使用GA_3效果好，4年生夏黑葡萄花前7～10d用GA_3 5mg/L+6-BA 10mg/L增大花穗效果好。

（3）注意事项

① 使用浓度不宜盲目提高　高浓度使用，花序拉长效果可能会更好，但坐果后果穗松散，同时果梗易发生硬化，商品性受到影响。

② 合理使用　方法以浸蘸或微喷雾花序为好，不宜叶面喷布。葡萄树体上花序较小和花序不很紧密的不宜进行拉长处理。

③ 做好灰霉病防治工作　花序拉长后，果穗中枝梗的距离拉大了，如果灰霉病危害，果穗会出现空档，影响果穗质量。

④ 控制产量　一般花序拉长后，葡萄果穗变大，重量增加。根据优质高效高效标准化生产技术要求，葡萄亩产量应控制在1500kg左右。因此，花序拉长后应通过适当果穗整形及疏果为控制产量，提高品质。

⑤ 加强肥水管理　花序拉长后，应及时加强肥水管理，促进果实充分肥大，糖度提高，增进品质，获得更好效益。

第四节　诱导果实无核

1. 诱导果实无核机理

从国外葡萄的发展来看，鲜食葡萄中无核葡萄所占的比重越来越大。日本采用激素处理使有核葡萄无核化，也有较大的种植面积，而且取得了成倍的经济效益。优质、无公害无核葡萄具有食用方便，可连皮食用，果皮中含有对预防心血管疾病和具有抗癌特性的白芦黎醇等物质，对人体具有较好保健作用。目前生产一般使用赤霉素生长调节剂来诱导有核葡萄变成无核葡萄，其作用机理：①使苹果酸脱氢酶活性受阻，导致呼吸减弱，能量不足，胚囊异常或不分化；②促进珠心和子房壁发育而提早开花，而胚囊尚未成熟，影响受精；③抑制花粉成熟过程中营养核与生殖核分裂，使无生殖核花粉增多，从而降低花粉发芽率。

2. 诱导果实无核的技术措施

目前葡萄生产中利用植物生长调节剂使有核葡萄变成无核葡萄极易获得成功。无核葡萄果实成熟早，着色好，含糖量高，经济效益高，深受消费者和生产者欢迎。应用生长调节诱导葡萄无核一般采取先无核后膨大的技术措施。

(1) 处理时间　为获得大果质优的无核葡萄，一般需要用植物生长调节剂处理三次。第一次在花前或花期进行，使葡萄果实形成无核，但无核果较小，故花后需再处理二次，以促进果实充分肥大。由于葡萄品种不同，处理时间略有区别。

一般品种：第一次处理常在花前14d左右进行。如果处理过早，无核率降低，且促进穗轴伸长，果穗果粒稀疏，商品价值低；处理过晚，尤其于近花期处理，无核果率也低。第二、三次一般以盛花后10d、20d为宜。

大粒品种：第一次比一般品种晚，以盛花期较适宜，第二、三次于盛花后10d、20d进行。

(2) 使用植物生长调节的种类和浓度　赤霉素可以诱导无籽果，但单独使用无核率低，一般只能达到70%～80%，而且处理有效期短，仅2～3d，时期不当还会使穗轴脆化、扭曲、易落粒等，但与其他药剂混用，效果较好（杨吉安等，2009）。目前生产使用的植物生长调节剂第一次以赤霉素和抗生素两者混合处理的无核率高，并能减轻赤霉素单用时引起的穗轴硬化。据王范亭（1989）试验，巨峰葡萄盛花期用200mg/L卡那霉素＋200mg/L链霉素＋50～150mg/L赤霉素，无核率达100%。邱文华（2004）在花前12d至初花期用100mg/L的链霉素＋20～100mg/L的赤霉素处理1次、于盛花后10～15d再用50～100mg/L的赤霉素处理1次，促进无核化效果明显。季晨飞等（2013）试验研究表明：在红宝石玫瑰葡萄于开花前13d喷1次12.5mg/L、盛花期喷1次GA_3 12.5mg/L，配合盛花后11d再喷1次GA_3 25mg/L＋CPPU 5mg/L，处理效果最适宜，无核率100.0%，单粒重14.2g，可滴定酸含量0.20%，可溶性固形物含量17.19%。张瑛等（2013）试验表明：在玫瑰香葡萄开花前2d用20mg/L GA_3处理花穗，15d后再用10mg/L GA_3＋2mg/L KT-30＋10mg/L ABA处理一次，能获得与常规有核栽培大小及品质基本一致的无核化果实。红地球葡萄花前一周施赤霉素25mg/L，花后两周再施以赤霉素25mg/L和氯吡脲5mg/L处理，使红地球葡萄无核率达到98.1%；可溶性固形物含量有所降低，说明该处理可提高红地球葡萄的无核率，增加单果重量，但会在一定程度上降低果实品质（段永照等，2014）。

无核化处理的第二、三次一般使用果增大剂。对无核白鸡心葡萄，在花后5～10d用30～50mg/L赤霉素浸蘸果穗3～5s，可使果粒增大至9～10g，果穗增大2倍，并且提早成熟5～8d。据叶明儿（1997）试验，巨峰葡萄盛花后10d、20d果穗分别喷布大果乐一次，能使无核果发育成有核果一样大小，果实增大达50%以上。

（3）*处理方法*　一般用浸渍法，即在大于花穗大小和长度的量杯等容器中装满配好的药液，处理时把花穗（果穗）浸入药液中。第一次处理因花穗上的花蕾小和密集，为确保花蕾均能附着药液，应将花穗在药液中振动数次后再取出；第二、三次处理只要把果穗在药液中浸一下即可，时间一般为5～10s。浸渍法具有效果佳、用药量少等优点，但费工。除此之外，生产上也可采用喷雾法，即用小型手持迷雾喷雾对花穗（果穗）均匀喷洒药液至滴水为止，但喷洒时应注意只喷花穗（果穗），不要喷到叶片、新梢上。

（4）*注意事项*　首先应加强肥培管理，如及时摘心、施肥，增加树体中糖分的积累，以有利于无核果的发育；其次对果穗及时整形疏果，对有核果和过小的无核果及时疏除，使果穗果粒大小均匀，着色一致，提高商品价值；最后，药液处理后如遇下雨必须重新补喷，处理8h后下毛毛雨，可不必再补喷。

第五节　促进果实膨大和提高品质

1. 葡萄果粒大小形成机理

同一葡萄果穗中果粒大小往往存在着差异，主要是由于果实内的种子数与重量的差异所致的。据徐小利（1996）年测定，巨峰葡萄的果实鲜重与果实种子数和重量存在显著的相关性，果实的单粒重随着果实内种子数的增加而增加，含种子数的果实与含种子数的果实相比，重量几乎增加一倍，如含一粒种子的巨峰葡萄的单粒重为5.2g，而含4粒种子的达10.1g。种子对果实大小的影响，据日本风本五郎观察，是由于增加了果肉细胞层次及细胞大小所致的。种子是产生内源激素的中心，因此种子对果实大小的影响，归根到底是果实中内源激素含量差异之故。但是如果葡萄开花时花中赤霉素浓度过高，则会增加异常胚囊或未分化胚囊的数量及降低花粉的受精力，如玫瑰露葡萄品种花前2周用100mg/L的赤霉素处理，异常或未分化胚囊由25%提高到30%～52%，花粉发芽率由35%降至0～0.8%。此外，开花前花中赤霉素浓度过高，造成开花期与胚囊成熟期不一致，赤霉素促进珠心和子房壁的发育而提早开花。据日本报道，用100mg/L浓度的赤霉素于开花前三周处理玫瑰露葡萄，可使开花提早4～5d，最多6d。由于开花期提前，但胚囊尚未发育成熟，从而形成受精种子的可能性少，容易引起单性结实，无核果增多，果实小。

植物生长调节剂主要通过对葡萄果实内源激素和养分状况变化影响来调控果实发育可。CPPU处理授粉受精后的葡萄果实可提高果实发育早期细胞分裂素（CTK）、生长素IAA、GA水平，采用GA_3、CPPU+GA_3处理也有相似的结果（郁松林等，2008）。此外，IAA、GA和ABA在不同时期可以起到对葡萄果实不同时期的蔗糖输入与代谢的调控作用。CTK也可以通过诱导胞外转化酶、蔗糖转移蛋白酶以及液泡转化酶的表达而调动糖分的运输，因此大大增加了果实调运光合产物的能力，增加了“库强”，为果实生长发育提供了充分的营养条件。糖分的增加也可为果实细胞分裂提供信号，并为果实膨大提供渗透推动力。

2. 促进果实充分肥大的技术措施

（1）丰果乐　据浙江大学园艺系试验，巨峰葡萄花前一周对树冠喷洒丰果乐，能显著抑制新梢生长过旺，使树体、花中赤霉素含量下降，提高受精能力，增大果实（具体见前）。

（2）大果乐　在花后5d和15d分别用手持迷雾喷雾器对花穗（果穗）均匀喷洒浙江大学园艺系研制生产的大果乐果实增大剂，可使巨峰葡萄平均粒重增加50.7%，糖度提高1°，产量增加112%；使藤稔葡萄平均粒重增加56.6%，穗重增加58.4%，糖度提高0.8°，产量提高211%，效果十分显著。

（3）CPPU　在花后使用CPPU 5～20mg/L对巨峰葡萄膨大效果明显，并且随浓度提高效应增强，果粒由椭圆形变为近圆形，果形指数降低（刘广勤等，1997）。而5～20mg/L的CPPU与20～50mg/L的GA_3混用较单用对葡萄果实膨大具有更明显的增效作用（郁松林等，2008）。

（4）GA_3　研究表明GA_3在0.5～1500mg/L浓度内，对葡萄果实增大成正相关，浓度超过一定水平后，对果粒的增大作用有限。品种不同，对GA_3的敏感性也不同，一般胚珠为大败育型的无核品种，其增大效果不及胚珠为小败育型的品种（杨吉安等，2009）。吴小华等（2012）研究表明，4年生夏黑葡萄花后10～15d用

GA_3 5mg/L+CPPU 2mg/L 促进果实膨大。张娜等（2015）试验结果表明：5 年生夏黑葡萄，盛花期蘸穗，赤霉素浓度在 5～50mg/L 范围内，赤霉素浓度越大，果粒膨大效果越明显；花后 15d 赤霉素和吡效隆组合蘸果对夏黑葡萄膨大效果明显，盛花期使用 GA_3 25mg/L 蘸果，花后 10d 使用 GA_3 25mg/L+CPPU 2.5mg/L 蘸果效果更好。

在无核葡萄上使用 GA_3，一般采取花后一次处理的办法，浓度通常为 50～200mg/L。使用适期在盛花后 10～18d。使用方法以浸蘸果穗为主，或以果穗为重点进行喷布。无核白葡萄的使用时间为盛花后 9～12d，当 30% 幼果横径达 2～3mm 时开始，1 周内完成。

GA_3 对有核品种，尤其是种子少和果粒大小不整齐的品种果实增大作用也不可忽视。GA_3 在藤稔、甜峰、巨峰上使用较多，处理时间为花后 10～15d，浓度通常为 25mg/L。除 GA_3 外，与 CPPU、BA、PDJ（茉莉酸甲酯）等混合处理比用单一种效果要好（郁松林等，2008）。

（5）噻苯隆（TDZ） 程媛媛等（2011）以美人指葡萄为试材，于果实发育中期用 50mg/L 的 GA_3 及分别添加 1mg/L、3mg/L 和 5mg/L TDZ 处理葡萄果实，并以 50mg/L GA_3 及清水处理为对照，结果表明：不同浓度 TDZ 处理均明显增大了果实的纵横径，但对果形指数影响不大，增加了果实的单果重；同时明显降低了果实的可溶性固形物含量及可溶性糖含量，提高了果实的含酸量，对葡萄成熟有明显的延后作用，其中 50mg/L GA_3+3mg/L TDZ 处理的效果最明显。

（6）甲壳素 赵新节等（2006）以 4 年生贵妃玫瑰葡萄品种为试材，在转色期后于转色期每隔 10d 喷 1 次 7500 倍液的甲壳素，连喷 2 次喷，结果表明：叶面喷施甲壳素明显地提高了葡萄果实的可溶性固形物和含糖量，可溶性固形物比对照高 1.1%，含糖量高 11.67g/L，含酸量也略有提高，但不明显。叶片光合速率比对照也有明显的提高，提高了 2.26mol/(m^2 · s)，但叶片的叶绿素含量并没有显著差异。

第六节 提早成熟

1. 葡萄着色的生理

葡萄从浆果开始着色到完全成熟为止，一般为 20～30d。此时浆果停止增大，变得柔软而有光泽。有色品种在皮层积累色素，白色品种叶绿色大量分解，呈黄白色且透明，并出现果粉，种皮也逐渐变色。浆果含糖量迅速增加，含酸量及鞣质量减低。植物生长调节剂对果实着色调控的研究认为，内源 ABA 水平是启动葡萄果实进入始熟期的信号，而果实内 IAA 水平降低是浆果着色的根本原因（张大鹏等，1997）。果实发育后期的 ABA 提高与 IAA 水平的降低均能刺激植物体产生乙烯，从而增强苯丙氨酸解氨酶（PAL）的活性以及细胞膜的透性，促进糖向细胞内运转，对花色苷的合成和积累可能起到直接效应。在果实发育早期使用植物生长调节剂GA、CTK均可调节其发育后期内源ABA、IAA水平，从而调控制着色。在后期施用外源GA和CTK则可抑制果实中叶绿素降解，对花色素苷合成能起到延迟作用（郁松林等，2008）。研究进一步发现，ABA、乙烯可增强葡萄果皮中花色苷生物合成的控制点——类黄酮3,5-糖苷转化酶（UFGT）的基因表达作用，并增加CHLASE1mRNA的含量和叶绿素酶的合成。

此外，糖作为花色素苷合成的一种原料，其代谢和积累受IAA、ABA、GA、CTK的调控（夏国海等，2000）。因此植物生长调节剂也可能直接通过刺激果实内源激素来完成对糖的调控，进而影响着色。但不同内源激素对果实生长后期糖分积累似乎具有选择性，而糖与内源激素之间更多是通过相互的信号机制作用的，并且不同种类糖分对花色素苷合成的作用也不同（郁松林等，2008），有关于这方面的作用机理仍需进一步研究。

2. 提早成熟的技术措施

（1）赤霉素　除前面介绍的应用赤霉素促进葡萄无核化，可提早着色，促进成熟外。无核葡萄花前用GA_3处理花序，也可加快着色，并且对果实着色度有增加趋势，在藤稔葡萄也有相似的结果。但采前3个月喷施10mg/L的GA_3可明显抑制着色过程（郁松林等，2008）。另李向东等（1993）试验，生长旺盛的巨峰葡萄用GA_{4+7}处理，可增加果实可溶性固形物2%和提前上色10d。

（2）乙烯利　在葡萄果实开始上色时用乙烯利300～700mg/L喷布或蘸浸果穗，可提前成熟4～11d。另有试验报道，乙烯促进葡萄着色的浓度与其造成落叶落粒的浓度较为接近，生产上难以掌握，了避免副作用的产生，加入10～20mg/L NAA或10～15mg/L 2,4,5-TP，可消除或减轻脱落（杨吉安等，2009）。

（3）CPPU　CPPU可以调节植物花青苷的产生，起到抑制作用，对葡萄果实上色度的负影响较大。秦萍等（2006）研究表明，花后用CPPU处理的确可以推迟果实开始着色的时期2～3d，但果实最终着色整齐，且着色期缩短。而CPPU+GA配合使用则可以起到更好的着色效果（陶建敏等，2003）。

（4）脱落酸（ABA）　晁无疾等（2008）试验表明，采用有效含量1.25%脱落酸（ABA）复合制剂50～100mg/L浓度处理温可（Wink）和红地球（Red Globe）葡萄，能有效地促进葡萄果实着色，并改善葡萄果实的质量。在用脱落酸处理（7月18日）后7d左右，果皮就开始转色，而且处理浓度越大促色效果愈为明显。到成熟采收时，处理间着色差异就更为显著。

在巨峰葡萄着色初期（约10%的果实着色），用含脱落酸（ABA）1%的真菌发酵生产的S-诱抗素250mg/L浸泡果穗，能显著提高巨峰葡萄的着色指数，而且成熟早、转色快，可溶性固形物和总糖含量都得到不同程度的提高且果肉不软化、果穗不掉粒（曹慕明等，2010）。

避雨栽培巨玫瑰葡萄于转色期用脱落酸（ABA）溶液500mg/L浸泡果穗10s，

可显著提巨玫瑰葡萄果皮中的花色苷含量，降低可滴定酸含量的同时，其可溶性固形物超过上市的最低质量标准，并且能使葡萄果实提早 10d 成熟，整体上提高了果实品质（李为福等，2012）。

程云等（2014）试验果表明，外源喷施一定浓度 ABA 可显著促进避雨栽培中美人指葡萄着色，促进果皮中花青苷积累，同时可增加果粒大小、果粒重，并提高固酸比，对浆果综合品质有明显增进作用，且浆果转色快，可提早 7～10d 成熟上市。综合建议采用 150mg/L ABA 处理效果更佳，在喷施 ABA 处理后 10～14d 采收上市较为适宜。

（5）S-诱抗素　在巨峰葡萄转色初期（5%～10%开始转色）时对果穗均匀喷布 400mg/kg 的 S-诱抗素，可以显著提高采收期巨峰葡萄果粒的着色效果及可溶性固形物含量，降低了可滴定酸的含量，促进了果实成熟，同时还可明显增加单果质量（袁传卫等，2013）。

在 8 年生秋红宝、红地球葡萄转色期喷施 5%S-诱抗素 100 倍液，能有效促进浆果着色，增加果实糖分积累，使葡萄提早成熟上市，并在一定程度上改善浆果品质，提高葡萄的商品价值。但喷施 5%S-诱抗素后，葡萄果蒂耐拉力、果实耐压力等指标呈现不同程度的下降，这些指标的降低可能影响到果实货架期的长短（王敏等，2014）。

（6）烯效唑　在葡萄果实成熟前 20d 和 10d 左右，分别用浓度为 50～100mg/L 的烯效唑溶液（即 5%烯效唑可湿性粉剂稀释 500～1000 倍）喷施于葡萄果穗上，可明显促进果皮花色素的形成，从而促进果实着色，并能有效降低果实的有机酸含量，增加可溶性糖含量，提高糖酸比。同时，还可增加果重 5%左右，品质提高（刘刚，2006）。

第七节　防止果穗脱粒

1. 葡萄贮运期间脱粒现象

巨峰、藤稔、里扎玛特等葡萄品种采后贮运过程中脱粒严重，影响其商品价值。巨峰葡萄采后脱粒主要有 4 种类型：一是由于果梗组织结构脆弱，容易折断；二是果刷纤细易从果粒中脱出，脱粒后果柄端连有果刷；三是由于果梗失水衰老，果粒和果柄间形成离层而脱落，果刷全部留在浆果中；四是由于微生物侵染，穗梗、果梗腐烂造成的散穗和脱粒（赵彦莉等，2004）。其中，前 2 种称为干落，后 2 种为湿落。童昌华（1996）对葡萄采后脱粒研究表明，葡萄果梗与果粒连接处的细胞在成熟期随着葡萄的成熟逐渐变稀变大，最后溶解消失形成离层。但离区细胞的变化与果粒脱落率并不完全一致，这可能与果梗、果粒间的连接方式不同有关，离区细胞的变化只是影响果粒脱落的一个方面。Be Yer（1975）提出，果粒脱落的重要原因是组织对乙烯的敏感性，这种敏感性首先受到内源生长素含量的影响，生长素越多，脱落区细胞对乙烯的敏感性越差，脱落区生长素含量降低导致细胞对乙烯更加敏感，同时脱落酸对脱落有独立的作用过程。青木等（1977）认为，葡萄品种不同采收期乙烯发生量不同，脱粒严重的美洲系和欧洲杂种一般乙烯发生量多，脱粒较轻的欧洲系乙烯发生量少，特别是新玫瑰等耐贮品种乙烯发生量极少。

关于葡萄落粒，学者们做了大量研究，总结其原因主要有以下 5 个（李明娟等，2013）。一是果实脱落区域及邻近部分离层的形成，随着贮藏时间的延长，葡萄果实果胶甲酯酶（PME）活性下降，多聚半乳糖醛酸酶（PG）活性升高，水溶性果胶增加，细胞结构解体，果实自果梗分离。二是多种激素相互作用的结果，脱落酸（ABA）是导致葡萄落粒的最主要因素，葡萄成熟后期，果实内 ABA 活性提高，果柄基部生理功能衰退，致使果柄产生离层而落粒。采前喷施萘乙酸（NAA）和赤霉素（GA_3）、6-苄基腺膘呤（6-BA）都可以不同程度地抑制葡萄落粒。三是微生物的侵染，灰霉菌、链格孢和镰刀菌都能引起葡萄落粒，且具有田间潜伏性，因此，采前与采后控制病原真菌对防止葡萄采后落粒都是必要的。四是酶的作用，葡萄果实在贮藏期间，果粒与果梗连接处离区组织中 ABA 含量逐渐升高而 GA_3 含量却逐渐降低，内源激素平衡被破坏，进而影响细胞壁代谢酶相关基因的表达，导致相关酶活性失衡，Deng 等报道，高氧气调可抑制葡萄果实贮藏期间 PG 活性的上升，从而维持细胞壁结构的完整性，降低采后落粒率。五是与果实品种特性有关，巨峰、藤稔、里扎玛特葡萄采后落粒现象较严重，而红地球、秋红、秋黑葡萄果柄较粗，果蒂面积较大，单位面积果柄和果蒂所承受的果粒重较小，对果粒的支撑、防振动、抗机械损伤能力较强，因此不易落粒。果刷粗而长，维管束与果肉中周缘维管束分布较多，连成一体，并深埋于果肉中的葡萄品种也不易落粒。

2. 防止果穗脱粒的技术措施

（1）防落素　据试验，巨峰葡萄用防落素 15～20mg/L 在采前 4～10d 单一喷施或采前喷施再结合采收当日浸蘸，对减轻采后贮藏期落粒呈极显著水平，但对减轻采前落粒效果不显著；采前过早（10d）处理的效果也差（邱文华，2004）。

（2）NAA　在采前 7d 喷 NAA 20～100mg/L 或 BA 100mg/L＋NAA 100g/L，可减轻成熟葡萄的果穗落粒（杨吉安等，2009）。在秦龙大穗葡萄充分膨大时分别采用 98% NAA、98% 6-BA 的 5000～15000 倍液，以及两者混合液浸泡果穗均可不同程度减轻采后落粒。其中，采用 NAA∶6-BA＝1∶1，10000 倍混用处理效果更显著（朱和辉等，2008）。

（3）6-BA　葡萄在采收前用 250～500mg/L 的 6-BA 喷洒或采后浸蘸，对果实都有良好的贮藏保鲜作用。对葡萄可以减少浆果在装箱贮藏和运输过程中脱落，如用 100mg/L 6-BA 加 100mg/L NAA 混合处理，效果更好。

红地球葡萄和克瑞森无核葡萄于开花前 5d、花后 3d 和花后 10d 用 20mg/L 的 6-BA 对果穗进行 3 次微喷，可以显著提高两种葡萄果实单粒重和单穗重，有效控制贮藏过程中果实腐烂与落粒，显著抑制葡萄的呼吸速率，维持果实硬度，延缓可滴定酸的下降，提高贮藏期间可溶性固形物的含量，抑制果实细胞膜透性的增加，保持细胞膜的完整性，提高葡萄的贮藏品质（于建娜等，2012）。

第八节　贮藏保鲜

1. 葡萄果实采后生理

葡萄采收后，光合作用停止，由此产生的物质成分积累停止，果实中储存的有机物质逐渐被分解、消耗或转化，导致果实不断衰老。葡萄果实呼吸强度与其组织中营养成分的消耗速率呈正相关，因此，降低葡萄的呼吸强度，可以达到延缓衰老、延长保鲜期的目的。大量研究表明，无论在常温还是低温贮藏条件下，无梗葡萄果粒的呼吸强度均属于非呼吸跃变型，其成熟不受乙烯控制；穗轴和果梗生理变化活跃，是整穗葡萄物质消耗的主要部位，其呼吸强度均属于呼吸跃变型，比相同温度下无梗葡萄果粒呼吸强度高出10倍以上，整穗葡萄的呼吸强度和乙烯生成主要取决于穗轴和果梗。晚熟葡萄品种的果实呼吸速率比早熟品种的低，其耐贮性较强。红地球葡萄无论刚采收还是采后贮藏期间的呼吸强度均显著低于巨峰葡萄，这可能是红地球葡萄比巨峰葡萄耐贮运的原因之一。所以，要保持葡萄果实采后较高的贮藏品质和延长保鲜期，应该选择呼吸速率低的晚熟葡萄品种，并尽量降低贮藏过程中果实的呼吸强度（李明娟等，2013）。

葡萄果实贮藏过程中因蒸发易引起失水，当失水率达到3%～6%时，果实开始向衰老趋势发生一系列的变化，如果实表面光泽度降低、内部组织细胞空隙变大且趋向海绵状，同时加快了氧化相关酶的活性，破坏了果实固有的耐藏性和抗病性。因此，葡萄果实采后贮藏过程中应尽量减少蒸发失水。

有关激素与葡萄果实成熟衰老的关系至今仍未有一个统一的认识，归纳起来有以下几种观点（李明娟等，2013）：一是促进葡萄果实成熟衰老的激素是ABA。ABA是加速葡萄贮藏保鲜期间果实呼吸强度的首要激素，能刺激葡萄迅速产生乙烯释放高峰；二是引起葡萄果实成熟衰老的激素是乙烯。乙烯可以加速葡萄贮藏保鲜期间果实呼吸强度，提高果实过氧化物酶（POD）和多酚氧化酶（PPO）的活性，加快果实维生素C分解、酸度和果肉硬度的下降速度；三是ABA和IAA共同调控着葡萄果实的成熟与衰老。采收后的葡萄，用ABA和乙烯利处理后，分别置于室温和低温下贮藏，都会加速落粒率的升高；应用NAA、AOA、GA_3处理后，均会抑制落粒率的升高。采收前和采收后的葡萄，分别采用一定浓度的2,4-D、GA_3、NAA处理后，均减慢了落粒率的上升速度。茉莉酸甲酯处理葡萄果穗后冷藏，可保持果梗离区组织中内源激素的平衡，保持果实较高的PME活性和较低的PG活性，抑制了细胞壁水解，维持细胞壁结构的稳定性和完整性，降低果实落粒，果实贮藏品质得到改善。

2. 贮藏保鲜措施

(1) 二氧化氯杀菌剂保鲜　二氧化氯（ClO_2）是一种强氧化剂，具有很强的杀菌能力。固体 ClO_2 保鲜剂通过释放 ClO_2 气体达到杀菌保鲜的目的，避免了直接用化学保鲜剂浸泡或喷淋果实而产生药物残留的食品安全隐患；无气味残留，不改变果蔬原有的风味；有效阻止乙烯的生成，且破坏已生成的乙烯，降低果实腐烂率。2004 年 ClO_2 同时得到世界卫生组织和美国农业部、食品药物管理局、环保局的肯定，被认定为是安全、高效、环保的新一代消毒剂，成为国际上公认的食品保鲜剂（李明娟等，2013）。有研究表明，ClO_2 有利于保持无核白葡萄和藤稔葡萄的色泽、形态、硬度、好果率、TA、维生素 C 和总酸的含量。浓度为 5g/kg ClO_2 处理夏黑葡萄，可以显著延缓果实贮藏过程中褐变指数、呼吸强度和 MDA 含量上升，减缓好果率、果皮花色苷、TA 和 TSS 含量下降，从而延长葡萄果实贮藏保鲜期（许萍等，2012）。

(2) 1-甲基环丙烯保鲜剂保鲜　适宜浓度的 1-甲基环丙烯（1-MCP）处理有利于保持葡萄采后贮藏品质和果实抗性，延缓果实衰老。王宝亮等（2013）研究表明，1.0μL/L 1-MCP 处理能明显降低巨峰葡萄果梗呼吸强度和乙烯释放量峰值，可在一定程度上抑制果粒的呼吸强度，保持果实较高维生素 C 含量，显著降低果梗褐变指数及果梗霉菌指数。宋军阳等（2010）研究表明，1-MCP 可明显提高葡萄果粒耐压力，最佳浓度是 1μL/L，其次是 0.1μL/L；1-MCP 处理在贮藏后期可提高葡萄果实可溶性固形物含量。

李志文等（2011）研究表明，0.5～1.5μL/L 的 1-MCP 处理结合冰温贮藏（温度−0.3℃±0.3℃）乍娜葡萄，可提高果实好果率，有效抑制果穗失水率、果梗褐变指数、果穗呼吸强度、乙烯生成速率、MDA、H_2O_2 和脂氧合酶活性的增加，保持或增大 SOD 和 POD 活性。1μL/L 1-MCP 处理结合冰温贮藏作用效果较好，使葡萄贮期较普通冷库对照延长 20d。

(3) 壳聚糖涂膜保鲜　随着人们对化学保鲜剂保鲜引起的有害物质残留问题的高度关注，一种方法简便、成本低、无毒的涂膜保鲜技术被成功应用于葡萄果实贮藏保鲜中。多糖是一种全天然的可食性物质，无味、无毒，涂抹在葡萄上，能在果实表面形成一层无色透明的薄膜，阻止空气中微生物和气体进入果实，减少病原菌的危害；降低果实呼吸作用，减缓有效物质的消耗和水分的散失，保持葡萄原有的风味。壳聚糖属于多糖，采后涂膜葡萄果实能明显抑制其呼吸强度的升高和 TSS、TA 含量的下降，减少蒸发失水，保持果实新鲜度，防腐抑菌。

石磊等（2009）以红地球葡萄为试材，研究表明，用壳聚糖涂膜处理能降低葡萄的鲜重损失和腐烂率，保持葡萄的色泽和亮度，延缓可溶性固形物和可滴定酸的降解；其中以 2%壳聚糖膜处理保鲜效果最好。刘亚平等（2012）以八成熟的红地球葡萄为试材，研究采前壳聚糖处理对红地球葡萄品质和内源激素的影响，喷药前 1 天上午 9:00 摘袋，第 2 天上午 9:00 分别喷洒浓度为 0.1%和 1.0%的壳聚糖溶液，第 4 天上午 9:00 采收，当天运回实验冷库并预冷。将预冷 12h 的果实用 0.03mm

厚的聚乙烯薄膜袋包装，每袋1kg，用皮筋扎紧袋口，分别放入塑料箱中，置于(0±1)℃、相对湿度85%～90%的冷库中贮藏。试验研究表明：采前0.1%壳聚糖处理葡萄中GA_3含量极显著（$P<0.01$）高于对照，壳聚糖处理延缓了果实中GA_3的分解；贮藏后期壳聚糖处理果实中ZR含量显著（$P<0.05$）高于对照，1.0%壳聚糖处理果实中ABA的积累显著（$P<0.05$）低于对照，壳聚糖处理减缓了果实中IAA的氧化分解速度，但效果不显著。在整个贮藏过程中，经壳聚糖处理的葡萄可溶性固形物含量和耐压强度值极显著（$P<0.01$）高于对照果实，并且0.1%处理显著（$P<0.05$）保持了果实的可滴定酸含量，采前壳聚糖处理有助于果实品质的保持。

赵凤等（2011）研究表明，用壳聚糖涂膜处理能降低巨峰葡萄的腐烂率，保持葡萄的色泽和亮度，明显降低贮藏葡萄的呼吸代谢强度和水分的散失程度；其中以1%壳聚糖膜处理的保鲜效果最好。用浓度为1.5%～2.0%的壳聚糖溶液在室温下对葡萄有比较好的保鲜效果（吴慧等2013）。

第二十五章

猕猴桃

第一节　打破种子休眠

1. 种子休眠

猕猴桃种子采集后有一个休眠期，播种前常用砂藏或赤霉素处理。用 GA_3 处理可代替低温层积处理，促使种子萌发。匡银近等（1998）研究表明，赤霉素处理的猕猴桃种子比未经处理的猕猴桃种子过氧化氢酶活力、过氧化物酶活力、酸性磷酸醋酶活力明显增强，提前完成生理后熟过程，发芽率显著提高。过氧化氢酶仅在种子生理后熟的前期起作用，其活力经赤霉素处理后迅速升高又迅速降低。过氧化氢酶作为氧自由基清除剂，在种子生理后熟前期种子吸涨后迅速升高，对细胞膜起保护作用是正常的生理生化反应。至于在种子生理后熟的后期阶段迅速消失可能是种子的次生代谢产物影响了离子环境和溶液极性，使酶失活。

2. 打破种子休眠的技术措施

（1）GA_3　陈长忠等（1995）将干藏猕猴桃种子于 2 月 22 日用 100mg/L 赤霉素溶液浸泡 6h，极显著地提高了种子发芽率。庞祥梅等（1995）认为用 1000mg/L 赤霉素处理种子对种子萌芽幼苗生长最为合适。匡银近（1998）将预先砂藏层积 10d 的猕猴桃种子用 GA_3 500mg/L 溶液浸泡 24h，能促使种子生理后熟过程提前完成，促进种子解除休眠，提高发芽率。安成立等（2011）研究表明，秦美猕猴桃种子用赤霉素处理，可以有效打破猕猴桃种子休眠，处理比对照发芽势强、发芽率高，可提早 2～4d，不同浓度之间亦有差异，随着浓度的增大其促进萌发的作用越强，以 800mg/L 和 1000mg/L 处理效果最佳。

（2）CPPU　李从玉等（2010）研究表明，不同浓度的 CPPU 经不同时间处理对打破猕猴桃种子休眠均有效果，浓度为 75mg/L 的 CPPU 处理 48h 对打破猕猴桃种子休眠的效果极显著优于其他处理，100mg/L 的 CPPU 处理 24h 对供试材料发芽率的影响也极显著高于其余处理。试验结果还表明，在低浓度短时间处理的情况下，CPPU 对猕猴桃种子发芽的影响虽然极显著优于对照，但显著低于高浓度长时间处理。

（3）ATB 生根粉 6 号及次氯酸钠　陆荣生等（2014）研究表明，美味猕猴桃种子 4℃低温下砂藏 80～100d，可以有效解除种子休眠，但发芽率较芽率低；4℃低温砂藏 80d 后，用浓度 150～200mg/L 的 ATB 生根粉 6 号浸泡种子 24h，可使种子的发芽率、发芽势分别提高到 55.1%、51.2%，发芽所需时间缩短 6d；4℃低温砂藏 80d 后，用 20%次氯酸钠处理种子 18～24h，可以使发芽率及发芽势分别提高到 82.8%、72.3%，发芽所需时间缩短 10d。

第二节　促进扦插生根

1. 猕猴桃扦插生根与激素

猕猴桃扦插繁殖，是直接利用植株的营养器官繁殖猕猴桃苗木的一种无性繁殖方法，是一种简便易行，多、快、好、省的培育优良苗木的方法。研究发现，嫩枝、硬枝插穗具有茎的典型结构，不定根的发生部位主要始于形成层，与扦插方式和生长调节剂处理无直接联系；生长调节剂处理对嫩枝、硬枝插穗生根的促进效应明显（汪杰，2001）。

研究认为 IAA、ZR_S 与猕猴桃不定根形成有关。IAA 是促进不定根形成的主要激素，因为 IAA 在整个不定根形成和发育中起着中心作用。它也是启动不定根发育的一个关键因子。IAA 的累积，促进插条生根区某些细胞脱分化，形成有分生能力的细胞，进而促进生根。汪杰（2001）研究发现，经生长调节剂处理的猕猴桃嫩枝、硬枝插穗中 IAA 含量明显提高，且插穗中 IAA 氧化酶活性明显降低，这更有利于 IAA 的累积，对生根有利；ZR_S 促进或抑制生根，主要决定于 ZR_S 浓度。低浓度 ZR_S 促进生根。汪杰（2001）试验结果表明，生长调节处理引起插穗中 ZR_S 含量降低，且 ZR_S/IAA 含量明显降低，这与组织培养中提出低 ZR_S/IAA 比有利于生根的结果是一致的。因此，低浓度 ZR_S 对猕猴桃插穗愈伤组织形成和根分化起重要作用。

2. 促进扦插生根的技术措施

（1）IBA

① 嫩枝扦插　用 IBA 500～1000mg/L 快速浸蘸法处理绿枝，或用 IBA 200～500mg/L 浸蘸 3h，再扦插在砂土苗床中培育，生根率达 95%～100%。猕猴桃绿枝插条要选择中下部当年生半木质化嫩枝，留 1～2 叶片，苗床温度控制在 25℃左右，相对湿度保持 95%。

② 硬枝扦插　中华猕猴桃硬枝插条，在 2 月底 3 月中旬，选择长 10～15cm，直径 0.4～0.8cm 的一年生中、下段做插条，插条上端切口用蜡封好，然后用

5000mg/L 的 IBA 液快速浸 3s，在经消毒处理的砂土苗床中培育，扦插成活率达 81.9%～91.9%，平均每插条出根 10 条以上。硬枝扦插时要注意将苗床土壤温度控制在 19～20℃，伤口愈合后调控在 21～25℃。

（2）NAA　选用中华猕猴桃一年生半木质化嫩枝插条，适当留 1～2 叶片，将插条基部浸于 200mg/L 的 NAA 溶液中 3h，取出后用消毒湿砂保湿培养，可促使猕猴桃插条生根。嫩枝插条上端要用蜡封口，以减少水分蒸发，提高成活率。张洁等将中华猕猴桃用 200mg/L 和 500mg/L 的 NAA 溶液浸泡处理 3h，其生根率分别为 66.6%和 53.3%，比对照不用药生根率 26.6%显著提高。

根据安徽农学院经验，用 0.5%的 NAA 处理猕猴桃硬枝插条，浸蘸时间只需 1min。因猕猴桃枝条含有大量的胶质物，用激素溶液处理（尤其是生长季节绿枝扦插），浸泡时间越长，流胶越多，影响成活。

软枣猕猴桃插穗扦插前，及时用 50mg/L 的萘乙酸溶液浸泡 10～12h，一般情况下生根率可达 90%以上（褚衍东等，2015）。

（3）ABT 生根粉　王永安（1993）用 ABT 生根粉处理中华猕猴桃和美味猕猴桃插穗均能提高扦插生根率。但不同型号和浓度间效果差异很大，生根粉 ABT 1 号明显优于 3 号，两者均以 700mg/L 溶液处理 1min 的生根率最高，分别为 96.7%和 50%。张文亮等（1997）采用全光照喷雾装置和 300mg/L 的 ABT 1 号浸泡处理 6h 的中华猕猴桃插穗，扦插生根率达 92%。软枣猕猴桃插穗扦插前，及时用生根粉 ABT 1 号配成 100mg/L 的药液，将插穗基部插入药液中 3.5cm，浸泡 50～70min，一般情况下生根率可达 90%以上（褚衍东等，2015）。

（4）IBA+ NAA　猕猴桃嫩枝扦插以 IBA＋NAA（1000mg/L＋1000mg/L）浸蘸处理 5s，生根率为 60.8%，对照仅为 42.8%；硬枝扦插以 IBA＋NAA（500mg/L＋500mg/L）浸蘸处理 10s，生根率达 32.2%，对照仅为 10.6%；嫩枝、硬枝插穗愈伤组织形成和生根时间比对照的分别提早 1～2d、4d 和 5～7d、7～8d，平均根数、平均根长都比对照高，差异显著。

（5）IAA　红阳猕猴桃扦插生根难度大，对植物生长调节剂的依赖性强。吲哚乙酸（IAA）类植物生长调节剂对红阳猕猴桃扦插生根效果明显高于其他类植物生长调节剂，其中经 200mg/L IAA 处理 1h 的红阳猕猴桃硬枝插条综合效果最好，对插条的生根率、根长和根数都有显著的促进作用，而高浓度的 IAA 处理效果下降（甘丽萍等，2014）。

第三节　控制枝梢生长

1. 枝梢生长特点

猕猴桃枝条属蔓性，枝条没有卷须，短枝没有攀缘能力，长枝生长后期先端缠绕攀缘于他物。主干由实生苗的上胚轴或嫁接苗的接芽向上生长形成，主枝是由主干上发出的骨架性多年生枝，侧枝是主枝上的骨架性分枝，结果母枝是着生花芽的一年生枝，结果枝是着生在结果母枝上开花结果的当年生枝。直立枝条剪口下1～2芽抽枝生长旺盛，当长枝生长弯曲或在架面水平延伸时，上位芽萌发率高，发出的新梢生长旺，形成长果枝或徒长性长果枝，平生枝或斜生枝萌发的新梢生长势中庸，枝结果率高，果个大。下垂着生枝生长弱，萌发、成枝率低，果实小。有些猕猴桃品种生长量过大，一般新梢年平均生长量可达200～400cm，造成树冠郁闭，既不便管理又影响产量。

2. 控制枝梢生长的技术措施

（1）多效唑　6年生猕猴桃米良一号于4月底5月初喷一次2000～3000mg/L的多效唑，新梢的生长受到明显抑制，且新梢长度随着处理浓度的增加而减少。翌年植株的成花量增加，萌芽率和结果枝比率明显提高；叶绿素含量，特别是叶绿素b的含量提高明显。多效唑促进果实纵径的增长，但对侧径和横径无显著影响，平均单果重有明显的增加（张才喜等，2001）。

当软枣猕猴桃新梢长至30～35cm时，叶面喷布一次2000～4000mg/L或喷布二次3000mg/L的多效唑，可显著地降低新梢长度、增加中短枝比例，抑制生长的效应可延续到翌年；并可显著地增加花芽数量，花芽量随喷布浓度的加大呈增加趋势，3000mg/L一次处理不影响果实大小，二次处理则使果实变小（赵淑兰等，1997）。

用土施多效唑方法控制猕猴桃枝梢生长，施用最佳时期是萌芽期或头年秋季，施用量以2.0～4.0g/株为宜，同时就施在根系集中分布区（蒋迎春等，1995）。

（2）B_9　中华猕猴桃幼树，在当年新梢旺盛生长开始时，喷布2000mg/L B_9，能有效地控制营养生长，减少新梢的生长量，改变新梢的生长节奏，提高短枝的比例，增大叶面积，增加叶内叶绿素的含量，提高叶片的光合速率，促进花芽分化，增加产量，提早结果（邓毓华等，1995）。

（3）氯吡脲　海沃德猕猴桃幼树期发芽率、成枝率低，大多剪口下仅发一芽，单轴生长，挂果迟。可在海沃德幼树期，于5月中下旬在前期长成的枝段上选择合适部位的芽，用稀释20～30倍的商品氯吡脲溶液蘸抹芽，并结合摘去芽子周围叶片的办法，可促进其很快发芽，增加枝量，降低单枝生长量，分散生长点，促进提早结果（王西锐，2014）。

红阳猕猴桃结果后生长势转弱，出现大量封顶结果枝，架面枝量少，光秃裸露，造成日灼严重。可在幼树整形期选择主蔓上合适的芽位，现蕾后摘除花蕾，蘸抹20～30倍液商品氯吡脲稀释液，促发健壮结果母枝；树体成形后，于现蕾期在结果母枝基部选择1～2个结果枝摘除花蕾，蘸抹20～30倍液商品氯吡脲溶液（可添加200倍液杀菌剂），促发健壮营养枝，作为下年的结果母枝（更新枝），轮流结果，增加新生枝量，增强树体生长势（王西锐，2014）。

第四节 促进果实发育

1. 果实生长发育和激素调控

猕猴桃必须正常授粉受精后，才能进行正常的果实发育过程。中华猕猴桃和美味猕猴桃的果实发育需140～180d，有三个明显的阶段。5月上中旬坐果后至6月中旬为快速生长期，需45～50d，此期果实的体积和鲜重可增至成熟时的70%～80%。此后为缓慢生长期，自6月中下旬至8月上中旬，需50d左右，此期果实的生长速度放慢，甚至停止。8月中下旬至采收为微弱生长期。此期果实生长量很小，但营养物质的浓度提高很快。

根据果实生长发育的规律，在果实迅速膨大以前，采用生长调节剂可以促进果实发育，增大果实。CPPU处理猕猴桃幼果后，首先延长了果肉外壁组织及果心组织的细胞分裂时期，使细胞层数（包括内壁组织）明显增多。其次是经处理的果实果肉组织细胞的直径也显著增大（饶景萍等，1997）。

2. 促进果实膨大的技术措施

（1）CPPU　花后20d用5～40mg/L的CPPU处理都明显地增大了猕猴桃的果实，增长幅度在20%～190%，但10～30mg/L处理效果之间似乎没有显著差异。同时CPPU有催熟作用，用CPPU处理的果实成熟期可提前10～15d，使用浓度越高催熟作用越明显，而且采收后在室温条件下，果实的后熟过程也加快。使用最适浓度为10～20mg/L，浸果和果面喷两种方法都可采用，关键是处理要均匀（方金豹等，1996）。

美味猕猴桃在盛花后15d以5mg/L的CPPU蘸果，显著地增加了单果重，并可以提高果实中糖及维生素C等营养成分含量，有利于提高果实的风味与品质；但过高浓度CPPU处理后，反而使猕猴桃果实风味变酸，必需氨基酸、维生素及β-胡萝卜素含量下降，导致果实品质下降（方学智等，2006）。

翠玉猕猴桃幼果用5mg/L的CPPU处理能使单果重增加17.8%，但显著降低了果实的可溶性固形物含量，加速了常温下果实软化和腐烂速度，增加了烂果率。而用1mg/L处理可使单果重增加11.4%，而对果实硬度和可溶性固形物含量及腐烂速度无不良影响（蔡金术等，2009）。

生产中使用CPPU浓度应适当。不能为片面的追求产量，增加CPPU的浓度，从而导致果形变差，口味变酸，营养成分降低，影响商品价值。

（2）KT-30　曾显斌研究表明，猕猴桃在盛花后20～30d，以5～10mg/L的KT-30浸幼果1次可促进细胞体积的增大，使果实增重50%～80%。过高浓度易形成畸形果和影响贮藏期与内在品质。使用时应加强肥水管理，增施基肥和施叶面肥，以满足果实生长发育对养分需求。

（3）稀土　盛花期和盛花后3周喷布2次0.05%稀土，可以增加美味猕猴桃的单果重、果实可溶性固形物含量和贮藏60d的硬果率（孙艳等，1994）。

（4）氨基寡糖素 在6年生徐香猕猴桃的萌芽前、现蕾期、幼果期和果实膨大期各喷施1次5%氨基寡糖素水剂800倍液，或各喷施1次5%氨基寡糖素水剂800倍液＋杀菌剂处理（杀菌剂用量比常规用量减少1/3），不仅增大果实、提高品质，而且能有效地减少褐斑病和溃疡病的发病率。

第五节 采后贮藏保鲜

1. 采后果实成熟生理与激素调控

猕猴桃为呼吸跃变型的多汁浆果，目前有关果实采后生理研究主要集中在呼吸生理、乙烯代谢、内源激素变化和酶生理等方面。呼吸跃变型果实的很多成熟过程依赖于乙烯的存在（Oeller等，1991），抑制乙烯的生物合成或清除环境中的乙烯，能有效地延缓果实的成熟衰老。跃变前，猕猴桃果实乙烯释放速率很低，一般低于0.1nL/(g·h)，而一旦乙烯释放超过其临界水平，即出现系统Ⅰ乙烯向系统Ⅱ乙烯的转变，进入乙烯跃变期，乙烯释放快速增加（陈昆松等，1997），果实衰老，贮藏性锐减。不同猕猴桃品种果实的贮藏期和货架寿命不同，中华猕猴桃果实采后货架寿命一般为5～7d，美味猕猴桃为12～15d。

研究发现，即使0.01μL/L乙烯的存在，也可明显加速猕猴桃果实成熟衰老进程（Retamales等，1997）；机械伤和外源ABA等处理，可以促进乙烯的生成，加速果实衰老（陈昆松等，1997）；乙烯合成抑制剂AOA处理猕猴桃果实，可推迟组织软化，并抑制乙烯生成（Redgwell等，1995）；在常温后熟软化过程中，猕猴桃果实乙烯释放速率与可溶性固形物（TSS）含量的增加和果实内源乙烯的浓度变化均呈正相关，相关系数分别为$r=0.775$和$r=0.997$，而与果肉硬度变化呈负相关（$r=-0.911$）（魏玉凝等，1994）。

近来人们强调另一种成熟衰老激素ABA在果实成熟过程的调控作用更为重要。不论在跃变型果实，还是非跃变型果实的成熟进程中，ABA均起着重要作用。多数试验表明，ABA增长发生在成熟之前，认为ABA的增加诱发了成熟启动，而不是成熟引起ABA的增加。陈昆松等（1999）研究表明，中华猕猴桃和美味猕猴桃果实在采后初期内源ABA含量均迅速积累，并在短时间（2～4d）内达到最大值，之后快速下降，在ABA的下降过程中，果实后熟进程加快，乙烯进入跃变上升期，即ABA积累出现在果实后熟前期，而乙烯跃变发生在果实后熟中后期，且两种猕猴桃品种的这种变化一致；外源ABA处理可增加内源ABA的积累，并加快了内源IAA降解，加速果实的后熟软化；相对于乙烯而言，ABA在猕猴桃果实采后后熟过程中的作用显得更为重要。ABA对果实后熟衰老进程的调控方式可能是直接促进水解酶活性增加，参与了猕猴桃果实成熟过程的软化启动过程，并通过刺激乙烯生成，间接地对成熟过程的果实软化起促进作用。

Frankel报道内源IAA可延缓跃变型果实的后熟进程，IAA的失活是果实后熟开始的必要条件；外源IAA处理可抑制果实的成熟衰老。猕猴桃果实后熟软化过程中，内源IAA呈持续下降变化，外源IAA处理促进了内源IAA积累，并推迟内源ABA峰值的出现，延缓了果实的后熟软化。说明果实成熟过程内源IAA水平的下降，是果实成熟衰老的前提条件之一。

2. 采后贮藏保鲜的技术措施

（1）1-MCP　丁建国（2003）研究表明，在猕猴桃果实中用0.1μL/L、1.0μL/L、10μL/L和50μL/L浓度的1-MCP处理12h，20℃下贮藏，都能够延缓猕猴桃果实的后熟软化进程中快速软化和乙烯跃变的出现，推迟了乙烯跃变高峰的出现；但在延缓果实软化上，不同处理浓度间没有显著差异。综合比较对乙烯合成底物ACC含量、乙烯合成关键酶ACO与ACS活性以及乙烯合成上游调控因子LOX活性O^{2-}生成速率等指标，认为以50μL/L处理效果为好。

1-MCP处理猕猴桃的有效浓度为0.98～1.02μL/L，熏蒸处理时间为18～24h，冷库内温度为8～13℃（段眉会等，2008），1-MCP熏蒸时间愈长，所需浓度愈低；反之，熏蒸时间愈短，则所需浓度愈高。猕猴桃适期采后的果实及时使用1-MCP熏蒸处理，可以有效延长保鲜期寿命40%～60%；1-MCP熏蒸处理果比未处理果同期出库果实的商品果率高，处理果好果率比未处理果高30%左右，货架期可延长1～3倍。

100nL/L 1-MCP室温下密封24h，可抑制0℃贮藏期内秦美和海沃德猕猴桃的呼吸速率和乙烯释放速率，有效延缓0℃贮藏期及货架期果肉硬度和可滴定酸含量的下降，抑制可溶性固形物含量增加；海沃德猕猴桃果实的软化进程比秦美慢，可溶性固形物含量也较秦美高，表现出了良好的贮藏性和食用品质（侯大光等，2006）。

郭叶等（2013）以徐香猕猴桃为试材，研究表明在冷藏条件下，0.9μL/L的1-甲基环丙烯处理可以延缓徐香猕猴桃维生素C的下降；可较好地保持果实硬度和可滴定酸；降低果实呼吸强度和乙烯释放速率，并推迟两者高峰期的到来，减缓其衰老进程。

（2）IAA　中华猕猴桃早鲜品种和美味猕猴桃海沃特品种于采后当天用IAA 50mg/L浸果2min，处理后贮藏于20℃下，结果表明：外源IAA处理促进了内源IAA的积累，并推迟了内源ABA峰值和脂氧合酶活性峰值的到来，延缓了果实的后熟软化（陈昆松等，1999）。

（3）壳聚糖　将猕猴桃果实放入1%壳聚糖加0.09%乳酸钙加2%柠檬酸涂膜剂中浸泡1min，取出晾干，然后将每个猕猴桃用聚乙烯薄膜包装，并将其放入4℃条件下进行存放。猕猴桃失重率下降，并减少腐烂的发生，具有较好的保鲜效果（王丽等，2013）。

第二十六章

草 莓

第一节 繁殖无病毒苗木

1. 草莓无病毒苗木

草莓无病毒苗木就是彻底去除了草莓病毒的苗木。草莓病毒病是由草莓感染病毒而发生的病害，在栽培上表现出黄化型和缩叶型两种症状类型。草莓病毒病危害面广，据不完全统计，草莓病毒的种类多达 62 种，其中草莓斑驳病毒（Strawberrymottle virus，SmoV）、草莓轻型黄边病毒（Strawberry mild yellowedge virus，SMTEV）、草莓镶脉病毒（Strawberry vein band virus，SVBV）和草莓皱缩病毒（Strawberry crinkle virus，SCrV）是侵染我国草莓的 4 种主要病毒，总侵染率为 80.2%，其中单病毒的侵染率达 41.6%，两种以上病毒的复合侵染率达 38.6%（马崇坚，2004）。感染了病毒病的草莓，生长缓慢，叶子皱缩，果实逐年变小，畸形，品质降低。目前对病毒病还没有药剂可以防治，采用草莓茎尖等脱毒培养苗木是防治病毒病、改善草莓品质、提高草莓产量的有效途径。草莓无病毒苗木具有生长快、长势旺、茎叶粗壮，抗病、耐高温、抗寒能力强，花多、坐果率高、果大、整齐均匀、色泽鲜艳、无畸形果，产量高、经济效益好等特点，受到果农普遍欢迎。但是脱毒草莓苗在大田生产条件下，会重新感染病毒，一般情况下的感染速度为每年 10%～20%。因此，广大果农在应用脱毒苗 2～3 年后重新更换脱毒苗，才能持续确保较高的经济效益。

覃兰英等（1988）试验表明，茎尖培养有不同程度的脱病毒作用，茎尖越小，去掉病毒的机会越大，0.3mm 以下的茎尖脱毒率高，组培苗不带病毒；0.5mm 以上茎只有 20%的脱毒率。热处理后取茎分生组织培养，脱病毒的效果明显增加，经电镜观察鉴定证明其脱毒效果更为可靠。

草莓无病毒苗木茎尖组织培养经过外植体选择、诱导培养、增殖培养、生根培养等步骤。一般于 6～8 月份选择晴天的中午，无病虫、品种纯正的健壮植株新生嫩枝上切取带生长点的匍匐茎段 2～3cm 作为为外植体，用流水冲洗干净。将表面清洗过的外植体置于超净工作台上，用70%乙醇表面消毒1min，弃乙醇，加0.1%氯化汞和1滴Tween-20消毒8～10min，并不断摇动，然后用无菌水冲洗5～8次，用无菌滤纸吸干水分后，去鳞片，在解剖镜下用解剖刀挑取0.2～0.3mm的茎尖，接种于茎尖诱导培养基中。茎尖培养条件：白天温度25℃±2℃，光照强度30～60μmol/(m²·s)；晚上温度18℃±2℃，黑暗培养。每天照光12～16h。诱导培养2～3个月，待丛生不定芽1.5～2.0cm时，经病毒检测合格的试管苗分株接种于增殖培养基上增殖，增殖培养每20～30d继代一次（总继代次数不超过8代），选高2～3cm的小苗转入生根培养基进行生根培养。经过20～30d的诱导生根培养，可形成完整植株的组培苗。

2. 生长调节剂在草莓无病毒苗木繁殖中应用

在茎尖组织诱导培养、增殖培养过程中，生长调节剂对提高茎尖萌芽率、继代增殖、促进生根等具有显著作用。

（1）BA　据晁慧娟（2008）等在对甜查理草莓茎尖进行组织培养研究表明，从诱导培养基中挑选生长良好的不定芽转移到MS+NAA 0.1mg/L+6-BA 0.5mg/L和MS+NAA 0.1mg/L+6-BA 1.0mg/L增殖培养基中培养，不定芽的增殖系数分别为3.37和6.13。徐启红（2008）等以童子一号草莓为试材进行茎尖组织培养试验表明，MS培养基中分别添加BA 0.2mg/L、0.5mg/L、1.0mg/L，茎尖萌芽率为62.75%、68.75%、33.3%，如果MS培养基中同时添加NAA 0.02～0.05mg/L，茎尖萌芽率反而降低。将诱导出的童子一号草莓健壮不定芽转接到MS+BA 0.2mg/L和MS+BA 0.5mg/L继代培养基上，培养30d后，不定芽的增殖系数分别为2.93和7.13，如果同时添加KT 0.1mg/L时，芽的增殖系数下降到2.20和2.40。

（2）IBA　徐启红（2008）等选择童子一号草莓继代培养健壮的草莓苗，剪取1.5～2.0cm长带顶芽的茎段，将其基部分别蘸上200～1000mg/L的IBA、NAA、IAA后轻轻插入含有营养液的长方形容器内滤纸桥上，进行瓶外生根培养，结果表明：不同的浓度IBA、NAA、IAA对促进生根效果方面差异不大，而IBA效果优于NAA、IAA。蘸上800mg/L IBA的不定芽苗，其生根率和生根数都较高，而且苗木健壮。组培苗瓶外生根根长1～5cm后即可移至大田种植。采用的滤纸瓶外生根，在有菌条件下操作，不仅降低了瓶内生根无菌条件下培养基和灯光培养成本，而且减少了瓶内生根苗室外炼苗过程，提高了苗木成活率。在组培苗瓶外生根时，由于剪取的茎段比较幼嫩适应性差，在环境条件变化大时，极易受到损伤。若损伤过度，不能正常生根。一般温度20～30℃、光强4000～1000lx、湿度85%～95%的条件时，组培苗瓶外生根良好。

（3）多效唑　在草莓组培中，随着分化倍数和继代次数的增加，试管苗出现退化现象。如叶柄细弱、叶片黄化、分化率降低等现象。此外，草莓脱毒苗快繁成功与否，移栽成活率是关键因素之一，而试管苗移栽成活率的高低与试管苗的生根情况直接相关。在生根阶段细弱黄化的试管苗生根效果差，出瓶后抗逆性差成活率低。目前，草莓组培中应用多效唑很好地解决了这一问题。

张希太等（1997）采用已继代五次、生长细长瘦弱黄化的草莓试管苗为试验材料，在MS培养基中加入0.2～1.0mg/L 15%多效唑和0.25mg/L 6-BA进行继代培养及加入0.2～0.8mg/L 15%多效唑和0.2mg/L 6-BA进行生根培养，研究结果表明：在草莓继代培养中，多效唑对草莓试管苗有明显矮化作用。随着多效唑浓度的提高试管苗再生植株的根茎逐渐粗壮，叶柄短粗，叶片肥厚，叶绿素含量高。与对照相比，根茎粗度增加31.6%～174.4%，叶柄长缩短7.3%～71.0%，分化倍数提高14.3%～221.4%。当多效唑浓度提高到0.6mg/L时，试管苗的分化倍数开始有所下降。在草莓生根培养中，多效唑和6-BA对试管苗根系生长具有明显促进作用，与对照相比，根数增加24.3%～543.0%，其中以1/2MS培养基中加入0.4mg/L 15%多效唑和0.2mg/L 6-BA的效果最佳。

据阮龙等（2002）试验研究表明，在1/2MS丰香草莓脱毒苗生根培养基中加入0.2～0.6mg/L多效唑后，可促进草莓脱毒苗生根数增加，根增粗、增长。与不加多效唑生根培养基相比，丰香试管苗的生根数平均增加10.9～15.7条，根的粗度提高0.24～0.39mm，根的长度增加0.27～0.70cm，其中加入0.4mg/L多效唑的处理效果最好。

第二节　调节匍匐茎生长，促进顶花序伸长

1. 草莓匍匐茎与顶花序生长

草莓匍匐茎由新茎的腋芽萌发而成，是草莓地上营养繁殖器官。一般在坐果后期及采收后，初夏日照增强，气温升高，匍匐茎由上年秋季形成的休眠腋芽萌发开始抽生。匍匐茎第一节上形成一个苞片和腋芽，腋芽保持休眠状态，第二节上生长点分化出叶原基，在有2～3片叶显露时开始产生不定根，扎入土中，形成一级匍匐茎苗。在第一级匍匐茎苗孕育分化的同时，其叶腋间腋芽又产生了新的分生匍匐茎，同样在其第一节上的腋芽保持休眠，第二节上生长点继续分化叶原基。以此规律，匍匐茎在2、4、6、8等偶数节上形成第1、2、3、4级匍匐茎苗和分生匍匐茎苗，进行多级网状分生，产生大量匍匐茎苗。这些匍匐茎离母株越近的生长越好，其顶芽多数能当年形成花芽，来年开花结果。

利用匍匐茎是草莓生产上普遍采用的常规育苗繁殖方法。匍匐苗数量多少因品种而异，有些品种一年内能多次抽生匍匐枝，发生数量较多，有些品种则不然。一般低温需求量多的寒地品种，如全明星、哈尼等，匍匐茎发生较少；要求低温期短的暖地品种，如宝交早生、丰香、女峰等，发生匍匐茎较多。

目前江南地区，利用塑料大棚进行草莓促成栽培。塑料大棚由于没有加温设备，冬季气温较低，导致顶花序生长较短，果实缩在植株下面，加上棚内通风透光条件差，故容易引起烂果，造成经济损失。为促进草莓顶花序的伸长，使果实悬挂

在沟边，减少烂果，生产上应用赤霉素促进顶花伸长，具有明显的效果。

2. 草莓匍匐茎、花序生长的调控措施

(1) 促进匍匐茎生长　为了促进草莓匍匐茎的发生，特别是对匍匐茎发生少的品种，可以喷布赤霉素，方法是在母株成活并长出 3 片新叶后喷施 1～2 次 50mg/L 的赤霉素，每株喷 5～10mL，能有效地促进草莓匍匐茎的发生量，扩大种苗的繁殖系数。

俞庚成等（2009）研究表明，对匍匐茎发生较少的红颊草莓，于 4 月 28 日、5 月 8 日对植株均匀喷布 20mg/L 赤霉素 2 次，一级匍匐茎发生数共计为 21.7 个，比清水对照增 8.5%；二级匍匐茎发生数合计为 18.7 个，比清水对照增 59.8%；二级匍匐茎发生时间比对照提早了 1 周。另外，GA_3 还能解除 PP_{333} 对草莓的抑制作用，使处理 PP_{333} 的植株匍匐茎数和叶柄长度增加，且消除腋芽发育所受到的抑制作用，但对植株生长没有持续效应（杨会容等，1993）。

(2) 抑制匍匐茎生长

① 多效唑　喷布 250mg/L 的多效唑对草莓匍匐茎的长度、株高以及叶柄长度都有明显的抑制作用，同时对草莓的产量有增产作用。值得注意的是，多效唑的抑制作用过大，如 500mg/L 的溶液喷布后，不仅对草莓有极强的抑制作用，而且还能造成减产。同时，直到翌年 5 月果实发育期间，仍有较大的抑制作用，光合面积严重减少。赤霉素具有解除多效唑对草莓抑制作用的效果，叶面喷布 20mg/L 赤霉素溶液后，在一周左右即可见效。经赤霉素处理后，长期受多效唑严重抑制的草莓，植株明显增高，叶柄也能明显加长，生长势加强。

② 青鲜素　为了抑制草莓匍匐茎的发生，在 6 月中旬和 7 月上旬分别喷布一次 2000mg/L 的青鲜素，能收到良好的效果。为使早期出生在匍匐茎的苗株粗壮，并减少后期匍匐茎的小苗，在 8 月上、中旬各喷 1 次 2000mg/L 青鲜素或 4% 的矮壮素，效果也很好。

(3) 促进顶花序伸长　周华月（1997）试验表明，在保护地栽培的丰香草莓园，9 月中旬定植后，在顶花序现蕾初期喷洒 10mg/kg 赤霉素 1 次，喷后 10d 再喷 1 次，共 2 次，则可显著促进丰香草莓顶花序伸长，提早成熟，提高前期产量，减少烂果。与对照相比，顶花序平均长度增加 7.9cm，鲜果始采期提前 13d，2 月底前的前期草莓鲜果重量增加 44.6%。前期草莓鲜果烂果数（2 月底前）仅为对照 8.5%，经济效益显著。

第三节　打破休眠，促进花芽分化

1. 草莓休眠和成花生理

草莓花芽分化后，在晚秋初冬气温更低、日照更短条件下，植株进入休眠，形态矮化，新叶小，叶柄短，虽然亦有开花结果，但不发生匍匐枝。草莓休眠期始于花芽分化后一段时间并逐渐加深，一般至11月中、下旬达休眠最深时期。休眠后不同品种需要经历不同的低温时数才能打破休眠。北方品种休眠深，需要低温时数较长；南方品种休眠浅或不休眠，需要低温时数很少。低温时数过多则生长旺盛，匍匐茎发生过多，结果不良。低温需求量低的品种适宜作促成栽培，反之则适宜于半促成或露地栽培。长日照、高温或喷布赤霉素均能打破其休眠。在将进入休眠时进行以上处理，可以防止其进入休眠，继续开花结果；而在休眠后期处理，可以提早打破休眠，恢复生长于开花结果。

草莓是一种短日照植物，低温和短日照诱导草莓成花。自然条件下，草莓在夜温大致17℃以下，日照在12h以下则诱导花芽分化，经过9～16d即能形成花芽。激素对草莓成花影响，前人作了许多研究，其中支持“成花抑制物质学说”的研究较多。Thompson和Guttridge研究结果表明赤霉素的浓度越高，茎和叶柄越长，匍匐茎发生量越大，而成花过程所受到的抑制也越深，其效果与长日照处理类似。Ballinger等的试验也证明了匍匐茎顶端和冠顶端部位赤霉素的存在，花芽分化期赤霉素类物质减少，花柄伸长后又开始增加。侯智霞等（2004）研究认为，在部分植株开始分化花芽，而另一部分植株尚未分化时喷赤霉素，并破坏适宜草莓成花需要的短日照条件，可使草莓茎尖分生组织发生逆转，返回营养生长状态，不能形成花芽；在此之前喷施赤霉素，生长点不能转向成花，花芽不能形成，赤霉素浓度越高，所受到的抑制也越深。

2. 打破休眠，促进花芽分化的技术措施

目前，在草莓生产中上都用赤霉素来解除休眠、促进发育、提高产量、促进匍匐茎发生。用赤霉素处理草莓促进花芽分化，处理时期一定要掌握好，以生长点肥大开始期处理最佳，过早无效果，过迟则有副作用。对半促成栽培品种，一般从新芽开始萌动起到花蕾开始发育期为处理适期，若太迟或处理后温度过高，产生畸形果率高。

卢俊霞等（2002）在福田和红鹤品种的花芽分化前期，喷布25～50mg/L赤霉素，福田品种能提早5～7d分化花芽，红鹤能提早10d。此外，在花芽分化初期生长点肥大时喷布50mg/L赤霉素，能使福田提早1周开花；若提前处理则无此效果，而其后处理会出现畸形果，或使果梗过度伸长等。申小丽等（1996）试验结果表明，对草莓进行早熟促成栽培时使用赤霉素处理，抑制草莓休眠和促进开花的最佳时间为第2、第3序花的花芽分化以后，以早为好。一般在10月底至11月初喷药。最佳用药浓度为10mg/L，可以使草莓在开始收获时保持最佳株高为20cm左右，收获期提前20～30d，产量和品质均达最佳状态。

根据王忠和（2007）在山东调查：①在草莓半促成栽培中，于生长初期喷布8～10mg/L赤霉素，具有长日照效果，可促进花芽发育，使第一花序提早开花；可促进叶柄伸长，增加立体光合空间；可促进花柄伸长，有利于授粉及果实发育。②在草莓促成栽培中，提早保温和赤霉素处理，均具有抑制休眠的效果，一般于开始保温后喷布1～2次5～10mg/L赤霉素。在2片未展开叶期喷第1次，可促进幼叶生长，防止发生休眠；在现蕾期酌情喷布第2次，可促进花柄伸长，有利于授粉受精。在草莓上应用赤霉素时一定要注意：浓度不宜过高，用量不宜过大，每株3～5mL即可，且要喷洒在苗心上；浓度因品种而不同，休眠浅的品种比休眠深的品种、冷地比暖地用量少，次数也少，休眠深的品种如杜克拉、宝交早生，可用10mg/kg喷1次，间隔7～10d，依长势再用5mg/kg喷1次；休眠浅的品种如章姬、红实美，用浓度5mg/kg喷1次即可（李根儿，2011）；在生长初期若生长正常（即8～10d展开1片新叶），可不必喷布。

第四节　促进果实发育，提高品质

1. 草莓果实发育的激素调控

草莓果实生长发育呈双S曲线，即前期生长缓慢，主要由细胞的迅速分裂所导致；中期生长发育缓慢，此期正值瘦果种子的发育、成熟，在外观上观测到果实体积的变化不大；随后又进入迅速发育增长期，这时主要是细胞体积的增大和内含物的迅速增加（以可溶性糖含量增加为主），此时草莓果实接近成熟（钟晓红等，2004）。

草莓果实是由膨大的花托发育而成的，种子（即瘦果）则覆盖在花托外围。草莓果实的发育受生长素调节，草莓瘦果在花后第4天即含有生长素，而肉质花托在花后第11天才有少量的游离生长素；瘦果和肉质花托中的生长素在果实白色期达到高峰，之后肉质花托中的快速下降，而瘦果中的缓慢下降，直到果实变红。这说明肉质花托中的生长素来源于瘦果中，经过代谢转化，参与调节果实的发育过程（袁海英等，2008）。

在草莓果实中，发育后期瘦果提供的生长素量的逐渐降低是果实成熟的基础。将成熟绿色果实的种子去除则加速了果实的后熟进程；用人工合成的生长素类萘乙酸处理除去瘦果的绿果膨大期或白果期果实，则果实的色泽发育延迟。此外，用人工合成的生长素萘乙酸处理去种子的草每果实，与水处理的对照组相比，前者的果实后熟进程明显受到抑制。由此也说明生长素类对草莓果实的成熟起负调控作用。

除生长素外，草莓果实中赤霉素和细胞分裂素的含量尽管远低于生长素的含量，但两者在草莓果实的成熟过程中也起一定的作用。钟晓红等（2004）在研究生长素、赤霉素和脱落酸在草莓果实发育过程中的变化进程时表明，生长促进物质（生长素、赤霉素）和生长抑制物质（脱落酸）之间的平衡关系，调节着草莓果实的生长发育。草莓中的细胞分裂素活性在花后第7天达到最高，瘦果中的含量比肉质花托高；之后瘦果和肉质花托中的细胞分裂素水平急剧下降，并一直保持在很低的水平，直至果实成熟。在组织培养的浆果中，赤霉素会有助于调控果实的外形和生长，而细胞分裂素类苄基腺嘌呤则延迟了果实的成熟达5d之久。白果期及转色期草莓果实经一定浓度赤霉素处理后，果实的呼吸速率明显降低，花青素合成及叶绿素的降解延迟，表明赤霉素对草莓果实的成熟起抑制作用（袁海英等，2008）。

2. 促进果实发育，改善果实品质的技术措施

（1）CPPU　CPPU处理草莓后，产生的主要作用是增厚叶片、增加结果个数和提高产量，但可溶性固形物下降，畸形果比例提高。喷布适宜时期为草莓花期，使用浓度为5～10mg/L。在5～40mg/L范围内表现出随处理浓度升高，效应增强。CPPU对草莓单果重无明显影响，这可能与坐果量过多有关。CPPU降低草莓果实可溶性固形物含量，推迟采果高峰，前期产量也相应降低。CPPU增加了草莓畸形果的比例，从对照的5.31％提高到处理的9.84％～11.16％，但由于结果个数增加，并无大的妨碍（金啸胜，2003）。

（2）5406细胞分裂素　对正在生长发育中的草莓如能从开花期到果实发育期连续喷洒4次“4506细胞分裂素”便可连续增产增收，果品光泽度好，正品率高，糖度高，烂果率低。处理移栽苗，则稳根返苗、促进新叶、新根发育，提高抗寒能力。返青苗和移栽苗喷洒适宜浓度为6000倍液，开花结果喷洒适宜浓度为1000倍液。

（3）赤霉素　在草莓露地栽培时，从3月中旬开始用10mg/L的赤霉素药液每隔7d喷洒1次，共喷3次，可增加早期产量和总产量；或在开花初期每隔7d喷洒植株1次，可增加产量22.9％，果形呈长形，品质好。

（4）PBO　乔伟（2012）在巨星一号草莓浆果初着色期喷施450倍液的PBO，可提高草莓品质，促进草莓增产、增效，经济效益明显。

（5）康寿2号　于章姬草莓幼苗期、开花期、坐果期、着色期分别喷布150倍康寿2号营养液各1次，与对照喷清水的处理相比，头花序第二花果实横径和纵径分别增大31.2％和17.3％，单果重增加17.9％，头花序果的产量提高85.6％，可溶性固形物提高0.8°（叶明儿等，2015）。

（6）壳寡糖　叶明儿等（2015）试验研究表明：于章姬草莓开花期、坐果期、着色期，分别进行叶面喷布与根部浇施1000倍液壳寡糖，都要能促进章姬草莓头花序第二花果实横径和纵径生长。但是，叶面喷布效果明显优于根部浇施的处理。至成熟期，1000倍液壳寡糖叶面喷布的头花序第二花果实横径、纵径分别为为对照喷清水的112.0％、110.6％，产量提高27.8％和40.2％。

第五节　贮藏保鲜

1. 草莓果实成熟衰老激素机理

乙烯是目前研究最多的一种调控成熟衰老的植物激素，它作为成熟衰老的启动因子，影响着许多相关基因的转录和翻译。呼吸速率和乙烯释放速率作为果蔬采后成熟衰老的热点研究内容，一直以来多数集中在跃变型果实中，而对于非跃变型果实的研究则较少。有研究表明，非跃变型果实的采后呼吸速率也呈上升趋势。用乙烯作用抑制剂1-甲基环丙烯（1-MCP）处理草莓，可以降低草莓呼吸速率、维持采后草莓果实的硬度和颜色、抑制苯丙氨酸解氨酶（PAL）酶活性、提高了超氧化物歧化酶（SOD）和过氧化氢酶（CAT）活性、减缓花青苷和酚类物质含量的增加，延缓衰老进程。但也有研究发现，在0℃和5℃条件下贮藏的草莓，外源乙烯和1-MCP处理后基本不影响果实品质及其腐烂速度。史兰等认为乙烯对草莓成熟衰老的调节作用受到草莓成熟度的影响，1-MCP处理能减缓成熟初期果实的呼吸作用而对成熟后期的果实不起作用（程然等，2015）。

在草莓果实的成熟衰老过程中，脱落酸（ABA）的生成迅速增长，并且用ABA处理后提高了果实呼吸作用和纤维素酶活性。对于非跃变型果实而言，ABA可能与成熟的启动有关。李春丽等研究表明，草莓发育过程中瘦果和花托中ABA积累既有同步也有区别，相关性不显著，而花托中可溶性糖与ABA的相关性极为显著，表明二者之间可能有着密切的关系。尽管ABA受体及其信号转导机制的确立较晚，但近年来脱落酸受体鉴定工作在模式植物上取得了实质性突破。草莓从绿熟到果实着色启动，ABA受体基因FaABAR/CHLH表达量呈M形趋势，ABA和高pH值能促进FaABAR/CHLH基因在转录水平上的表达，进一步证实了ABA在草莓成熟衰老过程中的重要作用（程然等，2015）。

2. 贮藏保鲜的技术措施

（1）钙处理　贺军民（1998）用5% $CaCl_2$ 溶液浸草莓果实5min的结果表明，钙处理抑制采后软化作用，能抑制细胞膜脂过氧化的加剧，维持细胞结构的完整性，可作为草莓保鲜剂。

周绪宝等（2012）对红颜品种草莓进行采前钙处理，在果实同时有幼果期、膨大期和转色期的阶段，用0.5%和0.8%的 $CaCl_2$ 溶液喷施1次，能够显著提高果实硬度，提高草莓贮藏性能和好果率，对可溶性固形物和总酸没有显著影响，但0.8% $CaCl_2$ 溶液对叶片有一定的灼伤。

（2）1-甲基环丙烯（1-MCP）　史兰等（2007）以金农一号草莓为试材，采后分别用500nL/L和1000nL/L浓度的1-MCP处理，贮藏于－1℃条件下21d后，置于4℃条件下，研究其货架期内品质变化。结果表明，经1-MCP处理过的果实，失水率远远低于对照组，货架期保持腐烂率低于10%能达到3～4d，货架期8d时腐烂率比对照减少约一半。1-MCP处理增加了果实中蛋白质含量，提高了超氧化物歧化酶（SOD）、过氧化氢酶（CAT）活性，1-MCP处理提高了草莓贮藏后货架期的品质。李志强等（2006）以转色期丰香草莓为材料，测定了经0.3～0.9μL/L 1-MCP处理后果实采后呼吸速率、抗氧化酶活性、活性氧积累以及果实品质的变化规律。结果表明，1-MCP处理抑制草莓果实呼吸作用，维持较高超氧化物歧化酶（SOD）活性和较低的脂氧合酶（LOX）活性，同时降低超氧阴离子产生速率、

H_2O_2 积累和丙二醛（MDA）含量，有利于保持果实品质。

而张福生（2006）研究表明，以丰香草莓为试材，500nL/L 1-MCP 显著抑制果实 PAL 活性，降低总酚、类胡萝卜素和花青素含量，加快 DPPH 自由基清除能力的下降，同时显著抑制果实乙烯产生，促进果实腐烂，但对 β-1,3-葡聚糖酶和几丁质酶活性无明显影响。因此，500nL/L 1-MCP 促进果实腐烂与降低抗病相关物质合成和削弱果实的抗氧化能力有关。10nL/L 1-MCP 降低果实腐烂的发生，抑制果实 PAL 活性和乙烯产生，降低总酚含量，对花青素和类胡萝卜素含量、DPPH 自由基清除能力及 β-1,3-葡聚糖酶和几丁质酶活性没有显著影响。因此，低浓度 1-MCP 抑制果实腐烂与抗病物质含量和抗氧化能力大小无关。

（3）*壳聚糖、羧甲基壳聚糖*　聂青玉等（2010）试验表明，丰香果实采后用 1.5%壳寡糖溶液浸泡 1min，然后置于室温条件下（温度为 18～25℃，相对湿度 75%～85%），能较好地保持贮藏草莓的感官品质、风味品质、营养品质，能有效调节、控制果肉细胞的成熟与衰老，从而延长果实贮藏期。赵鹏宇等（2011）用 1%的壳聚糖分别与 0.2%的魔芋葡甘聚糖、明胶、变性淀粉混合制成复合膜，对草莓进行涂膜处理，采后保鲜效果要优于对照单一膜。何士敏等（2014）研究表明，对七八成熟的草莓，用浓度 1.25%壳聚糖涂膜处理，并在 4℃下贮藏，明显降低了草莓果实的腐烂程度与失重率，延缓了果实贮藏后期可溶性固形物、有机酸含量、总糖含量以及维生素 C 的降低，减少了呼吸损耗，提高了草莓果实贮藏期间品质。和岳等（2013）研究表明，当赤霉素为 0.06g/L、抗坏血酸为 5g/L、氯化钙为 3g/L、壳聚糖为 12.5g/L 时的壳聚糖复合膜处理比壳聚糖膜处理更有效，贮藏保鲜品质均得到有效改善和提高。

羧甲基壳聚糖是壳聚糖的一种水溶性衍生物，具有良好的成膜性、抗菌性。张胜文等（2014）研究表明，草莓用 1.5%羧甲基壳聚糖涂膜处理，并在 4℃、湿度 70%～80%条件下保藏，可有效降低草莓果实的失重率，并能有效保持可溶性固形物、总酸和维生素 C 的含量，有效改善和提高草莓的贮藏保鲜品质，在一定程度上延长草莓的货架期，且各项保鲜指标优于壳聚糖保鲜。

参考文献

[1] 李三玉，叶明儿．果树栽植与管理．上海：上海科学技术出版社，1993.
[2] 叶明儿，刘权．枇杷、杨梅优质高产技术问答．北京：中国农业出版社，1998.
[3] 叶明儿，王明昌．葡萄栽培技术．杭州：浙江科学技术出版社，1996.
[4] 叶明儿．大棚梨．北京：中国农业科技出版社，1999.
[5] 陈杰忠．果树栽培学各论．北京：中国农业出版社，2003.
[6] 叶自新．植物激素与蔬菜化学控制．北京：中国农业科技出版社，1988.
[7] 徐汉虹．生产无公害农产品使用农药手册．北京：中国农业出版社，2008.
[8] 段留生，田晓莉．作物化学控制原理与技术．北京：中国农业出版社，2005.
[9] 张英．植物生长调控技术在园艺中的应用．北京：中国轻工业出版社，2009.
[10] 马国瑞，侯勇．常用植物生长调节剂安全施用指南．北京：中国农业出版社，2008.
[11] 王三根．植物生长调节剂在林果生产中的应用．北京：金盾出版社，2003.
[12] 李三玉，季作樑．植物生长调节剂在果树上的应用．北京：化学工业出版社，2002.
[13] 武之新．枣树优质丰产实用技术问答．北京：金盾出版社，2001.
[14] 陈健．番木瓜品种与栽培彩色图说．北京：中国农业出版社，2002.
[15] 张毅萍，朱丽华．核桃高产栽培，北京：金盾出版社，2005.
[16] 石尧清，彭成绩．南方主要果树生长发育与调控技术．北京：中国农业出版社，2001.
[17] 李琛，宋秀芬，刘春明．高等植物中的多肽激素．植物学通报，2006，23（5）：584.
[18] 沈世华，朱至清．新型植物生长调节物质——激素性多肽的研究进展．植物学通报，1999，16（6）：648～652.
[19] 蒋细兵，余迪求．植物多肽激素研究概况．云南植物研究，2008，30（3）：333～339.
[20] 陈新建，杨艳会，陈军营，等．植物新型肽类生长调节物质——植物磺肽素．植物生理学通讯，2002，41（5）：669～673.
[21] 石永春，王小彦，刘卫群．植物肽激素——快速碱化因子研究进展．河南农业科学，2008（5）：5～8.
[22] 陈彤，廖祥儒，牛建章．多肽类植物激素．生物学通报，2002，37（12）：6～8.
[23] 李雪芬，李彦林，郭伟，等．果树促控剂 PBO 在柑桔上的应用效果．现代农业科技，2009（21）：74，76.
[24] 张格成，李继祥，罗发远．中国南方果树，1998，27（2）：26.
[25] 谭海玉．脐橙落果原因分析及保果技术．浙江柑橘，2003，20（4）：14～15.
[26] 王大均，张利华．柑桔生理落果及控制技术试验．四川果树，1996（2）：6～7.
[27] 叶自行，胡桂兵，许建楷，等．无核沙糖桔落果原因及保果技术．中国南方果树，2009，38（1）：28～30.
[28] 胡安生．柑桔保花保果技术．浙江柑桔，1996，13（1）：2～4.
[29] 林金棠，朱海波，钱振军．沙糖桔抑夏梢保果药剂的筛选与应用研究．中国南方果树，2011，40（2）：28～30.
[30] 陆红霞，周文静，黄不谎，等．氨基寡糖素对贡柑抗病增产品质改善作用的研究．中国果菜，2014，34（6）：59～62.
[31] 姜新，周导军，唐志鹏，等．多肽对“日南一号”特早熟温州蜜柑果实生长发育规律的影响．安徽农业科学，2014，42（2）：363～365
[32] 刘弘，汪小伟，吴琼，等．壳寡糖在晚熟甜橙塔罗科血橙新系生产中的应用研究．中国南方果树，2011，40（4）：4～7.
[33] 李兴军，杨映根，郑文菊，等．果树花芽孕育的研究概况．植物学通报，2002，19（4）：385～395.
[34] 李进学，胡承孝，高俊燕，等．中国南方果树，2012（3）：67～70.
[35] 毛顺华，廖双发．克服砂糖桔大小年结果栽培技术要点．广西园艺，2008，19（5）：43～44.
[36] 施书星，应芝秀，李三玉，等．GA_3 对温州蜜柑大小年幅度的化学调控——大年抑花技术的研究．浙江柑桔，1997，14（1）：8～9.
[37] 朱博，汪小华，李文富，等．南丰蜜桔裂果问题的研究．现代园艺，2008（11）：6～8.

[38] 李小林，杨金海．脐橙裂果原因及预防措施．广西园艺，2000（3）：6～7.
[39] 王智课，朱宏爱，唐仕晗．GA 与 CPPU 对朋娜脐橙裂果与品质的影响，2013（6）：71～72.
[40] 张晋贤，廖明安，韩娟．脐橙果实留树保鲜贮藏技术．河北农业科学，2007，11（3）：96～97.
[41] 余江洪．脐橙留树保鲜技术．现代农业科技，2008（19）：89，92.
[42] 欧元秋，卓焕义，莫健生．沙糖桔留树延期采收栽培技术．南方园艺，2009，20（6）：14.
[43] 李多云，敖礼林，黄华宁．柑桔果实生理障害的发生及调控．特种经济动植物，2008（11）：49～50.
[44] 袁海娜．柑桔采后枯水机理研究进展．食品研究与开发，2004，25（3）：138～141.
[45] 谢建华，叶文武，庞杰．柑橘类果实枯水机理及控制措施的研究进展．保鲜与加工，2004（5）：3～6.
[46] 徐国技．东魁杨梅幼年树的促花控梢保果技术．中国南方果树，2006，35（6）：32.
[47] 缪松林，张跃建，梁森苗，等．土施多效唑协调杨梅生长与结果关系的探讨．浙江农业学报 1994，6（1）：27～31.
[48] 王国祥，秦惠平．杨梅上使用 PBO 的效果及其使用方法．浙江柑橘．2009，26（4）：42～43.
[49] 阳明宇．初冬土施多效唑、来春杨梅结果多．农药市场信息，2009（1）：40.
[50] 龚洁强，林贤伶，张海红，等．多效唑在杨梅上的应用示范总结．江西果树，1999（1）：11～12.
[51] 吴振旺，唐征，熊自力．烯效唑对荸荠种杨梅控梢促花的效应．中国南方果树，2001，30（1）：30～31.
[52] 陈国海，柴春燕，华建荣，等．克服杨梅大小年结果的关键技术．中国园艺文摘，2012（6）：175～176.
[53] 何新华，潘鸿，佘金彩，等．杨梅研究进展．福建果树，2006（4）：19～23.
[54] 梁森苗，缪松林，汪国云．杨梅疏花剂、减花剂、促花剂和保花剂的调控作用及其使用技术．浙江农业学报，1999（1）：37～38.
[55] 薛美琴．杨梅大小年的探讨及对策．现代园艺，2008（5）：34～35.
[56] 沈青山，朱新女，沈伟兴．克服杨梅大小年结果的技术措施．浙江柑桔，2003，20（2）：35～36.
[57] 严德卿，华海土，张贞贤，等．杨梅保鲜贮藏技术研究．现代农业科技，2009（9）：28～30.
[58] 席玙芳，郑永华，应铁进，等．杨梅果实来后的衰老生理．园艺学报，1994，21（3）：213～216.
[59] 江培燕，黄鹭萍，周丽娟，等．杨梅保鲜技术的研究进展．农产品加工（学刊），2013（10）：58～59.
[60] 陈国烽．杨梅保鲜技术研究进展．现代农业科技，2012（14）：58～59.
[61] 程度，王益光，罗自生，等．壳聚糖涂膜对杨梅品质的影响田．植物生理学通讯，2001（12）：506～507.
[62] 刘宗莉，林顺权，陈厚彬．枇杷花芽和营养芽形成过程中内源激素的变化．园艺学报，2007，34（2）：339～344.
[63] 凌云，许周林，蔡晓勇．多效唑与根外追肥对枇杷徒长枝催花的影响．现代农业科技，2008（14）：20～22.
[64] 汤福义，廖明安，杨桦．PP_{333}对枇杷幼树控梢促花效应的研究．中国南方果树，2003，32（4）：41～42.
[65] 周文英．PBO 在枇杷上的应用．果农之友，2006（10）：10.
[66] 周文英．华叶 PBO 在枇杷上的应用效果．浙江柑橘，2011，28（3）：34～35.
[67] 陈俊伟，冯健君，秦巧平，等．GA_3 诱导的单性结实“宁海白”白沙枇杷糖代谢的研究．园艺学报，2006，33（3）：471～476.
[68] 袁玉强．杂交枇杷少核单株筛选和无核果实诱导研究．西南大学硕士学位论文，2007.
[69] 邓英毅，杨晓红，李道高，等．GA_3 诱导枇杷无核的组织解剖学观察．果树学报，2009，26（3）：409～413.
[70] 张谷雄，康丽雪，高志红，等．GA 和 CPPU 对枇杷无核果品质的影响．果树科学，1999，16（1）：55～59.
[71] 胡章琼．GA_3＋CPPU 处理次数对枇杷单性结实的影响．江西农业学报，2008，20（2）：44～45.
[72] 胡章琼，林永高．GA_3＋CPPU 不同诱导时期对枇杷种子生长发育的影响．福建农业学报，2010，25（6）：707～710.
[73] 王化坤，徐春明，娄晓鸣，等．花后 CPPU 处理对白沙枇杷果实发育的影响．中国南方果树，2000，29（5）：29～30.
[74] 徐凯，杨军，钟家煌，等．CPPU 对枇杷果实发育的影响．中国南方果树，1998，29（2）：33.
[75] 杨照渠，夏鳌彬，刘才宝，等．喷施爱增美对洛阳青枇杷果实品质的效应．河北农业科学，2007，11（5）：34～35.
[76] 倪照君，阿米娜·艾海提，章镇，等．吲熟酯和钼酸铵处理对青种枇杷果实糖积累及相关酶活性的影响．南京农业大学学报，2010，33（6）：33～37.
[77] 马济民．不同植物生长调节剂对枇杷果实生长的影响．北方园艺：2012（3）：22～23.

[78] 康孟利，凌建刚，姚凌巧，等．枇杷采后保鲜技术研究进展．农产品加工（学刊），2014（2）：58～60，65.

[79] 黄志明．枇杷果实采后生理与贮藏保鲜．莆田学院学报，2003，10（3）：26～29.

[80] 乔勇进，王海宏，方强，等．1-MCP 处理对“白玉”枇杷贮藏效果的影响．上海农业学报，2007，23（3）：1～4.

[81] 蔡冲．枇杷和水蜜桃果实主要采后生理变化及其相关调控措施研究．浙江大学硕士学位论文，2003.

[82] 吴锦程，陈伟健，卢海霞，等．GA_3 对冷藏枇杷果实木质化的影响．西北农林科技大学学报：自然科学版，2008，36（9）：138～143.

[83] 蔡丽池，廖镜思，陈清西．CTK 和 2,4-D 对荔枝、橄榄果实的影响．福建果树，1996（2）：4～6.

[84] 胡桂兵，陈大成，李平，等．不同生长调节剂和营养剂对妃子笑荔枝果色及营养品质的影响．广东农业科学，2000（3）：24～26.

[85] 李建国，黄辉白．荔枝裂果研究进展．果树科学，1996，13（4）：257～261.

[86] 李平，陈大成，欧阳若，等．妃子笑荔枝使用化学调控剂对着色的影响．福建果树，1999（1）：1～3.

[87] 林炎文．荔枝裂果防治技术．中国南方果树，1999，28（4）：22.

[88] 曾令达，蔡国富，等．微量营养物质及生长调节剂对荔枝花粉萌发及生长的影响研究．惠州学院学报，2009，29（6）：30～33.

[89] 唐志鹏，蒋晔，甘霖，等．乙烯利和多效唑对鸡嘴荔内源激素和花芽分化的影响．湖南农业大学学报，2006，32（2）：136～140.

[90] 张格成，卿雨文，刘开银，等．荔枝幼果期喷布芸苔素提高产量和品质的效果．中国南方果树，1999，28（2）：35.

[91] 李松刚，陈业渊，杜中军，等．多肽对荔枝成花、果实发育、产量和果实品质的影响．热带作物学报，31（4）：567～571.

[92] 张海宝，何英姿，吕鸣群．喷施蔗糖基聚合物对番木瓜，桃和荔枝果实品质的影响．中国南方果树，2008，37（5）：47～48.

[93] Bhat S K，Chogtu S K，Muthoo A K. Effect of exogenous auxin application on fruit drop and cracking in litchi（*Litchi chinensis Sonn.*）cv. Dehradun. Advances in Plant Sciences，1997，10：83～86.

[94] Chandel S K，Kumar G. Effect of irrigation frequencies and foliar spray of NAA and micronutrient solutions on yield and quality of litchi（*Litchi chinensis Sonn.*）cv. Rose Scented. Advances in Plant Sciences，1995，8：284～288.

[95] Ray P K，harma S B. Delaying litchi harvest by growth regulator or urea spray. Scientia Horticulturae，1986，28：93～96.

[96] Shrestha G K. Effects of ethephon on fruit cracking of lychee（*litchi chinensis Sonn.*）. Hortscience，1981，16（4）：498.

[97] Sinha A K，Singh C，Jain B P. Effect of plant growth substances and micronutrients on fruit set，fruit drop，fruit retention and cracking of litchi cv. Purbi. Indian Journal of Horticulture，1999，56：309～311.

[98] 黄桂香，卢美英，徐炯志．龙眼促花早熟技术．中国南方果树，2003，32（4）：34～35.

[99] 刘国强，彭建平．龙眼喷洒生长调节剂促花和抑梢试验．福建果树，1994（3）：10～12.

[100] 罗富英，李再峰，陈燕，等．果利达植物调节剂在龙眼生产上的应用研究．湛江师范学院学报，2001，22（6）：34～37.

[101] 陈宗贤，郑伟．9%多效唑可湿性粉剂控制龙眼冬梢生长试验．植物医生，2008，21（6）：32～33.

[102] 苏明华，刘志诚，庄伊美．龙眼化学调控技术研究．亚热带植物通讯，1997，26（2）：7～11.

[103] 许伟东，方梅芳，朱德炳，等．荔枝龙眼保果专用型云大-120 应用试验．福建果树，2001（4）：36.

[104] 阮正才．注意防治荔枝龙眼裂果．农家之友，1998（5）：1.

[105] 张格成，卿雨文，何金正，等．龙眼喷布芸苔素对开花结果的效应．福建果树，1999（4）：9～11.

[106] 陈贵善．香蕉保鲜及催熟技巧．农村新技术，2008（5）：38～39.

[107] 冯斗，禤维言，黄政树，等．茉莉酸甲酯对低温胁迫下香蕉幼苗的生理效应．果树学报，2009，26（3）：390～393.

[108] 郭金铨，陈文涛，杨云珠，等．复方壮果素对香蕉果实生长发育和产量的效应．亚热带植物通讯，

1993，22（1）：38～42.
[109] 黄邦彦，李为为，吴立，等．乙烯吸收剂延长香蕉贮运寿命的研究与应用．热带作物学报，1988，9（2）：69～74.
[110] 蒋跃明．复合生长调节剂对香蕉产量的影响．广西热作科技，1996（1）：17.
[111] 康国章，欧志英，王正询，等．水杨酸诱导提高香蕉幼苗耐寒性的机制研究．园艺学报，2003，30（2）：141～146.
[112] 李润开．香蕉贮运和催熟关键技术．保鲜与加工，2008，8（3）：46～47.
[113] 李雯，邵远志，符青苗．壳聚糖在香蕉果实贮藏保鲜上的应用效果．自然产物研究与开发，2008，20：1099～1103.
[114] 梁立峰，王泽槐，周碧燕，等．低温及多效唑对香蕉叶片过氧化物酶及其同工酶的影响．华南农业大学学报，1994，15（3）：65～70.
[115] 刘德兵，魏军亚，李绍鹏，等．油菜素内酯提高香蕉幼苗抗冷性的效应．植物研究，2008，28（2）：195～198.
[116] 刘长全．香蕉冷害及防寒技术．福建热作科技，2001，26（4）：14～15.
[117] 吴振先，张延亮，陈永明，等．1-甲基环丙烯处理对不同成熟阶段香蕉果实后熟的影响．华南农业大学学报，2001，22（4）：15～18.
[118] 张汉城．香蕉喷施植物生长调节剂试验初探．福建热作科技，1995，20（3）：30～31.
[119] 张明晶，姜微波，李庆鹏，等．生长调节剂处理对高州矮香蕉贮藏品质的影响．核农学报，2008，22（5）：665～668.
[120] 钟业俊，刘伟，刘成梅，等．自然条件下乳化茶树油在香蕉保鲜中的应用．农业工程学报，2009，25（6）：280～284.
[121] 周玉萍，王正询，田长恩．多胺与香蕉抗寒性的关系的研究．广西植物，2003，23（4）：352～356.
[122] 朱晓晖．镁肥和芸苔素内酯对香蕉产量、品质及养分吸收的影响．中农业大学硕士学位论文，2006.
[123] Manoj K S，Upendra N D. Delayed ripening of banana fruit by salicylic acid. Plant Science，2000，158：87～96.
[124] 陈建白，纪毅，赵淑娟，等．菠萝常温贮藏期间黑心病的初步研究．云南热作科技，1989，12（3）：26～29.
[125] 郭丽华，庞杰，林娇芬，等．菠萝采后贮藏技术．中国农技推广，2002（1）：57～58.
[126] 洪燕萍，林顺权，林庆良．凤梨科植物的离体培养（综述）．亚热带植物科学，2001，30（2）：70～74.
[127] 洪燕萍，林顺权，林庆良，等．以花芽和冠芽切段为外植体的菠萝离体繁殖．福建农业学报，2004，19（3）：178～180.
[128] 李潮生．菠萝的采收和贮藏．热带农业科学，1987（3）：87～90.
[129] 梁翠娥，夏杏洲，梁婉妮．壳聚糖处理对鲜切菠萝防腐保鲜效果初探．食品研究与开发，2007，28（5）：134～137.
[130] 林秀群译．用碳化钙诱花对菠萝产量和果实品质的影响．广西热带农业，1991（4）：38.
[131] 吴昭平，詹雪娇，卢丽芬．菠萝幼果的诱导和植株再生．亚热带植物通讯，1982（1）：22～28.
[132] 赵文振，沈雪玉．植物生长调节剂对菠萝叶片扦插生根的效应．亚热带植物科学，1980（1）：24～30.
[133] 赵文振，沈雪玉．整形素配合乙烯利诱芽繁殖菠萝的研究．中国南方果树，1996，25（4）：30～31.
[134] Singh D B，Singh V. Flowering and fruiting in Kew pineapple as affected by plant growth regulators. Indian Journal of Horticulture，1999，56（3）：224～229.
[135] 林秀群译．用碳化钙诱花对菠萝产量和果实品质的影响．园艺文摘，1989，59（9）.
[136] 庞新华，简燕．植物生长调节剂对芒果挂果率及采前梢果比率的影响．广西热带农业，2001（3）：5～7.
[137] Maiti S C 等著．生长调节剂对芒果花性比例的影响．董婉秋译．世界热带农业信息，1980（4）：55～56.
[138] 唐晶，李现昌，杜德平，等．紫花杧花期调控试验．果树科学，1995，12（增刊）：82～84.
[139] 杜邦，周兆禧，李贵利，等．多肽在凯特芒果上的应用效果．热带作物学报，2009，30（11）：1608～1611.
[140] 周玉婵，唐友林，谭兴杰．植物生长调节物质对紫花杧果后熟的作用．热带作物学报，1996，17（1）：32～37.
[141] 陈义挺，彭松兴，陈伟．赤霉素对番木瓜、番石榴种子发芽率的影响．福建果树，1997（4）：4～5.

[142] 何舒，范鸿雁，何凡，等．不同处理对番木瓜种子发芽率及发芽势的影响．中国热带农业，2007（2）：42～44.

[143] 李惠华，何健，苏明华，等．番木瓜性别分化研究进展（综述）．亚热带植物科学，2008，37（4）：64～68.

[144] 李雯，谢江辉，邵远志，等．几种处理方法对番木瓜果实贮藏的保鲜效果．果树学报，2009，26（3）：399～402.

[145] 罗丕芳．番木瓜贮藏保鲜法．世界热带农业信息，2004（12）：26～27.

[146] 申艳红，陈晓静，卢秉国．番木瓜种子萌发特性的研究．中国南方果树，2006，35（3）：41～43.

[147] 王宇鸿，梁青，冉娜．番木瓜的壳聚糖涂膜保鲜技术研究．食品科技，2009，34（4）：71～74.

[148] 杨清，刘国杰．多效唑浸种对番木瓜幼苗生长的影响．中国果树，2008（6）：31～32.

[149] 张海宝，何英姿，吕鸣群．喷施蔗糖基聚合物对番木瓜、桃和荔枝果实品质的影响．中国南方果树，2008，37（5）：47～48.

[150] 赵春香，黄秀清，陈颖仪，等．3种植物生长调节剂对番木瓜种子活力及幼苗生长的影响．仲恺农业技术学院学报，2003，16（3）：16～19.

[151] 赵春香，杨岸喜，雷国灿．赤霉素和聚乙二醇对人工老化番木瓜种子活力的影响．种子科技，2005（2）：99～100.

[152] Kumar A. Feminization of androecious papaya leading to fruit set by Ethrel and chloroflurenol. Acta Horticultae，1998，463：251～259.

[153] Mitra S K，Ghanta P K. Modification of sex expression in papaya（*Carica papaya* L. cv. ranchi）. Acta Horticultae，2000，515：281～286.

[154] Nagao M A，Furutani S C. Improving Germination of Papaya Seed by Density Separation，Potassium Nitrate，and Gibberellic Acid. HortScience，1986，21（6）：1439～1440.

[155] Rao O P，Singh R N and Singh B P. Sex modification in papaya as effected by growth regulators. Haryana Journal of Horticultural Sciences，1987，16（3/4）：156～161.

[156] Sheldon C，Furutani S C，Nagao M A. Influence of temperature，KNO_3，GA_3 and seed drying on emergence of papaya seedlings. Scientia Horticulture，1987，32：67～72.

[157] Suranant S，Umporn T，Sirikul W. Effects of 1-naphthyl acetic acid（NAA）and gibberellic acid（GA_3）on sex expression and growth of papaya（*caric papaya* L.）. The Kasetsart Journal，1997，31（1）：72～80.

[158] 张秋香，武绍波，杨荣萍，等．果树种子休眠原因及解除休眠的方法．山西果树，2004（1）：31～33.

[159] 付红祥，汤庚国，魏晓峦．八棱海棠种子解除休眠方法的研究．林业科技开发，2007，21（1）：31～33.

[160] 杨磊，廖康，佟乐，等．影响新疆野苹果种子萌发相关因素研究初报．新疆农业科学，2008，45（2）：231～235.

[161] 张秀美，李宝江，杨锋，等．苹果砧木绿枝扦插繁殖的研究．中国果树，2009（1）：22～25.

[162] 张娟，杜俊杰．果树扦插生根的解剖学及生理学研究进展．山西果树，2004（6）：36～37.

[163] 许晓岗，童丽丽，赵九洲．垂丝海棠插穗的内源激素水平及其与扦插生根的关系．江西林业科技，2007（1）：20～24.

[164] 罗瑞鸿，蔡炳华，陈少珍，等．苹果生产上可应用的化学调控技术．北方园艺，2001（5）：22～23.

[165] 杜学梅，李登科．植物生长调节剂在苹果组培上的应用．中国农学通讯，2002，18（4）：75～79.

[166] 王东昌．植物生长调节剂在苹果优质高产技术中的应用．延边大学农学学报，2001，23（1）：13～15.

[167] 邢利博，张庆伟，韩明玉，等．PBO对苹果幼树生长、叶片品质及成花的影响．西北农林科技大学学报（自然科学版），2013，41（5）：141～148.

[168] 赵同英．果树促花促果和保花保果技术．河北果树，2005（3）：37～38.

[169] 卜一兵．植物生长调节剂在苹果上的应用．四川果树，1996（1）：47.

[170] 邹养军，王永熙．内源激素对苹果果实生长发育的调控作用研究进展．陕西农业科学，2002（10）：13～15.

[171] 宫永铭，潘志海，潘殿莲，等．康凯在苹果、梨树上的应用效果试验．烟台果树，2003（3）：21～22.

[172] 蔺经，盛宝龙，常有宏．赤霉素和细胞分裂素类植物生长调节剂在苹果生产中的应用．北方果树，2001（1）：1～3.

[173] 孟玉平，曹秋芬，樊新萍，等．苹果采前落果与内源激素的关系．果树学报，2005，22（1）：6～10.

[174] 孟玉平，曹秋芬．苹果采前落果防控技术的研究进展．山西果树，2002（3）：31～33.
[175] 孟玉平，曹秋芬，王晋泽．苹果的化学疏花疏果．山西果树，2004（2）：32～35.
[176] 薛晓敏，王金政，陈汝，等．萘乙酸在苹果上的疏除效果研究．“现代果业标准化示范区创建暨果树优质高效生产技术”交流会论文汇编，2014：66～72.
[177] 薛晓敏，王金政，路超．红富士苹果化学药剂疏花疏果试验．山东农业科学，2010（11）：79～81.
[178] 黄卫东，韩振海，刘肃，等．几种植物生长调节物质对苹果开花结果的影响．中国农业大学学报，1996，1（3）：81～86.
[179] 邹养军，王永熙．内源激素对苹果果实生长发育的调控作用研究进展．陕西农业科学，2002（10）：13～15.
[180] 闫国华，甘立军，孙瑞红，等．赤霉素和细胞分裂素调控苹果果实早期生长发育机理的研究．园艺学报，2000，27（1）：11～16.
[181] 薛新平，陈敏克，赵士粤，等．钾和 6-BA 对苹果果实品质的影响．山西农业科学，2011，39（6）：558～561.
[182] 胡春根，蔡礼鸿，罗正荣．应用 CPPU 增大辽伏苹果果实的效应研究．果树科学，1996，13（增刊）：33～36.
[183] 杨博司，春爱．0.1%噻苯隆制剂在苹果上的应用研究．西北园艺，2009（2）：44～46.
[184] 徐六一，罗宁，王庆兵，等．稀土与苹果果实主要性状关系的研究．安徽农业科学，2000，28（5）：658，666.
[185] 张力飞，杨洋．稀土对新嘎拉苹果品质的影响．北方园艺，2011（1）：54～55.
[186] 于洋，李明，刘澍，等．ABA 促进苹果果实着色的研究．中国植物生理学会第九次全国会议论文摘要汇编，2001，40～41.
[187] 李明，郝建军，于洋，等．烯效唑促进苹果果实着色的研究．中国农学通报，2010，26（11）：152～156.
[188] 李颖畅，郝建军，陈耀明，等．烯效唑促进寒富苹果果实着色的最佳喷施浓度和机理研究．沈阳农业大学学报，2005，36（1）：29～32.
[189] 严丽，李新平．苹果采后生理变化及保鲜方法研究进展．食品研究与开发，2007，28（2）：137～139.
[190] 徐小宁，马丽红．1-甲基环丙烯在红富士苹果贮藏中的应用．2009（2）：39～40.
[191] 王瑞庆，马书尚，武春林，等．“嘎拉”苹果对不同浓度 1-MCP 处理的反应．西北植物学报，2005，25（2）：256～261.
[192] 金宏，惠伟．DPA 和 1-MCP 对气调贮藏富士苹果采后生理的影响．淮南师范学院学报，2014，16（3）：31～35.
[193] 程顺昌，冷俊颖，任小林，等．不同环丙烯类乙烯抑制剂对苹果常温贮藏保鲜效果的影响．农业工程学报，2012，28（6）：269～273.
[194] 冯学梅，王春良，梁玉文，等．壳聚糖涂膜对金冠苹果保鲜效果研究．宁夏农林科技，2011，52（12）：115～116，118.
[195] 任邦来．壳聚糖处理对出库红富士苹果品质的影响．北方园艺，2011（12）：137～139.
[196] 周会玲，袁仲玉，张晓晓，等．壳聚糖涂膜对机械损伤红富士苹果保鲜效果的影响．西北农业学报，2013，22（11）：103～107.
[197] 蔺经，杨青松，李小刚，等．砂梨种子休眠原因与解除休眠方法的研究．江西农业大学学报，2006，28（4）：525～528.
[198] 李军霞，吴翠云．杜梨种子休眠与萌发过程中酶活性变化．北方园艺，2011（11）：21～24.
[199] 王海，李小军，田凤娟，等．外源赤霉素对杜梨种子萌发及幼苗生长的影响．甘肃农业科技，2012（3）：18～20.
[200] 何华平，万波．不同处理对未层积棠梨籽发芽率的影响．江西园艺，2000（4）：19～20.
[201] 程奇，吴翠云，阿依买木．不同处理对梨种子休眠与萌发的影响．塔里木大学学报，2005，17（1）：28～30.
[202] 陈启亮，杨晓平，胡红菊，等．金蜜梨新梢与果实生长动态及相关性分析．湖北农业科学，2014，53（1）：83～85.
[203] 史俊喜．多效唑对黄金梨生长发育和产量的影响．安徽农学通报，2013，19（3）：66.
[204] 邓文卿，廖光升．低温积累量与黄花梨开花期的相关研究．落叶果树，2012，44（1）：42～43.

[205] 沙守峰，李俊才，刘成，等．植物生长调节剂在梨树上的应用．河北果树，2005（4）：4～5，9.
[206] 刘弘，汪小伟，程兰，等．壳寡糖在早熟梨生产中的应用研究．中国南方果树，2012，41（1）：17～21.
[207] 申明，段春慧，张治平，等．外源 ALA 处理对"丰水"梨疏花与果实品质的影响．园艺学报，2011，38（8）：1515～1522.
[208] 董朝霞，李三玉，吕均良．应用"梨果灵"促进梨果实发育和成熟．落叶果树，1999（3）：44.
[209] 董朝霞，李三玉．"梨果灵"促进黄花梨果实发育和成熟的生理效应．浙江农业大学学报，1999，25（1）：91～93.
[210] 陈善波，廖明安，邓国涛，等．早蜜梨果实生长发育期间内源激素含量变化的研究．北方园艺，2007（11）：1～3.
[211] 刘殊．CPPU 对金水 2 号梨果实生长的影响．烟台果树，2000（3）：19～20.
[212] 王大平．壳聚糖涂膜对黄花梨常温贮藏效果的影响．西南师范大学学报（自然科学版），2010，35（1）：82～85.
[213] 程云．CPPU 对梨果实生长发育及生理生化特性的影响．南京农业大学硕士学位论文，2006.
[214] 阮晓，王强，周疆明，等．香梨的果表突起和落果裂果与果实中内源激素之间的关系（简报）．植物生理学通讯，2001，37（3）：220～221.
[215] 杨晓平，李荣梅，黄德馨，等．PBO 与福星处理对"湘南梨"脱萼及果实品质的影响．中国南方果树，2014，43（6）：97～99.
[216] 张鹏飞，蒋伟，刘亚令，等．PBO 处理对梨萼片脱落调控效果的影响．山西农业科学，2013，41（8）：816-818，888；2013，41（8）：816～818，888.
[217] 亚合甫・木沙，热洋古丽・木沙．PBO 对库尔勒香梨果形与品质的影响试验．山西果树，2007（1）：9～10.
[218] 任莹莹，李疆，覃伟铭．库尔勒香梨萼片脱落与宿存特性及其调控的初步研究．新疆农业大学学报，2007，30（1）：25～29.
[219] 常有宏，颜志梅，蔺经，等．1-MCP 延长翠冠梨果实的货架期．江苏农业学报，2006，22（4）：443～446.
[220] 李锋．1-MCP 对丰水梨常温贮藏的影响．北方园艺，2008（4）：252～254.
[221] 张义．桃种子休眠原因及解除休眠方法研究概述．湖北农学院学报，2001，21（4）：382～384.
[222] 韩明玉，张满让，田玉命，等．植物激素对几种核果类种子休眠破除和幼苗生长的效应研究．西北植物学报，2002，22（6）：1348～1354.
[223] 陶俊，陈云志．桃种子的休眠与萌发研究．果树科学，1996，13（4）：233～236.
[224] 赵剑波，姜全，郭继英，等．桃的扦插繁殖技术研究进展．北京农业科学，2002（2）：14～17.
[225] 韩明玉．油桃（PrunuS pensica var. nectarina）果实生长发育特性及其种子休眠解除的研究．西北农林科技大学硕士研究生学位论文，2004.
[226] 赵晓光．打破山桃种子休眠方法的研究．种子，2005，24（5）：62，66.
[227] 魏书，司静．桃硬枝扦插繁殖技术研究进展．果树科学，1994，11（3）：186～189.
[228] 魏书，刘以仁，梁应物．桃绿枝扦插繁殖技术研究．果树科学，1994，11（4）：247～249.
[229] 王娅丽，王钰，许楠．长柄扁桃扦插繁育技术研究．林业实用技术，2013（1）：39～40.
[230] 白晓燕，王力荣，朱更瑞，等．桃砧木半硬枝扦插繁殖影响因子的研究．中国果树，2014（5）：36～39.
[231] 徐明举．甜油桃幼树应用 PBO 的促花效果．广西园艺，2006，17（1）：35～36.
[232] 安丽君，金亮，杨春，等．外源赤霉素对桃的成花效应及其作用机制．中国农业科学，2009，42（2）：605～611.
[233] 孙茂林，刘慧纯．果树破眠剂在辽南温室油桃上的应用效果．吉林农业，2014（1）：29.
[234] 饶景萍．CPPU 对西农早蜜桃生长发育的影响．西北农业大学学报，1997，25（4）：65～68.
[235] 陈在新，廖咏玲．喷布 CPPU 对鄂桃 1 号桃果实生长和品质的影响．长江大学学报：自然科学版，2005，2（11）：15～17.
[236] 党云萍，王延峰，常海飞，等．赤霉素对西农早蜜桃果实发育的影响．延安大学学报：自然科学版，2002，21（4）：65～66.
[237] 王志霞，刘国杰，梁艳萍，等．桃果实迅速膨大期生长调节剂及摘心处理对果实品质影响．中国农业大学学报，2011，16（3）：76～80.
[238] 张晓宇，王春生，赵桂芳，等．桃果实采后生理研究及贮藏保鲜技术应用进展．中国农学通报，2008，

24 (5): 117～120.
[239] 陈昆松，张上隆，吕均良，等．“玉露”桃的采后生理及其贮运技术研究．浙江农业大学学报，1994，20 (2): 183～187.
[240] 崔志宽，李阳，李建龙．不同组合保鲜剂对水蜜桃的保鲜效果．江苏农业科学，2013，41 (12): 270～273.
[241] 金昌海，阚娟，王红梅，等．1-甲基环丙烯对桃果实成熟软化调控的影响．食品研究与开发，2006，27 (11): 153～155.
[242] 马书尚，唐燕，武春林，等．1-甲基环丙烯和温度对桃和油桃贮藏品质的影响．园艺学报，2003，30 (5): 525～529.
[243] 及华，关军锋，冯云霄．1-MCP 和预贮对深州蜜桃采后生理和品质的影响．食品科学，2014，Vol. 35，No. 14 247，2014，35 (14): 247～250.
[244] 任邦来，李芸．壳聚糖对油桃保鲜效果的影响．中国食物与营养，2013，19 (5): 31～34.
[245] 曹雪慧，杨方威，李青，等．壳聚糖及其复配对大久保桃常温贮藏特性的影响．中国食品学报，2014，14 (4): 164～169.
[246] 李百健．多效唑对梅树生长和结果的影响．江苏林业科技，1996，23 (3): 43～45.
[247] 万国平，周群．多效哇在幼年梅树上的应用试验．安徽农学通报，1997，3 (4): 39.
[248] 张传来，刘遵春，晋新生．几种生长调节剂提高金光杏梅坐果率的研究．特产研究，2006 (3): 18～20.
[249] 马文江，朱力争，周红军．提高黄杏梅坐果率措施对比试验．山西果树，2003 (6): 38.
[250] 邹涛，王成功，吴襄宁．6-BA，NAA，TA 提高果梅坐果率试验．果农之友，2009 (9): 6.
[251] 胡惠蓉，包满珠，王彩云等．赤霉素 (GA_3) 对武汉市露地梅花部分品种花期的影响．华中农业大学学报，2003，22 (2): 167～171.
[252] 陈翔高，房伟民，李百建，等．梅树结实不稳定因素的观察研究．中国农学通报，1997，13 (3): 27～29.
[253] 徐乃端，曾启文，王心燕，等．用生长调节剂调节青梅成熟期的研究．仲恺农业技术学院学报，1991，4 (1): 17～22.
[254] 章铁，彭潮，周群．赤霉素处理对梅树开花和座果的影响．安徽农业大学学报，1997，24 (4): 398～400.
[255] 陆胜民，席与芳，张耀洲．梅果采后软化与细胞壁组分及其降解酶活性的变化．中国农业科学，2003，36 (5): 595～598.
[256] 王阳光，席与芳，陆胜民，等．气调和乙烯对采后青梅果实保绿效果及生理的影响．食品科学，2002，23 (9): 102～105.
[257] 张义，夏冰．植物生长调节剂在李上的研究应用．湖北农学院学报，2008，22 (4): 381～384.
[258] 吉洪坤，赵俊芳，乔趁峰，等．土施多效唑对杏李树新梢生长的控制试验．北方园艺，2010 (11): 73.
[259] 陈再宏，魏灵珠，吴江．浦江桃形李高效栽培关键技术．中国园艺文摘，2011 (9): 173，190.
[260] 欧毅，王进，谢永红，等．不同生长调节剂对李光合作用与生长结果性状的影响．园艺学进展（第七辑），2006: 56～60.
[261] 刘新社，逯昀．PBO 对美国杏李生长的影响．现代农业科技，2007 (22): 5，7.
[262] 刘克辉．李促花与花期调节技术．中国南方果树，1999，28 (3): 40.
[263] 何风杰．槜李不良结实性的原因及其对策研究．浙江大学硕士学位论文，2007.
[264] 刘宁，刘威生，张玉萍．李、杏优良新品种的落花落果规律及保花保果措施研究．安徽农业科学，2010，38 (9): 4477～4478，4504.
[265] 杨福新，张学英，骆军．延迟核果类果树花期的方法．北方园艺，2002 (2): 27.
[266] 刘山蓓．赤霉素 (GA_3) 对柰李延迟花期效应的试验．江西农业大学学报，2000，22 (3): 422～424.
[267] 彭文云，杨邦伦，杨邦模，等．几种植物生长调节剂在布朗李上的应用．江西园艺，2001 (6): 25～26.
[268] 肖艳，黄建昌，赵春香，等．植物生长调节剂对香蕉李果实产量和品质的影响．仲恺农业技术学院学报，2002，15 (4): 34～38.
[269] 程云清．李果实采后生理生化变化及其调控技术研究．华中农业大学硕士研究生学位论文，2006.
[270] 吴雪莹，王宝刚，曾凯芳．1-MCP 处理对李果实采后生理和贮藏品质的影响．包装工程，2015，36 (1): 97～102.
[271] 陈嘉，张立新，冯志宏，等．贮藏温度和 1-甲基环丙烯对四川青脆李褐变的影响．食品工业科技，

2014 (2): 312～316, 323.
[272] 朱丽琴，李斌，张伟，等 . NO 对采后李果实保鲜效果的影响 . 江西农业大学学报，2013，35 (6)：1157～1161.
[273] 徐秋萍 . 生长调节剂在杏树上应用研究新进展 . 北方果树，1998 (1)：3～4.
[274] 郑红建，张海洲，辛国奇 . 多效唑对杏树生长结果影响试验 . 西北园艺，2004 (果树专刊)：15～16.
[275] 秦基伟，胡会亚，李雪娥，等 . 多效唑在杏树上的应用效果 . 植物医生，2009，22 (5)：44～46.
[276] 朱风云，杨艳丽 . PBO 在杏树上的应用研究 . 安徽农业科学，2008，36 (11)：4491，4495.
[277] 张秀国，吴建梁，王喜军，等 . 杏树花期霜害的影响因素调查及防治措施 . 河北林业科技，2004 (3)：40～41.
[278] 岳丹，王有科 . 杏树内源激素含量与抗寒性关系研究 . 安徽农业科学，2008，36 (23)：9951～9952，10023.
[279] 魏安智，杨途熙，张睿，等 . 外源 ABA 对仁用杏花期抗寒力及相关生理指标的影响 . 西北农林科技大学学报 (自然科学版)，2008，36 (5)：79～84.
[280] 李荣富，梁莉 . 杏树花期冻害及防御措施 . 内蒙古农业科技，2003 (4)：35～36.
[281] 魏强，柴春山 . 植物生长调节剂避免桃、杏树春寒灾害的设想 . 甘肃林业科技，2003，28 (2)：28～30.
[282] 郭鸿英，储蓉 . 杏树落花落果原因及对策 . 柑桔与亚热带果树信息，2004，20 (2)：37～38.
[283] 刘志刚，谭建川，李疆，等 . 生长调节剂在巴旦杏保花保果中的应用 . 新疆农业科学，2009，46 (2)：275～280；2009，46 (2)：275～280.
[284] 汪景彦，范学颜 . 新型果树促控剂 PBO 在西部五种果树上的效果 . 浙江柑桔，2002，19 (4)：30～32.
[285] 徐秋萍 . 杏树结实率低的原因及防治措施 . 落叶果树，1994 (4)：33.
[286] 于振盈 . 提高杏树座果率技术综述 . 落叶果树，1994 (增刊)：102～103.
[287] 郭香凤，史国安，张继澍 . 采后杏果实色泽的转变及 GA_3 的延缓作用 . 西北植物学报，1999，19 (1)：162～165.
[288] 郭香凤，史国安，王淑芳，等 . GA_3 延缓不同成熟度杏果实后熟的生理效应 . 洛阳农业高等专科学校学报，1999，19 (4)：9～11.
[289] 曹建康，谈小芳，王敏，等 . 1-甲基环丙烯 (1-MCP) 真空渗透处理对货架期杏果实采后生理和品质的影响 . 食品工业科技，2008 (4)：254～257.
[290] 王瑞庆，冯建华，魏雯雯，等 . 1-MCP 处理和气调贮藏对赛买提杏冷藏效果的影响 . 食品科学，2013，34 (20)：287～290.
[291] 杨娟侠，鲁墨森 . 壳聚糖在贮藏保鲜金太阳杏中的应用 . 落叶果树，2007 (5)：19～20.
[292] 江英，刘琦，任雷厉 . 壳聚糖处理对梅杏采后品质的影响 . 食品科技，2011，36 (4)：28～31.
[293] 王中林 . 如何在杏树上使用植物生长调节剂 . 山西果树，2004 (3)：52.
[294] 周琳，丁杰，于磊 . 植物生长调节剂在樱桃上的应用 . 河南林业科技，2000，20 (3)：35～38.
[295] 尹章文，宋建伟 . 不同浓度赤霉素对樱桃种子发芽的影响 . 北方园艺，2008 (12)：52～54.
[296] 艾呈祥，刘庆忠，李国田，等 . 低温层积和赤霉素浸种对甜樱桃种子萌发的影响 . 落叶果树，2011 (2)：4～5.
[297] 周宇，张开春，闫国华，等 . 樱桃砧木嫩枝扦插育苗技术的研究 . 现代农业科技，2007 (7)：10～11，13.
[298] 杨凤军，李宝江 . 生长素 IBA 对草原樱桃根插繁殖的影响 . 黑龙江农业科学，2004 (5)：15～16.
[299] 王甲威，张道辉，魏海蓉，等 . 不同浓度的两种激素对马哈利樱桃嫩枝扦插生根的影响 . 落叶果树，2014，46 (2)：3～4.
[300] 王关林，吴海东，苏冬霞，等 . NAA、IBA 对樱桃砧木 (Prunuspseudocerasus Colt) 插条的生理、生化代谢和生根的影响 . 园艺学报，2005，32 (4)：691～694.
[301] 张运涛 . 生长调节剂延迟早花果树花期的研究 . 果树科学，1997，14 (2)：127～131.
[302] 曹玉佩 . 甜樱桃控制树冠六招鲜 . 北京农业，2012 (2)：23.
[303] 刘珠琴，舒巧云 . 多效唑对中国樱桃新梢生长的影响 . 北方园艺，2013 (2)：41～42.
[304] 吕建洲，王新权，陈敏资 . S3307 对"最上锦"樱桃生育状况的影响 . 北方果树，1999 (3)：9～10.
[305] 周兴本，于文越，郭修武 . Promalin 和高效抽枝宝影响甜樱桃成枝力试验 . 北方果树，2006 (6)：13～14.

[306] 刘丙花．甜樱桃（Prunus. avium L.）果实发育和萌芽与内源激素关系研究．山东农业大学硕士学位论文，2008.
[307] 刘丙花，姜远茂，彭福田，等．花期喷激素对红灯樱桃坐果率的影响．落叶果树，2007（2）：10～11.
[308] 田莉莉，方金豹．甜樱桃开花坐果观察初报．落叶果树，2001（6）：10～12.
[309] 谢天柱，呼丽萍，卢建奇，等．5种药剂对大樱桃坐果率的影响．天水师范学院学报，2009，29（2）：33～34.
[310] 姜学玲，张福兴，孙庆田，等．鱼肽素对大樱桃坐果及品质的影响．烟台果树，2012，（4）：11～12.
[311] 刘丙花，，姜远茂，彭福田，等．甜樱桃果实发育过程中激素含量的变化．园艺学报，2007，34（6）：1535～1538.
[312] 张运涛．喷布CPPU对樱桃果实生长和品质的影响．河北农业技术师范学院学报，1997，11（2）：27～31.
[313] 姜远茂，顾受如．KT-30和GA_{4+7}对“大紫”樱桃果实的影响．落叶果树，1995（1）：7～8.
[314] 杨启灵，凌云．应用植物调节剂促进樱桃成熟的初步研究．耕作与栽培，1998（3）：40～41.
[315] 许晖，胡铭铎，刘晓第．赤霉素对甜樱桃黄玉果实生长发育及品质的影响．果树科学，1996，13（1）：33～34.
[316] 宋要强，惠伟，刘敏会，等．1-甲基环丙烯和复合气调对艳阳甜樱桃保鲜效果研究．陕西师范大学学报（自然科学版），2010，38（4）：84～87.
[317] 胡树凯，侯景芳，张冬梅．1-甲基环丙烯处理对烟台大樱桃“大红灯”贮藏品质的影响．北方园艺，2013（24）：142～145.
[318] 唐玲，张孝刚．二氧化氯对不同包装樱桃贮藏效果的影响．北方园艺，2014（15）：127～132.
[319] 谢春晖．壳聚糖涂膜对冬枣和甜樱桃保鲜效果的研究．山东农业大学硕士学位论文，2009.
[320] 陶永元，舒康云，张春梅．茶多酚与壳聚糖复配溶液对樱桃的保鲜效果研究．食品研究与开发，2014，35（8）：115～119.
[321] 倪思亮，宫红彦，王咏梅．羧甲基壳聚糖对烟台大樱桃保鲜的研究．食品研究与开发，2013，34（23）：115～121.
[322] 魏国芹，孙玉刚．甜樱桃裂果机理及防治技术研究进展．山东农业科学，2011（7）：59～63.
[323] 姜爱丽，田世平，徐勇，等．不同药剂和包装处理对甜樱桃生理、品质及贮藏性的影响．果树学报2001，18（5）：258～262.
[324] 徐长宝，任晓亮，朱桂玲．打破柿树种子休眠和促进发芽的方法．林业科技开发，2009，23（2）：109～112.
[325] 马秀丽．ABT生根粉在柿子育苗中的应用试验．河北果树，2005（3）：50.
[326] 赵宗方，田银芳，李国祥，等．多效唑对柿树生长和结果的影响．上海农业科技，1997（2）：8～9.
[327] 叶召权，郭振锋．多效唑（PP_{333}）对金柿生长发育的影响．山西果树，2012（6）：7～8.
[328] 赵印．张明德．多效唑对初果期柿树生长、结果的效应分析．干果研究进展（2），2001：168～171.
[329] 范启荣．防止甜柿落果的技术措施．柑桔与亚热带果树信息，2002，18（10）：41～42.
[330] 张广福，田少强．柿树提高坐果率的综合技术．河北果树，2005（2）：47.
[331] 孙山，贺玮，魏述亮，等．几种措施对新次郎甜柿坐果率和果实品质的影响．落叶果树，2003（3）：12～13.
[332] 王立英，刘永居，王文江．柿果实生长发育及成熟机理研究进展．河北农业大学学报，2002，25（增刊）：115～117.
[333] 范国荣，彭倚云，肖会员，等．6-BA对禅寺丸果实生长发育的影响．江西林业科技，2005（2）：8～9.
[334] 范国荣，肖会员，刘善军，等．*N*-(2-氯-4-吡啶基)-*N*-苯基脲（CPPU）对甜柿果实中淀粉、还原糖含量和淀粉酶活性的影响．植物生理学通讯，2006，42（3）：454～456.
[335] 范国荣，刘勇，刘善军，等．CPPU对甜柿果实大小与果皮色素含量的影响．江西农业大学学报，2004，26（5）：754～758.
[336] 李灿，饶景萍．柿果实采后生理研究进展．陕西农业科学，2003（6）：67～70.
[337] 庄艳，郭春会，饶景萍，等．1-甲基环丙烯处理对火晶柿果贮藏期间生理指标变化的影响．西北农林科技大学学报：自然科学版，2007，35（8）：91～96.
[338] 付润山，姜妮娜，饶景萍，等．赤霉素和萘乙酸对柿果实采后成熟软化生理指标的影响．西北植物学报，2010，30（6）：1204～1208.

[339] 黄森，张院民，王建芳，等．乙烯吸收剂处理对柿果实采后生理效应的影响．西北农业学报，2006，15（6）：140～143.
[340] 柴雄，江锡兵，龚榜初，等．柿果实脱涩及贮藏方法研究进展．湖北农业科学，2012，51（7）：1297～1302.
[341] 张雪丹，张倩，杨娟侠．涩柿的脱涩方法．落叶果树，2013，45（6）：39～41.
[342] 夏红，曹卫华，张志兰．赤霉素对柿果实贮藏期变化的影响．保鲜与加工，2005，29（4）：30～31.
[343] 田建文，贺普超，许明宪．植物激素与柿子后熟的关系．园艺学报 1994，21（3）：217～221.
[344] 武婷，武之新，徐泽菇．植物生长调节剂在枣树上的应用．落叶果树，2008（2）：39～42.
[345] 郑先武，田砚亭．金丝小枣插条中外源激素与内源激素的关系．北京林业大学学报，1995，17（4）：44～49.
[346] 郭洪涛，张山起．植物生长调节剂 GGR7 对冬枣扦插生根的影响．河北林果研究，2006，21（4）：438～440.
[347] 孟宪岳，刘少春．枣根插法效果好．北方果树，2001（1）：41.
[348] 张华．圆铃枣嫩枝扦插繁育技术研究．落叶果树，2002（1）：3～5.
[349] 薛兴军，刘春林．灰枣双芽嫩枝扦插技术．园艺特产，2006（2）：37～38.
[350] 毕平，牛自勉，王贤萍，等．枣花内源激素和可溶性糖含量的变化与坐果的关系．园艺学报，1996，23（1）：8～12.
[351] 张献辉，陈奇凌，王东健，等．烯效唑和青鲜素对北疆红枣“垦鲜枣 1 号”生长发育的影响．西北农业学报，2014，23（1）：161～165.
[352] 袁金香，孙玉柱，单淑平，等．提高冬枣结果率的综合技术措施．河北林业科技，2007（增刊）：67～68.
[353] 季玉杰．应用稀土提高枣树坐果率和枣果质量的试验．河北林业科技，1994（2）：20～21.
[354] 陶陶．米枣落果生理机理及植物生长调节剂对其果实发育、品质的影响．四川农业大学硕士学位论文，2012.
[355] 贾晓梅．冬枣落果的生理机理及环剥宽度对冬枣果实发育、品质的影响．河北农业大学硕士学位论文，2004.
[356] 张化民．植物生长调节剂在枣树保花保果上的应用．林业科技开发，1993（4）：34～35.
[357] 罗华建，罗诗，赖永超，等．台湾青枣果实生长发育初探．果树学报，2002，19（6）：436～438.
[358] 李颖岳，续九如，史良．台湾青枣果实生长发育动态对比研究．北方园艺，2007（6）：17～19.
[359] 彭勇，张小燕，彭福田，等．沾化冬枣花果发育过程中氮素和细胞分裂素的变化动态研究．华北农学报，2007，22（5）：97～100.
[360] 罗富英，张伟国．CPPU 在台湾青枣上的应用研究．林业实用技术，2006（7）：8～9.
[361] 李再峰，周文，姚惠娥，等．植物细胞激动素混剂在台湾青枣上的应用研究．湛江师范学院学报，2004，25（3）：51～54.
[362] 魏天军，窦云萍．灵武长枣果实发育成熟期生理生化变化．中国农学通报，2008，24（4）：235～239.
[363] 许建庆，丁改秀，王小原，等．枣裂果研究进展与防治措施．山西农业科学，2014，42（6）：643～646.
[364] 董书君．金丝小枣乙烯利催落采收技术试验．山西果树，2003（4）：38～39.
[365] 寇晓虹，王文生，吴彩娥，等．鲜枣果实衰老与膜脂过氧化作用关系的研究．园艺学报，2000，27（4）：287～289.
[366] 薛梦林，张平，张继澍，等．“脆枣”采后赤霉素处理对其生理生化的影响．园艺学报，2003，30（2）：147～151.
[367] 薛梦林．氧分压和赤霉素处理对枣果采后生理生化变化的影响．西北农林科技大学硕士学位论文，2003.
[368] 赵鑫，张继澍，王敏．$CaCl_2$ 和 GA_3 处理对枣果采后衰老和膜脂过氧化的影响．西北农林科技大学学报：自然科学版，2003，31（2）：118～124.
[369] 李红卫．冬枣采后衰老调控与乙醇积累机理的研究．中国农业大学博士学位论文，2003.
[370] 雷逢超，马月，张有林，等．1-MCP 对九龙金枣采后生理及贮期品质的影响．陕西师范大学学报（自然科学版），2012，4（2）：98～103.
[371] 刘会珍，刘桂英，王永霞．不同处理对冬枣贮藏品质的影响．贵州农业科学，2013，41（11）：168～170.
[372] 谢春晖，位思清，王兆升，等．壳聚糖涂膜保鲜冬枣的研究．山东农业大学学报（自然科学版），2010，41（1）：45～50.

[373] 鲁奇林，赵宏侠，冯叙桥，等．溶菌酶复合涂膜贮藏鲜枣工艺研究．中国食品学报，2015，15（1）：115～122.
[374] 杜春花，邵则夏，陆斌，等．板栗密植园施用多效唑的效果试验．西部林业科学，2009，38（2）：71～74.
[375] 王延娜，徐田兰，魏茂芹．板栗幼旺树土施多效唑控冠促花试验．山西果树，2007，115（1）：3～4.
[376] 吴肇致，黎承东，谢安琪，等．板栗幼树施用多效唑控梢促苞试验．广西园艺，2003，51（6）：16.
[377] 王广鹏，刘庆香，孔德军，等．几种化学调节剂对板栗实生树阶段转变和提早开花的影响．安徽农业科学，2008，36（6）：2335～2336.
[378] 赵苏娴，韩伟，艾呈祥，等．板栗的研究现状．落叶果树，2011（5）：15～18.
[379] 杨剑，刘先葆，王爱新，等．几种植物生长调节剂对幼龄板栗生长及结果的影响．经济林研究，2002，20（4）：42～44.
[380] 徐建敏，肖斌，肖正东，等．生长调节剂对节节红板栗生长、成花及结实的影响．山西果树，2004，100（4）：3～4.
[381] 黄新华，杨霁虹，严勇，等．S3307 和 BR 对板栗的生理效应及增产作用．信阳师范学院学报：自然科学版，2010，23（3）：389～392.
[382] 郑江蓉，邓玉林，李春艳，等．不同生长调节物质对板栗幼树生长的影响．西南林学院学报，2006，26（6）：33～36.
[383] 季志平，魏安智，吕平会，等．板栗花芽分化和花序生长过程中的内源激素含量变化．植物生理学通讯，2007，43（4）：669～672.
[384] 雷新涛，夏仁学，李国怀，等．GA_3 和 CEPA 喷布对板栗花性别分化和生理特性的影响．果树学报，2001，18（4）：221～223.
[385] 朱长进，刘庆香，赵丽华，等．生长调节剂与板栗生长、成花及结果的研究．林业科学研究，1992，5（3）：311～315.
[386] 纪晓农．赤霉素、稀土、高产素在板栗增产上的应用．林业科技开发，1994（4）：37～39.
[387] 曾柏全，陈建华，姚跃飞．板栗空苞现象与内源激素动态变化的关系．经济林研究，2005，23（4）：32～34.
[388] 吕家发．板栗空苞的成因及对策．现代农业科技，2007（22）：53～56.
[389] 杨其光，程东绵．乙烯利在板栗催熟和贮藏中的效用．植物生理学通讯，1992，28（5）：334～336.
[390] 纪晓农，窦炳开．3 种生长素对板栗生长和结果的影响．山东林业科技，1994（5）：23～25.
[391] 杨小胡，石雪晖，王贵禧．板栗贮藏保鲜的研究进展Ⅰ．湖南林业科技，2004，31（6）：73～76.
[392] 谢林，石雪晖，罗赛男．板栗贮藏保鲜研究综述．山西果树，2005，105（3）：32～34.
[393] 康明丽，牟德华．板栗采后生理生化及其贮藏保鲜技术的研究进展．山西食品工业，2002（2）：16～18.
[394] 杨娟侠，田守乐，张坤鹏，等．壳聚糖对低温冷藏“红栗 2 号”板栗防腐保鲜效果的影响．安徽农学通报，2013，19（12）：108～110.
[395] 徐芬芬，叶利民，等．壳聚糖涂膜板栗贮藏试验．中国果树，2010（5）：33～36.
[396] 霍晓兰，刘和，冀爱青．植物生长调节剂在核桃上的应用．山西农业科学，2003，31（1）：34～39.
[397] 董朝霞，叶明儿．植物生长调节剂在核桃上的应用．落叶果树，2013，45（5）：26～28.
[398] 高焕章．NAA 水溶液浸泡核桃嫁接愈合体对定植成活与生长的影响．湖北农业科学，2004（4）：83～85.
[399] 高焕章．植物生长调节剂在核桃方块芽接中的应用研究．湖北农业科学，2005（5）：95～97.
[400] 朱丽华，李明亮，曹庆昌．多效唑在核桃上的应用效果研究．林业科学研究，1994，7（1）：33～37.
[401] 袁新征．提高核桃坐果率的几项技术措施．现代园艺，2012（4）：18，20.
[402] 雷新涛，夏仁学，李国怀，等．GA_3 和 CEPA 喷布对板栗花性别分化和生理特性的影响．果树学报，2001，18（4）：221～223.
[403] 王宇萍．应用催红素去核桃皮．北方果树，1998（5）：38.
[404] 张志华，王文江，高仪．核桃果实成熟过程中呼吸速率与内源激素的变化．园艺学报，2000，27（3）：167～170.
[405] 高焕章．核桃苗圃芽接愈伤组织诱导初报．湖北农学院学报，1993，13（3）：184～188.
[406] 贾瑞芬，肖千文．生长调节剂在核桃上应用效果分析．四川林业科技，2006，27（2）：77～79.
[407] 李晓东．多胺在核桃雌雄花芽孕育和分化中的作用研究．河北农业大学硕士学位论文，2002.
[408] 董硕．核桃雌雄性别分化生理特性研究．河北农业大学硕士学位论文，2008.

[409] 蔚瑞华．核桃适时采收与采后处理．现代园艺，2009（12）：44～45.
[410] 邢永才，李守玉，李婉秋．几种植物生长调节剂对核桃苗木芽接成活的影响．果树科技通讯，1988（3）：5～9.
[411] 曹帮华，蔡春菊．银杏种子生理研究进展．山东农业科学，2001（1）：40～42.
[412] 曹帮华，蔡春菊．银杏种子后熟生理与内源激素变化的研究．林业科学，2006，42（2）：33～37.
[413] 李然红，于丽杰，安文，等．银杏种子繁殖技术研究．北方园艺，2012（17）：151～152.
[414] 周宏根．乙烯利催落银杏种实效果试验．林业科技开发，2001，15（2）：46～47.
[415] 冯彤，庞杰，于新．采前激素处理对银杏种子的脱皮与保鲜效果的研究．农业工程学报，2005，21（1）：146～151.
[416] 贾蕾，李存东，白宝璋．银杏栽培繁殖方式的研究进展．农业与技术，2004，24（6）：74～77.
[417] 成代华．银杏成龄树枝条的硬枝扦插技术．落叶果树，1998（2）：50.
[418] 王春荣，刘中柱，毕君，等．银杏嫩枝扦插繁殖试验研究．河北林业科技，2009（3）：4～5.
[419] 程贵兰，田野，彭世勇．银杏硬枝扦插技术的研究．辽宁农业职业技术学院学报，2014，16（1）：3～4.
[420] 杨喜林．银杏嫩枝扦插试验初报．防护林科技，2012（5）：53～54.
[421] 蔡建国，沈锡康，张若蕙，等．植物立体培育器和植物生长调节剂在银杏扦插繁殖中的应用．浙江林学院学报，1998，15（4）：340～346.
[422] 陈颖，曹福亮．银杏组培快繁和体胚发生技术研究进展．林业科技开发，2006，20（6）：10～14.
[423] 于震宇，李艳菊，郭军战，等．银杏组织培养研究进展．西北林学院学报，2004，19（3）：72～76.
[424] 王燕，阳文锐，程水源．吲哚乙酸处理对银杏幼苗生长指标的影响．湖北农学院学报，2002，22（4）：322～323.
[425] 谢寅峰，李群，沈惠娟，等．稀土对银杏苗木叶内含物及其产量的效应．南京林业大学学报，2000，24（6）：71～74.
[426] 王建，杨毅敏．生长调节剂处理对银杏结实的影响．武汉植物学研究，2001，19（1）：52～56.
[427] 俞菊，卞祥彬，陶俊．GA_3 与 2,4-D 对银杏保果的效应．中国南方果树，2005，34（2）：54.
[428] 韦记青，韦霄，唐辉，等．银杏大小年结果的成因及其克服技术．广西科学院学报，2006，22（1）：32～34，38.
[429] 黄林平．两种化学药剂对银杏果实疏除效应的研究．安徽农业科学，2014，42（20）：6578～6579，6582.
[430] 薛勇．葡萄扦插育苗技术．落叶果树，2004（5）：58～59.
[431] 刘蕾，祝臣．葡萄的扦插催根技术．现代农业，2009（3）：14～15.
[432] 覃贵玉．几种植物生长调节剂对葡萄扦插生根促效试验．广西园艺，2003（3）：11～12.
[433] 段玉忠，马力，宗福生，等．红地球葡萄嫩枝全光照喷雾扦插繁育技术．林业实用技术，2014（1）：24～25.
[434] 薛进军，赵明．野生毛葡萄扦插与嫁接试验．北方园艺，2012（10）：1～4.
[435] 郑春梅．生长抑制剂对保护地葡萄的影响．内蒙古农业科技，2011（1）：56，98.
[436] 王庆莲，赵密珍，袁华招，等．花前 GA_3 处理对无核葡萄花序拉长和果实品质的影响．江苏农业科学，2014，42（11）：171～174.
[437] 赵庆华，钦少华，王桂云．新型果树促控剂 PBO 在葡萄上使用的效应．山西果树，1998（1）：14～16.
[438] 马桂珍，任宝君．几种植物生长调节剂的作用机理及其在葡萄上的应用．中外葡萄与葡萄酒，2008（5）：40～41.
[439] 杨吉安，张艳，罗小华．化学调控技术在我国葡萄生产上的应用及研究进展．西北林学院学报，2009，24（5）：92～95.
[440] 梁玉文，贾永华，岳海英．红提葡萄果穗拉长及果粒膨大技术．北方园艺，2009（3）：162～164.
[441] 张娜，黄建全，李凯，等．植物生长调节剂对夏黑葡萄膨大效果研究．河北林业科技，2015（1）：7～8.
[442] 雷鸣．植物生长调节剂——糖、光质对红地球葡萄果实品质的影响．安徽农业大学学位论文，2008.
[443] 王跃进，杨晓盆，翟秋喜．无核葡萄花前 GA 处理对果实生长发育影响的研究．园艺学进展（第五辑），2002：317～321.
[444] 孙其宝，俞飞飞，孙俊．葡萄无核化研究进展．安徽农业科学，2004，32（2）：360～362.

[445] 段永照，陆晓娜，等．赤霉素和氯吡脲互作对红地球葡萄无核化及其品质的影响．新疆农业科技，2014 (4)：17～19.
[446] 苗卫东，扈忠林，詹昌保．葡萄无核化生产技术总结．山西果树，2006 (2)：39～40.
[447] 王素贤．植物生长调节剂在葡萄上的应用现状．辽宁农业职业技术学院学报，2008，10 (2)：24～25.
[448] 张大鹏，许雪峰，张子连．葡萄果实始熟机理的研究——缓慢生长期外施激素和环剥的效应．园艺学报，1997，24 (1)：1～7.
[449] 吴小华，吕秀兰，王进，等．不同生长调节剂配方对夏黑葡萄果实经济性状的影响．中国南方果树，2012，41 (3)：50～54.
[450] 程云，吴欣欣，高志红，等．喷施 ABA 对美人指葡萄着色及品质的影响．中国果树，2014 (2)：20～22.
[451] 刘刚．葡萄成熟前施用烯效唑效果好．西北园艺，2006 (6)：53.
[452] 赵彦莉，张华云，修德仁，等．葡萄采后生理研究进展．保鲜与加工，2004 (2)：7～9.
[453] 郁松林，肖年湘，王春飞．植物生长调节剂对葡萄果实品质调控的研究进展．石河子大学学报：自然科学版，2008 (4)：339～443.
[454] 刘会宁，肖锋利．赤霉素对早紫葡萄无核及果实品质的效应．长江大学学报：自科版，2006，3 (4)：139～141.
[455] 刘会宁，明安．CPPU 对粉红亚都蜜葡萄果实品质的影响．长江大学学报：自然科学版，2008，5 (2)：17～19.
[456] 程媛媛，高志红，章镇，等．TDZ 对新美人指葡萄延后成熟及果实品质的影响．中外葡萄与葡萄酒，2011 (7)：40～42.
[457] 王敏，任瑞，于静，等．5% S-诱抗素对葡萄成熟期和果实品质的影响．山西果树，2014 (4)：3～5.
[458] 袁传卫，姜兴印．5% S-诱抗素对巨峰葡萄着色和贮藏期果实品质的影响．中外葡萄与葡萄酒，2013 (3)：14～17.
[459] 赵新节，孙玉霞，管雪强，等．甲壳素在葡萄上的应用试验．中外葡萄与葡萄酒，2006 (3)：25～28.
[460] 李明娟，游向荣，文仁德，等．葡萄果实采后生理及贮藏保鲜方法研究进展．北方园艺，2013 (20)：173～178.
[461] 许萍，乔勇进，周慧娟，等．固体二氧化氯保鲜剂对夏黑葡萄保鲜效果的影响．食品科学，2012，33 (10)：282～286.
[462] 朱和辉，陈国安，朱苏．6-BA、NAA 浸泡果穗对葡萄采摘后落粒的影响．浙江农业科学，2008 (2)：151～153.
[463] 邱文华．植物生长调节剂在葡萄上的应用．中外葡萄与葡萄酒，2004 (1)：35～36.
[464] 杨治元．葡萄花序拉长剂——赤霉素的效果和使用技术．中外葡萄与葡萄酒，2004 (2)：44～46.
[465] 于建娜，任小林，陈柏，等．采前 6-苄基腺嘌呤处理对葡萄品质和贮藏生理特性的影响．植物生理学报，2012，48 (7)：714～720.
[466] 王宝亮，王志华，王孝娣．1-MCP 对巨峰葡萄贮藏效果研究．中国果树，2013 (3)：45～47.
[467] 石磊，王世平，顾介明．不同浓度壳聚糖膜对葡萄保鲜效果的研究．山东农业科学，2009 (8)：99～101.
[468] 赵凤，李玲，杨小龙．水溶性壳聚糖在葡萄保鲜中的应用．中国农学通报，2011，27 (10)：294～296.
[469] 吴慧，朱珠，薛科．壳聚糖涂膜保鲜葡萄的研究．粮食与食品工业，2013，20 (4)：71～74.
[470] 刘亚平，刘兴华．采前壳聚糖处理对红地球葡萄品质和内源激素的影响．核农学报，2012，26 (5)：0781～0785
[471] 匡银近．猕猴桃种子经赤霉素处理后几种酶的活力变化的初步研究．孝感师专学报：自然科学版，1998，18 (4)：58～61.
[472] 安成立，刘占德，刘旭峰，等．猕猴桃种子萌发特性研究．北方园艺，2011 (5)：51～53.
[473] 李从玉，张扬．CPPU 对猕猴桃种子发芽的影响．安徽农业科学，2010，38 (4)：1802～1803.
[474] 陆荣生，韩美丽，马跃峰．称猴桃种子休眠解除影响因素研究．中国园艺文摘，2014 (1)：24～25，81.
[475] 庞样梅，陈喜文，陈德富．中华猕猴桃实生育苗的研究．山东农业科学，1995 (3)：41～42.
[476] 汪杰．猕猴桃扦插生根的生理基础及调控机理研究．安徽农业大学硕士论文，2001.
[477] 褚衍东，冯永刚．软枣猕猴桃苗木扦插繁殖技术．中国林副特产，2015 (1)：67～68.

[478] 甘丽萍，吴应梅，朱华来．不同植物生长调节剂对红阳猕猴桃硬枝扦插促根的影响．北方园艺，2014（2）：41～44.
[479] 赵淑兰，孙宪忠，王玉兰，等．PP_{333}对软枣猕猴桃生长发育的影响．中国农业科学，1997，30（1）：65～70.
[480] 王西锐．生长调节剂氯吡脲在猕猴桃上的合理使用．西北园艺，2014（2）：37.
[481] 张才喜，杨春光，王世平，等．PP_{333}对美味猕猴桃生长发育和果实贮藏性影响．上海交通大学学报：农业科学版，2001，19（6）：96～101.
[482] 蒋迎春，万志成．PP_{333}对猕猴桃生长和结果的影响．果树科学，1995，12（增刊）：109～110.
[483] 邓毓华，徐小彪，李凡，等．植物生长延缓剂对中华猕猴桃幼树生长结果的调控研究．江西农业大学学报，1995，17（4）：449～454.
[484] 饶景萍，平田尚美．CPPU 对猕猴桃果实组织发育及内源细胞分裂素含量的影响．西北植物学报，1997，17（4）：446～449.
[485] 方金豹，黄海，周润生，等．CPPU 对促进猕猴桃果实增大的研究．果树科学，1996，13（增刊）：37～49.
[486] 方学智，费学谦，丁明．CPPU 处理对不同品种猕猴桃风味与营养品质的影响．浙江农业科学，2006（5）：530～532.
[487] 蔡金术，王中炎．低浓度 CPPU 对猕猴桃果实重量及品质的影响．湖南农业科学，2009，(9)：146～148.
[488] 王亚红，赵晓琴，韩养贤，等．氨基寡糖素对猕猴桃抗逆性诱导效果研究初报．中国果树，2015，(2)：40～43.
[489] 丁建国，陈昆松，许文平，等．1-甲基环丙烯处理对美味猕猴桃果实后熟软化的影响．园艺学报，2003，30（3）：277～280.
[490] 段眉会，朱建斌，张晓群．1-MCP 在猕猴桃贮藏保鲜中的应用．陕西农业科学，2008（6）：211～212.
[491] 侯大光，马书尚，胡芳．“秦美”和“海沃德”猕猴桃采后对 1-MCP 处理的反应．西北农林科技大学学报：自然科学版，2006，34（4）：43～47.
[492] 郭叶，王亚萍，费学谦，等．1-甲基环丙烯处理对“徐香”猕猴桃储藏保鲜效果的影响．浙江农林大学学报，2013，30（3）：364～371.
[493] 陈昆松，李方，张上隆，等．ABA 和 IAA 对猕猴桃果实成熟进程的调控．园艺学报，1999，26（2）：81～86.
[494] 马崇坚．草莓病毒病研究现状、脱毒技术及病毒鉴定研究进展．韶关学院学报：自然科学版，2004，25（12）：79～82.
[495] 孙玉东，徐冉．草莓脱毒苗繁育技术规程．河北农业科学，2007，11（2）：20，22.
[496] 袁惠燕，谈建中，黄秀勤，等．激素条件对不同品种草莓组培快繁效果的影响．苏州大学学报：自然科学版，2007，23（3）：75～78.
[497] 杨会容，范青．植物生长调节剂在草莓上的应用．福建果树，1993（2）：35～38.
[498] 侯智，黄卫东，维府．赤霉素处理影响草莓成花的解剖学研究．农业生物技术科学，2004，20（3）：26～29.
[499] 杨红，李文华．影响草莓花芽分化的因素研究进展．落叶果树，2007（2）：15～17.
[500] 王忠和．赤霉素在草莓保护地栽培中的应用．西北园艺，2007（10）：33.
[501] 申小丽，杨昌军，杨尤玉，等．赤霉素抑制草莓休眠和促进开花试验．贵州农学院学报，1996，15（3）：43～45.
[502] 卢俊霞，刘耀玺．赤霉素（GA_3）对草莓栽培的影响．北方园艺，2000（2）：56.
[503] 李根儿．赤霉素在草莓上的应用．现代园艺，2011（2）：55～56.
[504] 钟晓红，马定渭，黄远飞．草莓果实发育过程中内源激素水平的变化．江西农业大学学报，2004，26（1）：107～111.
[505] 袁海英，陈力耕，吴玉霞．草莓果实发育成熟过程的激素调控．园艺学进展，2008：184～186.
[506] 金啸胜．CPPU 在果树生产上的应用及效果．浙江柑橘，2003，20（3）：30～32.
[507] 乔伟．新型叶面肥 PBO 在草莓上应用效果．上海农业科技，2012（1）：141.
[508] 孙玉东，徐冉．草莓脱毒苗繁育技术规程．河北农业科学．2007，11（2）：20，22.
[509] 程然，生吉萍．草莓果实成熟衰老影响因子及其调控机制研究进展．食品科学，2015，36（9）：242～247.

[510] 贺军民．GA_3 和钙处理对草莓采后硬度的变化、细胞膜透性及丙二醛含量的影响．陕西农业科学，1998 (3)：26～27.
[511] 周绪宝，习佳林，郝建强，等．采前钙处理对采后草莓贮藏品质的影响．北京农学院学报，2012，27 (3)：18～20.
[512] 史兰，牛吉萍，于萌萌，等．1-MCP 处理对贮藏后草莓的货架期品质的影响．食品工业科技，2007，28 (2)：224～226.
[513] 张福生．草莓果实对 MeJA 和 1-MCP 的响应及其机理研究．南京农业大学硕士学位论文，2006.
[514] 何士敏，陈易，晁利花．壳聚糖涂膜保鲜草莓的研究．食品研究与开发，2014，35 (11)：131～136.
[515] 和岳，王明力，张洪，等．壳聚糖复合膜的制备及其对草莓的保鲜效果．贵州农业科学，2013，41 (5)：133～137.
[516] 赵鹏宇，艾启俊，田磊，等．不同配比复合膜对草莓采后品质的影响．北京农学院学报，2011，26 (4)：66～68.
[517] 张胜文，冯伟，程思，等．羧甲基壳聚糖在草莓保鲜中的应用效果研究．中国酿造，2014，33 (5)：142～145.

化工版农药、植保类科技图书

分类	书号	书名	定价
农药手册性工具图书	122-22028	农药手册(原著第16版)	480.0
	122-22115	新编农药品种手册	288.0
	122-22393	FAO/WHO农药产品标准手册	180.0
	122-18051	植物生长调节剂应用手册	128.0
	122-15528	农药品种手册精编	128.0
	122-13248	世界农药大全——杀虫剂卷	380.0
	122-11319	世界农药大全——植物生长调节剂卷	80.0
	122-11396	抗菌防霉技术手册	80.0
	122-00818	中国农药大辞典	198.0
农药分析与合成专业图书	122-15415	农药分析手册	298.0
	122-11206	现代农药合成技术	268.0
	122-21298	农药合成与分析技术	168.0
	122-16780	农药化学合成基础(第二版)	58.0
	122-21908	农药残留风险评估与毒理学应用基础	78.0
	122-09825	农药质量与残留实用检测技术	48.0
	122-17305	新农药创制与合成	128.0
	122-10705	农药残留分析原理与方法	88.0
农药剂型加工专业图书	122-15164	现代农药剂型加工技术	380.0
	122-23912	农药干悬浮剂	98.0
	122-20103	农药制剂加工实验(第二版)	48.0
	122-22433	农药新剂型加工与应用	88.0
农药专利、贸易与管理专业图书	122-18414	世界重要农药品种与专利分析	198.0
	122-24028	农资经营实用手册	98.0
	122-26958	农药生物活性测试标准操作规范——杀菌剂卷	60.0
	122-26957	农药生物活性测试标准操作规范——除草剂卷	60.0
	122-26959	农药生物活性测试标准操作规范——杀虫剂卷	60.0
	122-20582	农药国际贸易与质量管理	80.0
	122-19029	国际农药管理与应用丛书——哥伦比亚农药手册	60.0
	122-21445	专利过期重要农药品种手册(2012-2016)	128.0
	122-21715	吡啶类化合物及其应用	80.0
	122-09494	农药出口登记实用指南	80.0
农药研发、进展与专著	122-16497	现代农药化学	198.0
	122-26220	农药立体化学	88.0

续表

分类	书号	书名	定价
农药研发、进展与专著	122-19573	药用植物九里香研究与利用	68.0
	122-21381	环境友好型烃基膦酸酯类除草剂	280.0
	122-09867	植物杀虫剂苦皮藤素研究与应用	80.0
	122-10467	新杂环农药——除草剂	99.0
	122-03824	新杂环农药——杀菌剂	88.0
	122-06802	新杂环农药——杀虫剂	98.0
	122-09521	螨类控制剂	68.0
	122-18588	世界农药新进展(三)	118.0
	122-08195	世界农药新进展(二)	68.0
	122-04413	农药专业英语	32.0
	122-05509	农药学实验技术与指导	39.0
农药使用类实用图书	122-10134	农药问答(第五版)	68.0
	122-25396	生物农药使用与营销	49.0
	122-26988	新编简明农药使用手册	60.0
	122-26312	绿色蔬菜科学使用农药指南	39.0
	122-24041	植物生长调节剂科学使用指南(第三版)	48.0
	122-25700	果树病虫草害管控优质农药158种	28.0
	122-24281	有机蔬菜科学用药与施肥技术	28.0
	122-17119	农药科学使用技术	19.8
	122-17227	简明农药问答	39.0
	122-19531	现代农药应用技术丛书——除草剂卷	29.0
	122-18779	现代农药应用技术丛书——植物生长调节剂与杀鼠剂卷	28.0
	122-18891	现代农药应用技术丛书——杀菌剂卷	29.0
	122-19071	现代农药应用技术丛书——杀虫剂卷	28.0
	122-11678	农药施用技术指南(第二版)	75.0
	122-21262	农民安全科学使用农药必读(第三版)	18.0
	122-11849	新农药科学使用问答	19.0
	122-21548	蔬菜常用农药100种	28.0
	122-19639	除草剂安全使用与药害鉴定技术	38.0
	122-15797	稻田杂草原色图谱与全程防除技术	36.0
	122-14661	南方果园农药应用技术	29.0
	122-13875	冬季瓜菜安全用药技术	23.0
	122-13695	城市绿化病虫害防治	35.0

续表

分　类	书号	书　　名	定价
农药使用类实用图书	122-09034	常用植物生长调节剂应用指南(第二版)	24.0
	122-08873	植物生长调节剂在农作物上的应用(第二版)	29.0
	122-08589	植物生长调节剂在蔬菜上的应用(第二版)	26.0
	122-08496	植物生长调节剂在观赏植物上的应用(第二版)	29.0
	122-08280	植物生长调节剂在植物组织培养中的应用(第二版)	29.0
	122-12403	植物生长调节剂在果树上的应用(第二版)	29.0
	122-09568	生物农药及其使用技术	29.0
	122-08497	热带果树常见病虫害防治	24.0
	122-10636	南方水稻黑条矮缩病防控技术	60.0
	122-07898	无公害果园农药使用指南	19.0
	122-07615	卫生害虫防治技术	28.0
	122-07217	农民安全科学使用农药必读(第二版)	14.5
	122-09671	堤坝白蚁防治技术	28.0
	122-18387	杂草化学防除实用技术(第二版)	38.0
	122-05506	农药施用技术问答	19.0
	122-04812	生物农药问答	28.0
	122-03474	城乡白蚁防治实用技术	42.0
	122-03200	无公害农药手册	32.0
	122-02585	常见作物病虫害防治	29.0
	122-01987	新编植物医生手册	128.0

如需相关图书内容简介、详细目录以及更多的科技图书信息，请登录 www.cip.com.cn。

邮购地址：(100011) 北京市东城区青年湖南街 13 号　化学工业出版社

服务电话：010-64518888，64518800（销售中心）

如有化学化工、农药植保类著作出版，请与编辑联系。联系方式：010-64519457，286087775@qq.com。